LEE
BILLINGS

FIVE
BILLION YEARS
OF
SOLITUDE

50亿年的孤寂

U0312492

李·比林斯 ——— 著   漆璇 / 李仁达 ——— 译   文化发展出版社
Cultural Development Press

图书在版编目（CIP）数据

五十亿年的孤寂 ／（美）李·比林斯著；漆璇译. —— 北京 ：文化发展出版社
有限公司，2019.5
ISBN 978-7-5142-2628-7

Ⅰ．①五… Ⅱ．①李… ②漆… Ⅲ．①天文学－普及读物 Ⅳ．①P1-49

中国版本图书馆CIP数据核字(2019)第080087号

50亿年的孤寂

著　　者：[美] 李·比林斯
译　　者：漆　璇　李仁达
出 版 人：武　赫
监　　制：范　炜
责任编辑：周　晏
责任印制：邓辉明
封面设计：尚燕平

出版发行：文化发展出版社（北京市翠微路2号　邮编：100036）
网　　址：www.wenhuafazhan.com
经　　销：各地新华书店
印　　刷：山东德州新华印务有限责任公司
开　　本：710mm×1000mm 1/16
字　　数：200千字
印　　张：16.5
印　　次：2019年5月第1版　　2021年2月第2次印刷
定　　价：58.00元
I S B N ：978-7-5142-2628-7

◆ 如发现任何质量问题请与我社发行部联系。发行部电话：010-88275710

序

"我们居住于地球，一颗围绕太阳运行的行星。太阳是一颗熊熊燃烧的恒星，终将于某日燃尽，让我们的太阳系不再适宜居住。我们必须搭起通向其他恒星的桥梁，因为就我们所知，我们是整个宇宙中唯一有意识的生物……我们绝不能辜负这份让唯一已知有意义生命延续的责任。"

——韦纳·冯·布劳恩
美国航空航天局阿波罗计划的缔造者
由汤姆·沃尔夫记录

这个故事开始于46亿年前，正是我们的太阳系从一团冰冷的由氢与尘埃组成、宽度达数光年的星云中诞生的时刻。这团星云只是一团更大的原始气体中的一缕，这团原始气体是恒星的温床，孕育出无数终将作为超新星爆发的大质量恒星。这些巨星如鞭炮般一个接一个地爆发，抛射出滋滋作响的放射性重元素；它们乘着冲击波穿越无尽的黑暗，正像婚礼彩花筒中喷出的五色纸片。其中一股浓缩的冲击波在其前进的路径上可能恰好压缩了一团星云——我们的星云。我们的星云变得足够致密，重力变得举足轻重并使星云开始收缩。它的绝大部分物质坠入其中心，形成一个炽热到即将沸腾的原恒星。最终，这颗原恒星获得了足够的质量，在其中心点燃了热核反应的火焰，太阳开始发光。星云的剩余部分围绕新生的太阳稳定下来，形成了一个不断翻滚旋转的炽热蒸汽盘。

随着这个旋转的圆盘逐渐冷却，金属、岩石、冰、沥青的微小颗粒开始如雨般凝聚析出。这些微小颗粒在蒸汽盘中飘荡了数千年，时常相互碰撞，偶尔相互吸附，逐渐融合成更大的物体。首先形成的是毫米级的小球，然后是厘米级的卵石，然后是米级的飘砾，最终形成千米级绕轨道运行的名为"星子（Planetesimals，也称微行星）"的石山。星子继续碰撞，形成更大的冰尘、岩石和金属的混合物，并随着每次碰撞增大。在一百万年内，星子成长为数百个如月球般大小的行星胎——原行星（Protoplanets）。原行星在猛烈的碰撞中变得更大，直到它们形成了如现在的行星一样完整规模的星球。

又经过了大概一亿年的碰撞，内太阳系的行星胎融合形成了地球及其他岩质行星。内太阳系的行星极为干燥，它们的水分及其他可挥发物被新生太阳的灼热光芒烘干。在外太阳系，冰冷的温度将所有的可挥发物冻结为固体。这些固体提供了更为坚实的建筑材料，让如木星的外太阳系巨型行星快速成长，在几百万年内就将盘上残留的气体席卷一空。随着这些巨型行星的增大，它们引力的相互作用形成了一个不稳定区，在不稳定区内行星胚崩解，留下一堆堆原始的星子和一片片散落的岩石和金属。这些残余物被称为小行星（Asteroids）。巨型行星的引力将很多冰质的星子抛射到太阳系的边缘，一直到今天冥王星轨道以外的黑暗世界中。当这些星子被行星摄动、银河潮或从近处经过的恒星推动时，它们会向太阳坠落并形成彗星。

最终，在距今38亿至40亿年前的某个时刻，巨型行星间一系列复杂、混沌且尚不完全清楚的引力相互作用搅动了外太阳系的大部分天体，将小行星和彗星如枪炮齐射般抛向太阳，泼洒在干涸的岩质行星上。这个事件被称为"晚期重轰炸（Late Heavy Bombardment）"，是行星形成的最后机会。我们可以通过月球表面的陨石坑，以及侵蚀了大部分地球地理疤痕的降雨观察到晚期重轰炸的效果（地球上大部分的水似乎是在晚期重轰炸期由外太阳系"特快专递"而来）。此后，地球的冰壳部分融化，原来的大气大部分被一扫而空。当最初的骤雨从充满蒸汽的天空倾泻而下时，我们的地球获得了名为海洋的馈赠。慢慢地，地球冷却了下来，火山喷出的气体更新了大气。不久之后，在新生太阳系的所有行星中可能是独一无二的事情发生了——我们的星球不知通过何种方式诞生了生命。

又过了大约比40亿年稍少些时间，那时我四岁，和我的母亲、父亲、姐姐一同站在阿拉巴马州贾斯玻（Jasper）的自家后院里。那是1986年的1月，太阳落山后不久。我的父亲生起了一堆篝火，我们围着篝火而坐以抵御夜晚的寒冷。我们烤着棉花糖，漫天星斗在我们头上逐渐显现。在天幕低垂之处，刚刚高过树梢的地方，隐约可见一抹柔和的白光。那是哈雷彗星，在它环绕太阳运行的旅程中从地球身边经过。我记得我曾问自己能否造访它。在那之前不久，我刚看完圣·埃克苏佩里的小说《小王子》的1974年版改编电影，如同故事中生活在小行星上的男孩一样，我也想飞越太空去游览太阳系各种奇特的地方。"或许有一天可以吧。"有人回答道。几周之后，在看到了美国航空航天局挑战者号航天飞机在进入轨道的过程中爆炸解体的画面后，我和我同时代的孩子了解到，太空旅行不是美好的童话。

当时我并不知道，哈雷彗星要在遥远的2061年才会回来。我也太过年幼，无法感受到这个日期的分量。哈雷彗星也没有感受到，当再次光临地球时，它将几乎没有发生任何改变，而我已经年近八旬——如果我足够幸运能够活到那一天。而我的父母则可能需要更多的好运，才能从他们百岁老人的眼中再次目睹哈雷彗星。

我十岁时，全家搬迁到南卡罗来纳州的格林威尔（Greenville），整个夏天的大部分时间，母亲都在当地的图书馆教一些文化水平很低的成年人读书。她总是带我一起去，因此我可以自由地在书架之间徜徉。于是我开始大量阅读与外星文明和星际旅行相关的科幻小说，以及一些关于天文学的书籍。这些书籍对我们的太阳系以外存在其他行星和生物的可能性一笔带过，而倾向于描写更加宏大和华丽的事物，例如恒星的爆炸、星系的碰撞、吞噬一切的黑洞和宇宙大爆炸学说。如果简要介绍一下那个时代的主旨的话，在20世纪的大部分时间，天文学家们都着迷于对空间和时间更进一步的认识，对"存在"的本源和未来的探寻。这种孜孜不倦的追寻使得我们的认知发生了一次又一次革命性的进展，我们了解到，人类所居住的银河系不过是宇宙中数不清的星系之一，每个星系中都存在着数以千亿计的星球，而它们都是在距今大约140亿年前的宇宙大爆炸中产生的，并可能会长长久久地存在下去。这些关于宇宙如何产生的故事让我兴奋异常，但是我仍然会忍不住去想这些故事中缺少了些什么——那就是我们自己。地球，这个由矿物、岩石和水构成的高度压缩的球体，迷失在宇宙的黎明和命运之间。它不仅仅孕育了生命，还产生了有意识的生物和有智慧的人类，人类可以探索自己的本源，发展科学技术，从而改写自己的命运。人类甚至或许能够在太阳变得黯淡之前，找到接近恒星的方法。而在地球上发生的一切，或许在宇宙的其他很多地方已经发生过很多次。我的父亲发现了我从图书馆中借出的书籍封面上的星系和星球，于是从百货公司买了一台望远镜给我。

但是当我真正通过望远镜观察天空时，却很快失望地发现我根本看不到天文学书籍中所描述的宇宙爆炸的烟火，或者科幻小说里出现的那些银河帝国存在的证据。我所看到的，地球以外的一切不过是可怕的死寂。就好像在整个宇宙以及那些大名鼎鼎的天文学家的脑海中，没有任何生物和他们小小家园的一席之地。它们太过渺小，太不起眼，甚至无法引起注意。但我仍然抱着一丝希望时刻寻找着，期待着我可以在取景器中发现一闪而过的UFO（Unidentified Flying Object，不明飞行物——译者注），或者在闪烁的星光中看到星际战争的刀光剑影。有一天，我问我的父亲，在其他的恒星周围是否也有行星的存在。他沉吟片刻后回答我："或许有吧，但谁也没有确切的答案，因为它们离我们实在是太远了，并没有人真正找到过。"从那以后，每当我抬头仰望夜空，都会想象着其他的行星会是什么样子。它们会不会和地球很相似？会不会也有海洋和山丘，珊瑚礁和草原？会不会也有居民和农场，电脑和广播，望远镜和星际飞船？上面的生物是否也和我们一样生老病死，或者抬头仰望，追寻生命的意义？他们是否会感到孤独？在凝望着闪烁的星星时，我总是想象着那些或许一生都无法看到的世界。

2000年初，我遵从自己的兴趣成为了一名科学记者，于是我不再拿这些问题骚扰自己的朋友或熟人，而是可以直接去询问这方面的专家。其后的几年时间，一些我早期感兴趣的问题逐渐有了答案，例如，在其他的恒星周围，同样有许多行星环绕；从20世纪90年代开始，天文学家已经发现了数百颗这样的行星，它们被称为"系外行星"，但它们中的大部分因为体积太大、太过接近恒星而不适合我们所知的生命形式存活。此外，天文学家使用地面上或太空中的大型天文望远镜，成功给其中一些温度很高、体积很大且离地球的距离相对比较近的行星拍摄了照片。但仍然有很多问题悬而未决，例如，在我们的银河系中，甚至银河系以外更为宽广的宇宙中，到底有没有其他和地球类似的行星？地球上的生态环境，在宇宙中是普遍存在，还是与众不同，甚至是独一无二的？我们是宇宙中唯一的、孤独的高级生物吗？当我意识到，这些看上去永远没有答案的问题，实际上可能很快就会水落石出时，我决定撰写这本书。

2007年，我因一篇报道采访了加州大学圣克鲁斯分校的天体物理学家格雷格·劳克林（Greg Laughlin）。在我们的谈话中，劳克林解释道，随着我们搜索太阳系外行星的方法越来越精细和有力，很快就会有不止数百颗，而是数千颗系外行星被发现，我们可以将他们与我们自己的行星进行对比。他认为，天文学界的下一件大事将不是关注宇宙的边界和时间的起点，而是关注离我们最近的恒星和它们周围那些未知的、可能宜居的行星。在我们的谈话快结束时，他猜测在接下来的五年内，第一颗地球大小的系外行星就会被发现。他将每一年里所发现的质量最小的系外行星的数据进行了制图，绘出了一条趋势线，这条趋势线显示在2011年的年中，学界将会发现一颗质量与地球相当的行星。突然间，我似乎无意中发现了某个隐藏在眼前的巨大秘密。我读到的有关太阳系外行星的新闻稿件和文献越多，我就越相信，在地球上的某个地方，一定会有科学家因为首次发现太阳系以外的宜居行星，甚至可能是首次发现的外星生命证据而被载入史册。然而眼下他们中的大部分都还默默无闻，完全不为普通大众所知。我想更多地了解他们，讲述他们的故事。于是我一个个地将这些人找了出来。

大多数人张开双臂欢迎我，少数不太乐意的人也选择礼貌地容忍了我。他们中的许多人都描绘了光明的前景——他们可以利用政府建设在遥远山顶和太空深处的、由玻璃和钢铁制成的"科技大教堂"（指大型望远镜——译者注），来挖掘天空的秘密，调查任何可能宜居的系外行星，寻找外星生命的迹象。有些人甚至设想，对于未知世界的永不餍足、令人焦躁不安的好奇心，将永远把我们推向崭新的、遥远的、无边无际的物理学前沿；更遥远的未来，这种好奇心将会驱使我们的文明最终完全逃离地球，进入更广阔的太阳系乃至更远的地方。然而，在我为了本书的写作进行研究时，发现他们许多最大胆的设想都已经破灭了，因为关键的望远镜和太空任务被推迟或取消，把所有这些梦想推迟到了好几代人之后，甚至可能永远无法实现了。在新时代暂露之际，他们的工作已经举步维艰；这并不是因为天体物理学出现了什么新的局限，而是因为在寻找地外生命方面的快速进展已经屈服于完全人为的、世俗的失败——疏忽的组织管理、稀缺又不稳定的资金以及无谓的派系斗争。一次又一次，我觉得我看到了行星猎人已经快要触及星星时，天空却开始崩解。因此，我决心不仅要讲述他们个人的故事，还要讲述整个领域的故事；讲述这些故事从何而来，以及如果命运发生转折，它们可能会走向何方。

于是，在你手中拿着的这本书诞生了。不可避免地，许多值得大书特书的重要发现及其发现者没有被提及。希望博学的读者们原谅我在本书内容范围之外的疏漏。这本书是我们星球的一幅肖像，揭示了地球是如何形成的，以及终有一日它将如何消亡。它还记录了一场正在展开的科学革命，聚焦于在其他恒星周围寻找其他宜居行星的热切探索。然而，最重要的是，它对人类所留下的未定之题进行了深思。

这本书名为《50亿年的孤寂》，50亿年指的是地球生命的寿命。如果没有其他原因毁灭了地球生命，那么太阳停止照耀的那一天，就是地球生命的末日。地球形成于大约45亿年前，在那之后不久，生命就在地球上出现了。目前的估计表明，眼下这个由多种多样复杂的多细胞生命组成的生物圈，将会开始不可逆转地转向只有微生物存在的简单世界；在此之前，地球还有整整五亿年的好光景。在这样长的一段时间里，地球上从未出现过像我们这样的生物，没有任何其他生物能如此牢固地掌握地球的命运，并拥有随心所欲地塑造自然的力量。

而我们已经学会了如何挣脱地球引力的束缚，就像我们的祖先学会了离开大海一样。我们制造出可以去月球旅行、遨游太阳系以及凝视宇宙边缘的机器。我们还制造了其他一些机器，它们会用温室气体逐渐把地球煮沸，或者用热核反应的大火把地球烤焦，正如我们所知，这会让地球提前迎来终结。没有人能保证我们可以用自己的力量来拯救人类和正在慢慢衰亡的世界；如果我们失败了，地球也没有太大的希望能够在我们毁灭之后再次产生新的科技文明。

从长远来看，我们面临着一个抉择，一个生与死的抉择，一个超越科学、触及精神领域的抉择。地球是如此珍贵，我们要么接受它是宇宙中唯一孤独的存在，等待世界终结；要么在这个行星摇篮之外，去遥远的天空中寻求救赎。生活中，每个人都在某种程度上为这巨大的抉择做出了贡献，要么把我们共同的未来拉向地球，要么把它推向更接近星星的地方。这本书中的一些人致力于寻找其他更为发达的星系文明存在的迹象，希望通过无线电波或激光传送的星际信息，窥见我们自己可能的未来。一些人密切研究地球气候在不同地质时期的演变，试图确定我们自己和其他行星宜居性的范围。有些人已经开始绘制地图和制造仪器，努力寻找那些在不知多少年后的未来能够欢迎我们遥远后代的最有希望的行星。所有人似乎都相信，在地球迎来最后一刻时，人类的未来只能在地球以外的地方找到。在本书中，你会读到他们和其他一些人的故事。

我不会假装自己知道人类最终的共同选择是什么，我们到底会如何开启这样一场大胆的冒险，或是我们最终会找到什么。我相信我们确实有选择的余地，这就让我感到满足了。同样地，我也不能主张说，我们只要梦想逃到其他星球去就好，可以忽略我们星球面临的所有紧迫问题。我们必须保护和珍惜地球和彼此，因为我们可能永远不会发现其他任何欢迎我们的星球和生命；即使能找到，我们也还没有能去到它们那里的可行办法。此时此刻，在这颗孤独的星球上，我们所有可能的未来都必须从这里开始，我祈祷它们不会在这里结束。

李·比灵斯
2013年于纽约

目录

第一章 探求文明存续时间

在加利福尼亚州圣克鲁兹（Santa Cruz）附近的一个小山坡上，一座错层式牧场小屋坐落在一片红杉树中，和树有着同样的颜色。三个温室紧靠在房子旁，靠近一个小型柑橘园。修剪整齐的后院草坪上，卫星天线指向天空。一位老人在长绒沙发上休息，阳光从钴玻璃窗户照进起居室，在他身上投下海蓝色的影子。弗兰克·德雷克（Frank Drake）看起来有点忧郁。他向后斜靠，调整好自己的双光眼镜，把双手叠放在自己的肚子上，思忖着自己选择的科学领域的衰微未来：地外智能搜索（Search for Extraterrestrial Intelligence, SETI）。

"进度慢下来了，我们在好几个方面都状态不佳，"德雷克低声说道，"最近科研经费不足，我们这帮人都在逐渐变老。许多年轻人表示想投身这个领域，结果发现并没有工作岗位，没有商业公司雇人搜索来自外星文明的信息。大部分人认为做这件事没有太大用处。我认为这种兴趣的缺乏，是因为绝大多数的人并没有认识到，在寻找外星智能的过程中即使是一个很小的发现也意义重大。发现我们并不孤独这件事将有多么大的价值呀？"他不愿相信地摇着头，更深地陷入沙发中。

除了几道皱纹和几磅赘肉外，81岁的德雷克和半个多世纪前开展了第一次地外智能搜索的年轻人几乎无二。1959年，德雷克是西弗吉尼亚绿岸国家射电天文台（National Radio Astronomy Observatory, NRAO）的一位天文学家。他当时年仅29岁，身材瘦削，求知若渴。虽然年轻，他已经拥有了资深政治家般的冷静自信和满头银发。有一天，德雷克开始好奇天文台新建的85英尺（25.9米——译者注）口径盘状射电天线到底能做些什么。他根据天线的灵敏度和发信功率做了一些简单的估算，得到的结果可能让他非常欣喜，因此他又重新进行了一遍验算。德雷克的计算发现，如果在围绕几十光年外某颗恒星公转的行星上有两座85英尺天线，它们就能发送一个绿岸天文台的天线可以接收的信号。要打破地球在宇宙中的孤寂状态，所需要做的仅仅是在正确的时间将接收天线对准天空中正确的部分，收听正确的无线电频率。

"这在当时是正确的，现在仍然是，"德雷克告诉我，"说不定现在就有从某颗星球发送的信息在这个房间飘荡，从你我身边飘过。如果我们有正确的接收器，并且参数设置正确，我们就能接收到它。一想到这些，我现在还会激动得寒毛直竖。"

没过多久，德雷克就同他天文台的上司们讨论起了这项工作的广阔前景。他们拨给德雷克一小笔研究经费以开展一个简单的研究。1960年的春天，德雷克时不时将85英尺天线对准两颗较近的类日恒星，鲸鱼座 τ 星（Tau Ceti）和波江座 ε 星（Epsilon Eridani），监听外星文明可能正在向地球发射的无线电信号。德雷克借用弗兰克·鲍姆所写的畅销儿童故事中统治奥兹国的公主的名字，把这个研究命名为"奥兹玛计划（Project Ozma）"。"就像鲍姆一样，我也在畅想一个居住着奇怪外星生物的世界。"德雷克写道。

奥兹玛计划仅仅记录了一些星际静电干扰，但是仍然让一代科学家和工程师开始认真思考如何发现可能存在于其他星系的技术高度发展的文明并与之进行交流。几年间，天文学家用遍布全世界的射电望远镜开展了数百次搜索，在数百万个窄波无线电频率上搜索了数千颗恒星。但是没有一次成功发现了地外生命、智能或科技存在的确凿证据。宇宙的沉寂仍未被打破。在五十余年间，德雷克和他的追随者同时扮演着科学家和推销员的双重身份。为了SETI研究能够维持下去，SETI团队狂热地寻找着资金来源，正如他们狂热地寻找地外信号一样。

早些年间，美国政府对SETI研究很感兴趣，SETI正是冷战时期美国和苏联进行科研角力的竞技场之一。还能有什么宣传胜利，能够胜过担当人类与另一个宇宙文明间的大使？星球间的交流，将获得和利用多少无价的知识？1971年，美国航空航天局（National Aeronautics and Space Administration, NASA）一个高级委员会宣布，对地球周围1000光年内的星球的无线电信号进行全域搜索，因此需要一个巨大的射电望远镜阵列，其总接收面积达到3至10平方千米，造价约100亿美元。这个报价让政客和纳税人望而却步；从此，政客们对SETI计划的兴趣逐渐冷淡。毫无成果的趋势延续了几十年，SETI计划本来就青黄不接的联邦经费愈加缩水。1992年，当NASA宣布了一个野心勃勃的新SETI项目时，希望的曙光再次出现。但是国会的反对让这个计划在次年关闭。自1993年起，联邦政府没有直接资助外星无线电信号搜索一分钱。德雷克和他的追随者们早就考虑到了可能发生的事，因此在1984年他们组建了一个非盈利研究机构，SETI研究所，以便更容易地寻求公立和私人资金资助。SETI研究所总部位于加利福尼亚州山景城（Mountain View），并自20世纪90年代中期开始依靠富于幻想的硅谷技术新贵们的研究资助和私人捐赠繁荣发展。德雷克自研究所成立至2000年一直担任研究所所长，直到新世纪来到后几年才转入半退休状态。

截止到2003年，SETI研究所从微软共同创始人、亿万富翁保罗·艾伦（Paul Allen）处共获得2500万美元，用于在旧金山以北185英里（297.7千米）的一个碗形沙漠山谷里建造一种革新性的设备——艾伦望远镜阵列（Allen Telescope Array，ATA）。比起建造少数几个巨型望远镜天线（它们的花费通常异常高），研究所选择建造大量的小型天线来节省经费。350个直径6米的天线将协同工作，组成一个极其灵敏的射电望远镜，在很宽的无线电频率上监测约等于6倍满月大小的天幕。艾伦的2500万美元，加上其他来源的2500万美元，足够建造第一批共计42个ATA天线；它们在2007年完工。资助初生的ATA运行的资金中，有一笔重要资金来自加利福尼亚州政府和联邦政府对加州大学伯克利分校射电天文学实验室的拨款；该实验室和SETI研究所共同运营ATA。尽管只是部分建成，ATA仍然表现出色并成功地支持了SETI研究及大量其他射电天文学研究。ATA的运行每年约需要250万美元——至少到2011年前是这样；这一年，经费的骤减使整个机构不得不转入冬眠状态。

2011年，当我在德雷克家中和他交谈时，ATA闲置的天线旁已经长满了野草。仅仅4位研究所的骨干成员还在研究所工作，勉强维持机构不会陷入无法修复的荒废中。直到2011年12月接受了一小笔捐款，ATA才被重启；而这笔钱也只能支撑数月。研究所当时正在寻求和美国空军合作，后者后来购买了部分ATA的工作时间监测"太空垃圾"——脱落的火箭助推器、金属螺栓，以及其他可能击中并破坏航天器的碎片。但是这笔资金，最后被证明也仅仅是暂时的；监控太空垃圾的时间也占用了ATA用于核心目标——SETI研究的时间。除非更多富有的赞助人带着巨额捐款出现，ATA达成最初350座天线的目标的可能性微乎其微。雪上加霜的是，在2008年全球金融体系震荡带来的长期萧条中，潜在赞助人几乎和发送无线电信号的外星人一样难觅踪影。德雷克的伟大梦想似乎正在坍塌。

除了政治和经费上的困难，SETI研究的衰退中还有一个更加学术且颇具讽刺意味的因素：系外行星学（Exoplanetology）的崛起。系外行星学主要探索系外行星，即围绕太阳以外的恒星公转的行星。自20世纪90年代初开始，当射电望远镜断断续续地扫过天空寻找地外文明信息时，天文学领域发生了一场革命。使用当时最先进设备的观测者，开始如时钟般稳定地发现一个个系外行星。最初发现的星球是"热木星"，在靠近恒星轨道上公转的膨大巨型气体行星。随着行星探索设备发展，行星发现不断提速，更小、更适宜生命存在的行星开始出现了。2001年研究者共发现了12颗系外行星，全部是热木星。2004年，研究者发现了28颗系外行星，其中几个已经和海王星差不多大小。2010年见证了数百个系外行星的发现，其中甚至有不少比地球稍大。2013年初，仅仅NASA的一个项目，用开普勒太空望远镜，就发现了超过2700颗可能的系外行星。开普勒太空望远镜发现的行星中有一小部分和地球大小相仿甚至更小，它们围绕恒星公转的轨道很适宜生命存在。受这些发现鼓舞，天文学家开始认真地讨论建造巨大的太空望远镜，以寻找附近恒星系中宜居行星上可能存在的生命迹象。

当2011年12月短暂重启时，ATA开始探索开普勒太空望远镜发现的颇具希望的候选行星，寻找可能在其上生活的外星人的无线电信号。在ATA因经费短缺再次被迫停摆前，没有任何信号被发现。在当下系外行星的学术繁荣中，各种令人心潮澎湃的发现可能获得媒体关注，制造学术新星，为研究者和科研机构带来大量经费；而长达半个世纪毫无建树的SETI研究则难以为继。对于醉心于地外生命的人来说，系外行星学才是他们的归宿，而非SETI。当搜索类地行星的研究逐渐升温至沸腾时，SETI研究却被打入了科学界的冷宫。

当我问起德雷克，我们是否正在见证SETI计划的终结时，他的蓝眼睛在柴郡猫（Cheshire Cat，英国作家刘易斯·卡罗尔创作的童话《爱丽丝漫游奇境记》中的虚构角色，形象是一只咧着嘴笑的猫，拥有能凭空出现或消失的能力，甚至在它消失以后，它的笑容还挂在半空中——译者注）般的咧嘴笑后忽明忽暗。"不，完全不会。我想，这应该正是开始。人们认为我们正在所有波段、所有时刻监控整个天幕，但是我们尚不能做到其中任何一点。事实上，到目前为止SETI研究所有的努力，只是仔细检查了地球附近的数千颗恒星，而我们才刚要了解到其中哪些可能有光明前景的行星……即使我们已经对准了正确的方向，在正确的频率上收听，在我们收听的这段时间中正好有一条信息在向我们发送的可能性也绝不会高。我们一直只是买了几张彩票就想中大奖。"

德雷克坚信太空中还有其他生命存在的自信，来自于奥兹玛计划不久之后的一个私人会议。1961年，美国国家科学院的皮尔曼（J. P. T. Pearman）找到德雷克，请他在NRAO绿岸天文台组织一个小型的非正式的SETI会议。这个会议的核心目的，皮尔曼解释道，是评估SETI是否有合理的机会发现其他星系的文明。"绿岸会议"在1961年11月1日至3日举行。

会议嘉宾的名单虽短，但可谓星光闪耀。除了德雷克和皮尔曼，三位诺贝尔奖获得者也在列。化学家哈罗德·尤里（Harold Urey）和生物学家乔舒亚·莱德伯格（Joshua Lederberg）均在各自领域获得诺贝尔奖：尤里因发现氘——氢元素的一种同位素，而莱德伯格因发现细菌可以"交配"并传递遗传物质。这两位均是方兴未艾的太空生物学——一种研究太空中生命起源及其迹象的学科——的先行者。尤里对远古地球上产生生命的化学反应特别感兴趣，莱德伯格则致力于研究用何种手段探测到遥远行星上的外星生命。在会议期间，另一位客人，梅尔文·卡尔文（Melvin Calvin），因其阐明了光合作用的化学机制而被授予诺贝尔奖。

其他的参会者的名气仅仅稍逊于三位诺奖获得者。物理学家菲利普·莫里森（Philip Morrison）在1959年参与撰写了一份支持SETI研究的论文，和德雷克在1960年所进行的研究相似。达纳·阿奇利（Dana Atchley）是无线电通信系统专家，并担任微波联营有限公司的主席，该公司向德雷克的研究捐赠了设备。伯纳德·奥利弗（Bernard Oliver）是惠普公司负责研发的副总裁，同时还是一位SETI热心的支持者，此前曾到绿岸见证德雷克的第一次试验。俄裔美籍天文学家奥托·斯特鲁（Otto Struve）是绿岸天文台台长，他同时还邀请了他的一位明星学生，说话轻声细语的NASA研究员黄授书（Su-Shu Huang）。斯特鲁是一个传奇的光学天文学家，同时是第一批严肃考虑如何寻找其他恒星系的行星的科学家。斯特鲁和黄授书共同研究一颗恒星的质量和光度（luminosity，天文学中用于描述物体单位时间内辐射出的总能量——译者注）如何影响绕其公转的行星的宜居性。神经生物学家约翰·李利（John Lilly）基于圈养宽吻海豚的颇受争议的研究，在会议上展示了他对跨物种交流的想法。一位名叫卡尔·萨根（Carl Sagan）的黑发而聪颖的27岁天文学博士后也参会，他当时是嘉宾中最年轻也极有可能是最不出名的一位。他的导师莱德伯格邀请他参会。

德雷克负责安排会议日程。会议开始前几天，他坐在办公桌前，手握纸笔，试图分类归纳出要估计目前银河系中存在的可能被探测到的高等文明的数量 N 所必需的信息。他从最基本的几条开始：文明当然只会出现在围绕稳定而长寿的恒星公转的行星上。德雷克定义银河系中恒星生成的平均速率为R，为外星文明的摇篮的产生设定了一个大致的上限。这些恒星中的一些，其比例记为f_p，将会产生行星；这些行星中的一部分，其比例记为n_e，是适合生命存在的。德雷克的沉思渐渐从天体物理学和行星科学进入了进化生物学的领域：在这些适宜生命存在的行星上，比例为f_l的一部分将最终进化出生命；而在这些有生命的星球上，又有比例为f_i的部分，将诞生有智能和意识的生命。当德雷克开始考虑更为细分的社会科学领域，他变得坐立不安。他感觉他将接近分类归纳的终点，并将接触到合理推断的边缘。他继续奋笔疾书。地外智能中能跨越辽远星际告知人类其存在的比例为f_c，而这种技术高度发达社会的平均存续时间为L。

　　基于银河近乎无边的体积和近乎无限的岁数，以及任何物体星际航行时不能超过光速这一事实，德雷克相信，存续时间非常重要。我们的银河系直径约10万光年，其经过的岁月几乎与宇宙本身相同，为各种外星文明的出现提供了巨大的空间和时间。举个例子，如果技术高度发达社会的平均存续时间是数百年，两个这样的文明同时在相距1000光年的两个恒星系的行星上诞生，那么文明因任何可能的原因变得无力进行星际通信前，这两个文明几乎没有任何机会进行联络。即使其中一个文明发现了另一个，并朝着那颗遥远的恒星发送了一个信号，当这条信息跨越千年的时间达到另一个文明时，发送信息的文明也已不复存在。

　　如果某人将德雷克分类归纳出的各个因子替换为可信的数字并将其相乘，那么他将得出一个对于N的大致估计。这些因子之间相互依存，如果其中某个因子的值低到几乎不存在，那么最终得出的银河中可被探测到的技术高度发达文明数量的估算值N，将会陡然降低。总结起来，这些因子组成了一个公式，如果它无法推算出与人类同期的宇宙文明的数量，也至少会帮助量化人类对于宇宙的无知。

　　11月1日的早餐，当所有嘉宾在NRAO大厅中一个小休息室就座，小口喝着咖啡时，德雷克起身，大步上前展示他的发现。他并非在中央的讲台向听众发表演说，而是走到了一块黑板前，背对着各位嘉宾，写下了一长串符号。当他放下粉笔并走向一旁时，黑板上写着：

$$N = R f_p n_e f_l f_i f_c L$$

这一串字符后来被称为"德雷克公式"。虽然德雷克提出这个公式仅仅是为了引导未来三天的绿岸会议，这个公式以及各个因子合理的数值成为了随后SETI讨论和研究的主要内容。

在当时，只有一个因子R，即恒星形成的速率，其数值已经被确定在了一个可信的范围。天文学家已经仔细研究了银河系中数个恒星生成的区域。基于这些数据，团队中的天文学家们很快将R确定在了一个相对保守的值，即银河系中至少每年形成一颗恒星。他们同时决定主要关注类日恒星。比太阳大得多的恒星向外辐射的能量亦高得多，在数千万至数亿年内就会燃烧殆尽，留给绕其公转的行星上形成复杂生命的时间窗过短。比太阳小太多的恒星使用它们的热核反应燃料时则相当吝啬，可以虚弱地发光数千亿年。但是行星想要靠这种微弱的辐射变得足够温暖，必须如履薄冰地紧靠在恒星身旁；在这种距离上，恒星耀斑和引力潮很可能摧毁生物圈。类日恒星则正好处于两种极端间的均衡地带：以充分的光度稳定地闪耀数十亿年，使适宜生命的星球可存在于远离恒星剧烈活动的安全地带。

在1961年，人类尚未发现任何一颗太阳系外的行星，所以对于fp的估算依赖于间接证据，斯特鲁和莫里森的讨论确定了它的数值。斯特鲁在数十年前就开始了对不同类型恒星自转速率的先驱性研究。他发现比太阳体积更大的巨大高温恒星通常自转非常快；而类日恒星，或者比太阳更小更冷的恒星，则自转更慢。斯特鲁认为这种差异，是因为围绕类日恒星公转的行星逐渐削弱了恒星的角动量并降低了其自转速率。不过大概一半已知的类日恒星均为双星系统，与另一颗伴星绕其共同质心旋转同样会影响其自转。在双星系统中，两颗恒星间的引力作用被认为会阻碍行星的形成。斯特鲁推断只有在剩余的另一半，即单星系统中，才有可能形成行星。他对于类日恒星周围普遍有行星存在这一结论十分确信，在约10年前的1952年，他发表了一篇论文阐述了两种探索系外行星的观测策略，预言了半个世纪后地外行星学的繁荣。斯特鲁估计半数类日恒星有行星，而莫里森认为这个数字过高。莫里森猜测，在很多单星系统中，也仅有分散的小行星和彗星可以形成。他认为f_p可能低至五分之一。

随后，小组转向n_e，即每个有行星的恒星系中宜居行星的数量。黄授书和斯特鲁整理了他们多年研究的结果，认为太阳系的结构是一种典型的模式，即较多数量的行星分布在由近及远范围很宽的轨道上。他们认为，每个有行星的恒星系中，至少有一颗行星，其轨道会落在黄授书提出的"宜居带"（Habitable Zone，宜居带指恒星周围一定距离的范围，在这一范围内，行星表面允许有液态水的存在——译者注）。萨根赞同这个结论，并指出大气中丰富的温室气体可以帮助原本冰冷的行星升温，继而极大地扩展宜居带的范围。小组讨论了太阳系中的焦热的金星和冰冷的火星这两颗临界行星，如果适当地改变其大气层的成分，那么它们可能也会很像地球。基于萨根提出的温室气体可以扩大黄授书的"宜居带"的观点，参会者商定一个行星系统中可能有1至5颗适宜生命存在的行星。于是，他们将n_e限定于1至5之间。当然，如果地球上生命的起源只是宇宙中的一个奇迹的话，在银河系中的数十亿颗宜居行星中也可能没有一颗存在生命。

随着小组开始转向f_l的值——宜居行星中能孕育出生命的行星数量，讨论进入了尤里和卡尔文的专业领域。在1952年，尤里和他的一位研究生斯坦利·米勒（Stanley Miller）一同研究原始地球上生命的起源。地热、闪电以及狂躁的年轻太阳发射出的紫外线让原始地球的环境中充满了有用的能量。二人决定让适度的电流通过一罐密封的氢气、甲烷、氨气和水蒸气的混合物——这被认为可以模拟远古地球的大气。仅仅一周后，尤里–米勒实验就合成了一罐"原始汤"，其中充满了有机物：包括糖类、脂质甚至氨基酸，而氨基酸是蛋白质的结构单元。这样的反应在行星尺度上作用了数百万年，可以轻松地从无机物前体合成孕育生命的有机物原料。在我们的行星上，化石证据显示在地球冷却下来后仅数百万年生命就已开始蓬勃发展——似乎生命在刚刚可能出现时就立刻出现了。

卡尔文有力地强调，在地质学的时间尺度上，简单的单细胞生命出现在宜居行星上是必然的。萨根补充道，天文学家早就在星际气体和尘埃组成的云团中探测到氢、甲烷、氨气和水，某些陨石甚至被证明富含有机物。萨根说道，这些证据说明，大气成分与早期地球大气相似的行星，是行星形成过程的普遍结果。既然物理学和化学的规律在宇宙中普遍适用，当被恒星的光线加温后，这些行星上也会充满构成生命的有机结构单元。"原始汤"中的有机物经过无穷次的迭代重复和排列组合，原始的催化酶和可自我复制的分子逐渐出现，生命的产生呼之欲出。小组的其他成员也达成一致：在几亿甚至几十亿年中，单细胞生命将在每一个宜居的行星上出现，因此可以确定f_l的值为1。

当开始讨论f_i——即在宜居且有生命的行星中进化出智能生物的比例时，李利介绍了他在加勒比海地区圣托马斯岛对圈养海豚的研究。李利首先介绍道，海豚的大脑比人类更大，神经元密度与人类相似，而大脑皮层结构更富于变化。他回顾了数次用嘀嗒声和口哨声组成的海豚语言与海豚交流的尝试，并介绍了海豚救助落水水手的故事。他着重介绍了一个案例，两只圈养海豚协力救助第三只海豚，使这只在泳池的冷水中筋疲力尽的同伴免于被淹死。这只冻僵的海豚发出了两声尖锐的哨声，这明显的呼救信号让两只救援的海豚互相交流，形成救援方案，并最终拯救了它们落难的同胞。这一幕让李利相信，海豚是地球上与人类同时期的另一种智能生物，它们具有进行复杂交流、对未来做出计划的能力，拥有同理心和自省力。

莫里森通过引入趋同进化（Convergent Evolution）的概念进一步拓宽了讨论。趋同进化是指自然选择将不同系的生物塑造成相似的模式，以适应相似的环境或生态位的趋势。因此，鱼类如金枪鱼和鲨鱼，哺乳类的海豚，都有流线型的身体；动物界的不同物种独立进化出了诸如眼睛和翅膀的相似特征。莫里森说道，或许智能是趋同进化的另一个例子；不仅人类和海豚拥有智能，其他灵长目和鲸目生物——如鲸（海豚和鲸在分类学上同属于哺乳纲真兽亚纲鲸目——译者注）和现已灭绝的尼安德特人——也拥有智能。正如眼睛或翅膀，智能也是对环境的极为成功的适应，并将一次次地出现在有生命的行星上——如果这些生命已经完成了从单细胞生物到复杂多细胞生物的重大跨越的话。在莫里森的证据的推动下，绿岸会议的科学家们将f_i的值乐观地确定为1。

对于最后两个同时也是最为模糊不清的两个因子——f_c，智能生物中发展出能进行星际通信的社会和科技的比例，以及L，技术高度发达社会的平均存续时间——莫里森再次在帮助绿岸会议构建讨论框架中起到了决定性作用。他首先指出，虽然类似海豚和鲸的生物可能拥有智能，但是以它们目前的水生状态，它们似乎注定不会被外星的观测者发现的：即使它们拥有语言和文化，它们仍然缺乏组装和应用简单工具和机器的方法。参会者们都无法想象某个鲸类文明曾建造射电望远镜或电视广播天线。但是另一方面，莫里森补充道，历史证明技术社会的出现可能是另一种趋同现象。中国、中东和美洲的早期文明均独自诞生并逐渐遵循了相似的发展路径。

另外，社会变革和技术进步的驱动力也尚不清楚。尽管中国曾领先欧洲数百年发展出类似于火药、指南针、纸和印刷术的技术，但中国并未经历过任何与欧洲文艺复兴和连续的技术和工业革命类似的事件。当西班牙和葡萄牙的探险者——而不是中国的探险者——驾驶远洋船只发现美洲时，他们发现的是使用石器时代技术的土著文明，远不能和欧洲的钢铁与枪炮相提并论。派遣船只跨越海洋和发送信息跨越星际空间，似乎并非仅仅是技术实力的问题，同时还是文明的选择。一个已经存在的技术文明是否会尝试星际交流似乎完全无法预测。面对必须要做出一个有些武断决定的局面，绿岸会议参会者们最终猜测大概1/10至1/5的智能生物会发展出探索其他星际文明信号的技术和意愿。现在绿岸小组只需要考虑L，技术文明的典型存续时间。

在会议的休息期间，德雷克注意到了某些事，让他猜想他的公式可以大大地简化：公式7个因子中的3个（R，f_l和f_i）似乎等于1，所以对最终的结果N影响甚小。与此相似，另外3个因子的推测值（f_p，n_e和f_c）可以轻易地相互约去。例如，小组猜测每个恒星系中的宜居行星数量n_e在1到5之间；而恒星拥有行星的比例f_p，则在1/5和1/2之间。如果n_e的值实际为2，而f_p的实际值为1/2，那么二者相乘的结果为1，对N没有影响。经过对目前可及的最佳证据的全面考虑，地球上最为聪明的科学家中的数位得出结论：宇宙，总的来讲，是一个较为宜居的地方，一个肯定充满了有生命星球的地方。在另一颗围绕某颗恒星公转的行星上，另一个好奇的文明凝视着他们的夜空，思考着他们是否也是孤身一人——这个情景是合乎情理的。德雷克宣布，比起恒星的数量，或宜居行星的数量，或生命、智能、高等技术出现的概率，他认为真正决定着现在宇宙中存在的技术文明数量的似乎仅仅是文明的存续时间。N=L。

这个想法让莫里森不寒而栗。在所有绿岸会议的参会者中，只有他能切身感受到我们的现代文明可能是多么的转瞬即逝。莫里森曾经在第二次世界大战中参与曼哈顿工程，1945年7月16日，他在新墨西哥州阿拉莫戈多见证了第一颗原子弹的爆炸。一个月后，在南太平洋的提尼安岛，莫里森亲自组装并激活了一颗原子弹，这颗原子弹最终被投掷到日本长崎。数万平民在原子弹的核火球下化为灰烬，另有数万因为继发火灾和放射性尘埃缓慢死去；这一切仅仅来自于2磅钚元素的核裂变。当日本的投降让战争画上句号后，莫里森作为美国科学家代表团的一员实地考察了广岛和长崎，近距离评估核武器带来的破坏。不久之后，他成为了核裁军的支持者，但一切已经太迟了。苏联已经启动了开发核武器的紧急程序，并于1949年成功试爆了第一颗原子弹。在其后不可避免的军备竞赛中，美国和苏联都成功地利用了威力更为强大的核聚变过程，将数百颗长崎原子弹的破坏力浓缩至一颗炸弹中。两国的热核武器的武库早已具备在一次核互换中灭绝数亿人的能力。即使在这样一场核战浩劫中幸存，幸存者也将不得不面对严重破坏的生物圈，坠入黑暗时代的世界。绿岸会议后不到一年，古巴导弹危机将世界推到了热核战争的边缘；随着时间的推进，越来越多的国家将来自原子核的能量转化为武器。人类发展出全球化社会、射电望远镜、行星际火箭的同时，也发展出了用于大规模毁灭的武器。

　　如果地球上的情况如此，莫里森阴沉地说道，其他星球上可能也是如此。或许所有的社会都会沿着相似的轨迹发展，在可以向宇宙发送信息的同时也获得了摧毁自身的能力。莫里森迅速计算了一下之后，继续说道，如果一个文明在走向毁灭前仅能存续10年，在任意时刻整个银河系中可能只会有一个能进行星际通信的行星；我们可能已经遇到了银河系唯一的文明——就是我们自己。寻找地外文明最有说服力的理由之一，莫里森认为，就是了解我们自己的文明是否有希望在技术发展的初期存活下来。或许来自其他星球的一条信息可以稍微预防人类自我毁灭的趋势。

　　萨根尝试反驳莫里森的末日学说，他认为我们并不能排除某些技术高度发达的文明在发明大规模杀伤性武器之前或之后已经成功实现了稳定和繁荣。他们可能成功地掌控了母星的环境，并继续探索行星系中其他星球上的资源。他认为这样一个充满能源和智慧的社会，将有极大的机会预防或承受住几乎所有来自自然界的灾难。理论上它的存续时间将达到地质学的时间尺度，长达数亿甚至数十亿年，甚至有可能和其星系的恒星同寿。如果这个文明能够用某种方式在其恒星垂死前逃离并殖民其他的星系……那么它实际上可以永远存在。在所有的参会者中，萨根是最为乐观的一个，他相信技术文明不仅可以解决他们关于行星的问题，还可以克服星际旅行中的诸多困难。在宇宙中的某处，如果不在我们的银河系，那就是在无数星系中的某一个，永生的文明将在星辰间度过无尽的岁月。萨根认为我们也可能成为这种文明中的一个。

　　当与会者对 L 的取值进行了彻底的商讨和辩论后，德雷克站起来宣布他们已经达成共识。技术文明的存续时间，他说道，既可能相对较短，可能仅能延续1000年；也可能极长，长达数亿年甚至更多。如果技术文明的存续时间实际上是德雷克公式中最重要的因子，这说明银河系中有1000至1亿个技术文明。1000个行星文明，相当于每1亿颗恒星中仅有一个。如果这个数字是如此低，我们几乎无法和任何一个外星文明交流，因为距离我们最近的文明也可能有上千光年远。与此相反，如果银河系中有1亿个文明存在，它们将在每1000颗恒星中出现一次；在这种情况下，我们很可能已经接收到它们的信息了。德雷克在1961年的猜测取在了两个极端之间：他推测L将约等于10000年，因此约有10000个技术文明与我们一起散布在银河系的各处。德雷克对L的个人估计表明成功探测外星文明仍然相当困难，但也未超出我们的能力范畴，这可能不是巧合：根据他的估计，我们只需要监测1000万颗恒星即可最终发现外星文明，尽管搜索的过程可能花费数十年甚至数百年。

在会议的结尾，当嘉宾们畅饮庆祝卡尔文荣获诺贝尔奖的酒会所剩下的香槟时，斯特鲁提出了一个祝酒词："让我们敬L的值，希望它被证明是一个非常大的数字。"

第二章　德雷克的兰花

　　半个世纪后，当我们在德雷克家的起居室交谈时，德雷克表示他坚信绿岸会议的结论过于悲观。他说道，在最近的几十年间，支持"宇宙适宜生存"这一论点的天体物理学案例极大地增加。天文学界对于恒星产生速率的估计值自1961年以来几乎没有发生变化，但很多新的研究指出"红矮星"（Red Dwarfs）——比太阳更小、温度更低同时数量更多的一种恒星——似乎比原先认为的更适宜生命生存。系外行星学繁荣所产生的数据的统计学结果指出，我们的银河系中就有数千亿行星围绕各种类型的恒星公转；绿岸团队对拥有行星的恒星数量的估计过低了。这些行星中的相当一部分也必然位于其星系中适宜生命存在的区域。探访金星和火星的航天器拼凑出了颇具吸引力的证据，证明这些行星上数十亿年前曾经有海洋；虽然这两颗行星的宜居时间较短，均在几亿年后失去了海洋。同时，研究者们还在外太阳系的星球上发现了液态水的海洋，气态巨行星的卫星——例如木卫二（Jupiter's Europa）和土卫六（Saturn's Titan）——的冰层下存在不见天日的海洋。由这些结果外推，天文学家推测在已知的恒星系中，或许存在地球大小的宜居卫星围绕着木星大小的温暖行星公转。少数天文学家甚至认为有自由漂流的宜居行星；它们被恒星的引力弹弓弹开，一路穿过浩渺的星际空间。温室气体形成的厚重大气层或深海上覆盖的冰层将这种流浪的行星与太空隔绝开，在数十亿年间保持着星球宜居的环境。很可能银河系中绝大部分适宜生命存在的行星并不是围绕着类日恒星公转，德雷克说道，或许它们根本就不围绕任何一颗恒星公转。

他认为生物化学领域的案例也增加了。半个世纪来对生命起源的研究发现了诸多化学通路，均可能形成细胞膜、自我复制的分子及其他细胞基础结构。不止一条证据指出，在原始地球上，从单细胞生物到多细胞生物的跨越曾在多个物种中发生过数次，提示这种跨越可能也是趋同进化的又一例证，而不是一种罕见的奇迹。研究者们发现，在地表以下数英里的岩石上，在沸腾的高盐高酸水塘中，在冰川内部的冰室中，在最深最黑暗的海底，甚至是遍布放射性污染的核反应堆舱中，均有微生物在顽强生长。一旦生命出现，它作为行星上的一种现象似乎拥有难以置信的适应能力，可以在每个可能的生态位茁壮成长，经受住几乎所有可以想到的环境破坏。

我问道："这些对德雷克公式的后面几个因子有何影响？"

"我们已经发现了非常非常多可能宜居的星球，但是可能有智能和技术文明的星球实际上并没有太多，"德雷克回答道，"这对我来说意味着在生命发展出遍布全球的强大有力的技术过程中，可能存在着巨大的障碍。为了克服这些障碍，可能需要一个非常类似于地球的行星环境。这听起来可能很令人丧气，但是当你了解到宇宙中星球的数量时，你就会改变主意。星球的数量说明，与地球和地球上的生命相似的情况此前已经出现了数次，并将继续出现很多很多次。它们就在太空中。"

德雷克轻声低笑，咳嗽了几声，继而缓慢地从沙发上直起身来。显然他已经疲于久坐。我们走到室外去呼吸几口新鲜空气。

午后的阳光温暖了我们的脸庞，清爽的微风从高塔般的红杉间吹过，吹乱了德雷克的满头银发。这微风闻起来充满了绿意盎然的生机。德雷克指了指高悬于天空的淡淡的娥眉月，它就在一道细长的银色航迹云旁边。我们走进后院，我小心翼翼地跨过一颗知更鸟蛋留下的蓝色碎片，这颗鸟蛋应该是从某棵树上的鸟巢中掉下来的。潮水在我们下方滚滚而来，越过森林覆盖的山丘和海滨郊区，冲浪者们乘着冲向蒙特利湾（Monterey Bay）海岸的巨浪起舞。

从德雷克家门前看到的景象概括了地球上生命的数项基本特征。植物利用太阳能，打开水分子和二氧化碳中的化学键，用其中的碳和氢合成糖类和其他碳水化合物，并向空气中释放出氧气。大气中的氧气散射阳光，让天空呈现蓝色。动物呼吸氧气并食用碳水化合物，完全依赖植物光合作用的馈赠。当植物和动物死去时，它们体内由光合作用固定的碳元素再次回归大地，并在巨大的热量、压力和漫长的时间作用下转化为煤炭、石油和天然气。化石燃料自地壳中被开采，在引擎、发电机、取暖炉中燃烧，为人类在全球范围内的技术霸权提供动力。数亿年间缓慢积累并在地下贮藏的碳，在地质学尺度上的一瞬间，就被人类再次释放回地球的大气。

我们在蒙特利湾所见的景象，也是地球物理特性的产物——这个特性又来自一个不同寻常的事件。月球作为地球的卫星，异乎寻常地大；它稳定了地球的地轴倾角并赋予地球潮汐。月球诞生于太阳系历史早期一颗火星大小的天体与原始地球的碰撞中。另一个撞击者，一颗直径6英里（9.6千米）的小行星于6600万年前撞上地球，引起了一次全球范围的生物灭绝，为恐龙时代画上句号。人类的祖先——小型哺乳动物开始了称霸生物圈的缓慢征程，而尚未完全灭绝的爬虫类（Saurians）逐渐进化成鸟类。恐龙出现之前的数十亿年，我们称为海洋的孕育生命的水同样来自天体的撞击，富含水的小行星和彗星自外太阳系如暴雨倾泻。地球丰富的水资源，滋润了龟裂的地壳，使其可以缓慢漂移。这个地质过程被称为板块构造（Plate Tectonics），是一种仅存在于地球的气候调控机制。

从海湾方向转回身，德雷克走到自家车道的中央，那里有一个饱经风霜的红杉树桩，树桩自地面凸起，宛如一个早已熄灭的火山。他俯下身去，抚摸着这棵古树。许多年前，德雷克告诉我，他曾经将一层薄薄的白垩洒在树桩的断面上，让年轮清晰可见。他让他年幼的孩子们计数年轮，将其作为一个非正式的科学研究。他们数到了2000圈以上的年轮，每一圈代表这棵古木岁数的一岁——这棵古树显然自耶稣基督诞生时就开始生长了。

"这棵树见证了创造蟹状星云（Crab Nebula）的超新星爆发的第一束光，就在这个时候。"德雷克抚摸着自树桩中心到最外周的中点。这次超新星爆发的光芒在1054年达到地球，此时西欧正从其黑暗时代中挣脱。德雷克又将手向外摩挲了约四分之一，抚过欧洲人最初探索并殖民美洲的年代。他的手继续移动，一直到达树桩的最外周。

在这棵红杉两千年的生命中，银河系向离其最近的旋涡星系仙女座（Andromeda）移动了近5万亿英里（8万亿千米），但两个星系间的距离还是十分遥远，在约30亿年后才可能发生碰撞。太阳绕行银河系中心公转的周期约为2亿5千万年；两千年中，太阳在这个轨道上仅仅发生了轻微的移动。从太阳数十亿年的历史来看，两千年中太阳几乎未变老一日。自从太阳及其行星在46亿年前形成起，它们已经围绕银河系的中心完成了大约17圈公转——如果按照银河系的计算方法，我们的太阳系已经18"银河岁"了；当太阳系17岁时，红杉尚未出现在地球上；当太阳系16岁时，原始生物正在尝试第一次自海洋移民陆地的远征。事实上，化石证据证明在太阳18个银河年历史中的前15个银河年，地球上只存在单细胞微生物或者多细胞细菌集落，完全没有如草、树或动物这种复杂的生物，更不用提可以解微分方程、建造火箭、画风景画、写交响曲以及感受爱情的智能生物了。

在太阳22银河岁生日前，距今约十亿年后，我们的地球将重归荒芜。随着太阳寿命的增长，其光度也逐渐增加。天体物理学和气候学的模型显示，到那时，太阳的光度将提高约10个百分点——这似乎只是一个较小的变化，但也足以让地球的气候变得太热、大气变得过于稀薄，不足以维持多细胞生物生存。同时，海洋开始汽化，地球的大部分水将迅速蒸腾至太空中。十亿年后海洋消失之时，也将是地表所有生物的终结之日。无处不在的微生物将躲藏在地球焦干外壳的深处，继续生存数十亿年。约50亿年后，太阳将耗尽其氢元素，并开始利用能释放更多能量的氦元素作为聚变燃料，其体积将逐渐膨胀至目前体积的250倍，成为一颗红巨星（Red Giant Star）。天文学家对那时地球的命运尚存争议：地球可能被红巨星灼热的外层吞噬，也可能姑且保全自身，但地壳将再次融化为岩浆。不管是哪种命运，到了那一天地球上的生命都将迎来最后的落幕。

考虑到一系列天体物理学的机缘巧合才造就了今天宜居的地球，而人类科技和地质事件这两种足以改变地球未来命运的力量又将产生难以预测的合力，偶然与必然之间的界限变得模糊。再过数亿年，是否会有生命出现在某个遍布岩石、温暖而潮湿的星球？生命是否只能出现在拥有与地球完全相同演化历史的星球上，甚至还要有一模一样的卫星、地壳活动及蓝色天空？抑或拘泥于上述特点只是人类这种生长于地球的井底之蛙想象力枯竭的结果？对于寻找外星生命和智能来说，我们星球的历史是值得学习的模板还是故步自封的桎梏？如果我们看到5亿年前或5亿年后的地球，我们能判断出它是一颗"类地行星"吗？如果科学家们不能在地球之外找到另一个有生命的星球作为研究对象，这些问题就将永远无法得到解答。但德雷克认为，这些问题的答案不会永远无迹可寻。

　　"在1960年，我认为在我一生中发现太阳系外行星的可能性非常非常低，尽管奥托·斯特鲁已经给出了有朝一日我们可能找到它们的方法，"回到起居室后，德雷克对我说，"我当时认为我们发现另一颗行星的唯一方法就是接收其上居住的智能生命的无线电信号。在界定其他恒星系的行星是否有生命时，我们同样抱着这种悲观主义。我们所需要的技术还在前方。"

　　行星猎人们已经发现了不少行星，其基本特点似乎与地球相差无几。这些行星的数量逐年递增，它们可能与我们的地球甚为相似。但是目前我们发现这些行星的方法仍需先找到如灯塔般明亮的恒星，再对其恒星系进行仔细观察，而非直接探测不会发光的行星本身。行星对其恒星的引力作用，或者行星经过其恒星表面时投向地球的影子，通常只揭示了诸如行星质量、大小和轨道性质之类的特征。除非直接"看到"这些行星——收集并分析反射自行星大气或表面的光子，科学家们无法确定一个星球是否是类地行星或宜居行星。在"看到"行星之前，科学家们将被困在德雷克50年前的窘境，只能期盼一条来自外星的无线电信息如奇迹般从天而降，向他们描绘一颗遥远行星上的动物、植物与环境。

　　19世纪陆续出现的一系列发现带来了突破性的进展，使得现代天文学的大部分得以实现：物质发射、吸收或反射光线时，将改变光线的颜色，这种改变可以反映该物体的化学特征。将光线分解为连续的光谱来解析光的颜色，即可解析物质的化学特征，这项技术被称为光谱学（Spectroscopy），可以帮助天文学家分析极远处星系、恒星和行星的化学组成。如果天文学家能设法从候选行星上收集足够的反射光子，他们就能根据其光谱分析行星大气的化学成分。随后，他们就可以寻找提示行星是否宜居的迹象，如水蒸气、二氧化碳，或者是生命的迹象，如游离的氧分子——正是充斥着地球大气层的氧气使我们的天空呈现蓝色。他们可以寻找行星对其母星光芒的明亮反射，这种反射可能来自行星光滑平整的平面——例如海洋；他们还可以捕捉陆地颜色的微妙变化，而这可能提示有光合作用植物生长。天文学家使用人造卫星和行星间航天器的观察结果，详尽地测量了地球的上述光谱学特征，并证明理论上可以从极远处的星际空间研究地球。即使地外生物并未将其存在向全宇宙广而告之，类似光谱学的技术也为我们发现并研究它们居住的行星提供了希望。

在20世纪最后十年，当系外行星学变成了一个正统的科学领域，行星猎人们设计了数种方法从数光年外获得行星的信息。所有的方法都需要使用一个或数个特殊设计的太空望远镜，以过滤目标恒星的炫目强光从而更好地观察其行星。一座太空望远镜的造价高达数十亿美元，可以拍摄围绕恒星运行的天体的照片；照片中的行星可能仅仅是几个像素大小的小点——虽然微小，但仍然可以为大气光谱学提供足够的信息。如果经费不成问题，可以在太空中或月球背面建造一大批太空望远镜，这些望远镜阵列将作为一个巨大的探测工具，对附近的系外行星拍摄更大尺寸的图片。这些图片的分辨率可能仍较低，但已经足以描绘一颗星球的海岸线、大陆和云层。这些太空望远镜将极大地帮助天文学家判断一颗行星是否能称得上"类地行星"。但是考虑到目前支离破碎的天文学界、漠不关心的普罗大众、墨守成规的政治体系，以及步履蹒跚的全球经济，短期内似乎不会有人建造一座这样的太空望远镜——至少美国联邦政府不会。

德雷克认为，如果某件事能够发生，那么它就一定会在某个地方发生，尽管可能不是在此时此地。他猜想是否在邻近的恒星系中已经有先进的文明，使用它们自己巨大的太空望远镜，观察了我们很久。

"虽然这样的推测有些冒险，"当我们徜徉在德雷克家的后院时，他说道，"我猜但凡比我们的文明技术能力稍高一点的文明，都会使用百万千米级口径的巨大望远镜去探索宇宙并与其他的星系交流。"

德雷克自20世纪80年代末就开始构思一个计划，这个计划将让遍布月球背面的太空望远镜阵列也相形见绌。退休后，这项工作仍继续消耗着他的精力，占据了他大部分时间。他想建造一座远超其他所有望远镜的超级望远镜，其放大透镜的直径达到近150万千米。德雷克已经发现了将太阳变成这个超级望远镜的方法。

太阳巨大质量的影响之一，就是它可以充当一个恒星尺度的"引力透镜"（Gravitational Lens），弯曲并放大经过其表面的光线。引力透镜效应在1919年的日食中被天文学家阿瑟·爱丁顿（Arthur Eddington）第一次观测到，是证实爱因斯坦广义相对论的一项关键证据。巧妙地应用简单的数学和物理学原理，即可证明太阳会将光线弯曲，并聚焦到与太阳中心及遥远的光源中心成一直线的点上。斯坦福大学的射电天文学家冯·埃舍曼（Von Eshleman）在1979年第一次计算出，这些光线将聚焦于距太阳510亿英里（820亿千米）的一个点上——该点与太阳的距离比冥王星轨道还要远14倍——随后散入无尽太空。天空中每一个发光物，都会有相应的焦点和经太阳放大的光束——就如同一个环绕太阳的巨大球体，其表面绘满了宇宙天体高分辨率的放大图像。

仔细研究过埃舍曼的计算后，德雷克发现因为太阳表层电离气体的电磁干扰，这个巨大望远镜的最佳观测点并非在820亿千米处，而是在近两倍远处，即距太阳930亿英里（1500亿千米）处，是日地距离的1000倍。作为直观的比较，人类运行速度最快且旅行最远的使者——1977年发射的旅行者I号探测器（Voyager I），在2011年6月时与太阳的距离为180亿千米，仅略微超出德雷克理想焦点距离的十分之一。旅行者I号从地球到达这个距离已经花费了35年。很显然，利用太阳作为超级望远镜是一个可能需要几个世纪才能实现的目标。但是其回报将与我们花费的一切努力相称。放在天体焦点上的10米级望远镜，其传回地球的天体图片的分辨率，可达月球背面望远镜阵列所能传回图片的一百万倍。举个例子，如果我们想要观察距离太阳系最近的恒星系半人马座α星（Alpha Centauri）的两颗类日恒星之一的某颗行星时，放置在太阳-半人马座α星引力透镜焦点的10米级望远镜可以分辨行星表面的特征，如河流、森林或者城市的灯光；换句话说，以半人马座α星作为引力透镜，则可以看清蒙特利湾的海岸线、长满树木的山丘，以及从附近的大都市——例如旧金山或洛杉矶——发出的明亮灯光。

"引力透镜的美妙之处之一，在于充当透镜的天体弯曲空间时，所有途经的光线都会均等地受到影响，"德雷克一边从一棵柠檬树下眯着眼看着太阳光，一边说，"也就是说引力透镜是一种消色差透镜——它对可见光、红外线等一切电磁波都适用。我在猜想它会对无线电波产生何种效果。如果有两个不同星系的文明已经获得联系并知晓对方的存在，他们可以利用引力透镜在两端建立发送站和接收站。乍一看这个数字，你可能会觉得这简直就是痴人说梦，但是这是真的。你可以从这里向半人马座α星发送高带宽信号，所消耗的功率仅有1瓦特……"

德雷克满怀期待地看着我，但是我却想不出要怎么回答他。

"这仅相当于一部手机的发信功率，"德雷克自己补充道，"有时当我谈到这个话题，我会引用法国戏剧《夏乐疯女》（*The Madwoman of Chaillot*）的一句台词：'我十分肯定就在此刻，全宇宙都在倾听我们的声音；我们所说的每一句话，都将回荡至最遥远的星球。'引力透镜的能力让这句妄想症式的台词几乎成为现实。如果有足够的能力建立基于引力透镜的收发装置，将形成一个'宇宙互联网'，每一个文明都可以互相收听和交流；所有的信息都是高带宽，而所消耗的能量

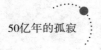

却非常低。"

在室外漫步了半小时后，我们来到了德雷克的三个温室前。当他不进行SETI工作时，他会在这里打发大部分的时间。他打开了最近一个温室的门，通风扇的嗡嗡声和饱含泥土芬芳的湿润空气扑面而来。走进温室，德雷克平静地叹了一口气。和另外两座温室一样，这座温室也种满了兰花。有的兰花种在长满泥炭藓的花盆中，自透明屋顶悬垂而下；有的兰花在长木桌上成排生长，其间点缀着浇水器；有的兰花在塑料桶中抽芽长叶，其上是台灯和滴灌管。德雷克说他有大约225种兰花，但大部分都在休眠中。我在三座温室中只数出了十几种正在开放的兰花。德雷克在20世纪80年代，也就是他开始认真考虑将太阳作为引力透镜的同时，培养起了这项爱好。他说，他种植兰花，是为了获得将这种难于照料的植物养育得枝繁叶茂的成就感，同时也是为了获得观察到漂亮形态变化出现时的满足感。数百万年的自然选择，将兰花花朵的形状和颜色塑造得千姿百态，而每种形态一般都是为了适应一到两种特定的授粉者。"昆虫，大部分是甲虫，"德雷克说道，"它们在无意识中塑造了花朵。但是这些杂交品种，当然是经人类之手选择出来的。"

德雷克打开了头顶的生长灯，在粉色的灯光下，他向我展示了一些正在盛开的杂交品种兰花，其中某些品系是他亲自进行的人工授粉杂交。每种兰花都和其他品种大不相同。其中一个品系的花细长娇小，有着白色曳尾的花瓣和缀满黄色花粉的花药。另一个品系则有着五朵下垂的管状紫色花朵，每朵周围都包绕着一簇卷曲的红色叶片。

德雷克向我介绍了他现在的最爱，那是一朵橘色的兰花，有三片角形的花瓣，花瓣逐渐变细，顶端呈血红色，看起来就像动物的獠牙。"这是两种不同属的兰花，小龙兰（Dracula）和三尖兰

（Masdevallia）的杂交种，"德雷克说道，"来自安第斯山脉寒冷地带的品种。从没有人见过带有这种血红色的兰花。它昨天还没有开放。有一些兰花在一年中仅仅开花一天，一天后花就凋谢了。你现在来到这里真是非常幸运——这些花只在世上存在很短的时间。"他满怀疼爱地轻抚着花瓣。

"兰花会死，但它们也会轮回转世，"德雷克继续说道，"原则上，照料得当的兰花是永生的。它们通过产生新的植株来繁殖。这就是一个例子。"他指向一盆兰花，这盆兰花并未开花；相反，数个黄色的球茎自花盆垂下。"这棵兰花相当老了，这个花盆对它而言已经太小了——我应该把它移栽到更大的花盆。你可以看到这些假鳞茎中长出的新芽。如果兰花长出两三个假鳞茎，你可以将它们剪下并种在肥沃的土壤中。假鳞茎会长成一棵新的植株，而这棵植株又会繁殖出更多的植株，并以此往复。单独一棵植株寿命并不长，可能只能存活三到四年，但是作为一种生物它们如海浪般不断地产生新的植株。"

我告诉德雷克，他的兰花让我想到了L，技术文明的存续时间，也是德雷克公式中最大的不确定性。如果L值太低，即使我们的银河系在其无尽的生命中诞生了数百万甚至数十亿文明，这些文明也会被禁锢在一个个孤独的星球上，逐渐虚弱直至消亡，甚至没有互相"传粉"的机会。如果L值很高，那么繁荣期的文明将会互相交流直至最终相互交融，跨越以光年记的遥远距离产生"杂交"的文化。这将会带来稳定，有些文明或许可以因此获得某种形式的永生。

德雷克微笑着点点头。他也注意到了这种相似性。

回到房内，德雷克从茶几上拿起一袋腰果，并递给我一瓶山姆亚当斯啤酒。他打开了一罐可口可乐。我们在起居室的沙发上坐下，开始讨论SETI研究的未来。德雷克说他仍然认为文明的平均存续时间可以达到10000年；因此此刻银河系中正有约10000个外星文明等待我们发现。他承认这个想法多少类似一种信仰。

"我认为10000年是合理的，但是这仅仅是我的估计，并非已经有确切的观测证据能够准确地计算出这个数字，"德雷克一边吃着腰果，一边说道，"L值仍然是一个谜。我们已经大概知道了有行星环绕的恒星占所有恒星的比例，也在逐渐了解行星中宜居行星的比例——早晚我们将知道这个数字。但是对于技术文明的存续时间……"德雷克的话音减弱，然后盯着起居室的蓝色玻璃出神了好一会。

窗户大片的蓝色玻璃上，金属丝勾勒出一系列象形图，其中点填着彩色的玻璃。从窗户透过的阳光让这些玻璃呈现出一种类似老式模拟电视屏幕的微弱荧光；多彩的格子状图案看起来就像80年代电子游戏粗糙的像素化图形。德雷克在1974年设计了这扇窗户，那时他在康奈尔大学（Cornell University）的20年任教岁月刚好过去了一半。德雷克自1964年赴康奈尔大学任教，因为那时新建成的阿雷西博天文台（Arecibo Observatory）正由康奈尔大学管理，这是当时地球上体积最大功率最强的单孔径射电望远镜（Single-aperture Radio Telescope）。德雷克赴任后不久，就开始担任阿雷西博天文台台长，直至1981年。阿雷西博天文台坐落于波多黎各（Puerto Rico）北部的密林中，利用一个巨大的石灰岩天坑建成。天文台引以为傲的1000英尺（305米）口径铝制碟形天线就像一个大碗，据德雷克的计算，它足以装下3.5亿盒脆玉米片。这个天线的尺度同样足够向数百甚至数千光年外发送无线电信息。1974年11月16日，德雷克使用这个巨大的碟形天线，向25000光年外的武仙座（Hercules）M13星团发送了一束调频无线电波。天文台此波长上的有效辐射功率达2000万兆瓦，在发信的三分钟内，德雷克发出的波束比太阳还要耀眼10万倍。

基于功能上的必要性，德雷克发送的图像分辨率极低。发信内容是由1679个频率脉冲组成的无线电波束。1679是73和23这两个质数的乘积。德雷克希望外星智能生物能够利用这个提示，成功将脉冲破译为由0和1组成的、73单位高乘23单位宽的矩阵。德雷克起居室的彩色玻璃展示出了破译结果：第一行的点表明结果采用二进制计数方法，并逐一列出二进制中的数字1到10；第二行列出了氢元素、碳元素、氮元素、氧元素和磷元素的原子序数，这是组成地球上所有生命的基本化学元素。内容的第三部分使用前面所叙述的原子序数，描述了DNA中核苷酸的化学式，以及DNA分子独特的双螺旋结构的示意图。垂直的长条代表DNA分子的磷酸–核糖骨架，乘上二进制表示的30亿，这是人类基因组中核苷酸碱基对的数量。DNA分子的示意图的下方是一幅人类的简笔画，简笔画上下各有一个二进制的数字，分别是40亿和14。40亿代表着1974年时的世界人口；14，乘以这束信号的波长12.6厘米，表示着示意图中人类身高176厘米——这恰好是德雷克的身高。这幅简笔画下方，是1个大圆点和依次向外延伸的9个小圆点，而人类简笔画正位于第三个圆点上——这代表着我们太阳系的组成，并提示人类居住于太阳系的第三颗行星上。信息的最后是阿雷西博天文台，被描绘为简化的碟形天线，并用二进制数字标注出了其巨大的尺寸。

外星生命能否理解这段信息是另一个问题——即使对于大部分人类，这段信息中的大部分也是难以理解的。在信息发送前，当德雷克把这段信息展示给同事时，他发现他们对内容的理解根据其从事的专业各不相同。化学家一眼认出了其中的化学元素，天文学家破译出了太阳系，而生物学家和其他几乎所有人认出了DNA。但是没有一个人成功地破译了阿雷西博信息中的所有元素。

德雷克发送阿雷西博信息的数年后，关于外星人最终将怎样理解其内容的讨论被证明是没有意义的。人们发现，25000年后，即携带信息的无线电波本应到达M13星团中30万颗星球时，它们所达之处已经变为一片虚空。在那时，M13星团早就因为银河系的旋转离开了原来的位置。无线电波将继续前进，在离开银河系前或许会自几颗孤独的恒星旁经过。即使地球已经成为宇宙的一段陈年旧事，这段声响渐悄的人类技术的回声，携带着人类及其文明的低分辨率示意图，仍将在星系间的无尽虚空中不断前进。

阿雷西博信息在其实际内容之外，还有着更多的意义：它象征着德雷克对星际通信个人和学术兴趣的顶点。事实上，对于德雷克获取来自遥远世界和奇异种族的信息这个梦想而言，阿雷西博天文台至关重要。多年以来，宇宙持续的沉寂让很多SETI研究者相继降低对L值、对外星文明存在的可能性的期望值，阿雷西博天文台巨大的天线便在相当长一段时间内成为了SETI研究存在的理由。多亏了阿雷西博天文台的存在，与外星文明交流的希望在与日俱增的悲观气氛中得以保存：即使假设距离我们最近的外星文明在半个银河系之外，只要它们拥有类似于阿雷西博天线的设备——相当于人类文明20世纪早期科技水平的产物——并用它来发送信号，原则上我们仍然能够发现这些信号。例如，阿雷西博天文台是后来艾伦望远镜阵列对开普勒望远镜视场中拥有行星的恒星进行调查的主要依据之一。大部分开普勒视场中的星系都距地球数百光年远，除非这些星系中的外星文明能建造如同阿雷西博天文台一样大的天线，ATA将几乎不可能探测到任何无线电信号。

如同SETI研究所和ATA，阿雷西博也曾有过光辉岁月。但到了世纪之交，当诸如美国国家科学基金会（National Science Foundation，NSF）和NASA等联邦机构的预算也因政治压力几乎被削减至底线时，它们也不得不砍掉对阿雷西博天文台的拨款。因此造成的经费缺口，仅靠杯水车薪的私人捐款、大学资助，以及波多黎各政府的财政资助，远无法完全填补。2011年5月，NSF宣布康奈尔大学将不再运营阿雷西博天文台，将管理权移交给了由斯坦福国际咨询研究所（SRI International）牵头、公共和私人管理合作伙伴组成的联盟。有传言说，如果无法找到额外的资金来源，新任管理者将直接关闭阿雷西博天文台，将碟形天线拆解并将石灰岩天坑恢复原貌。2012年，命途多舛的ATA也被交由斯坦福国际咨询研究所管理。

"最初L仅仅意味着一个文明拥有高度科技时间的长短。"德雷克说道，将注意力从彩色窗户转向那袋逐渐减少的腰果。"L实际上应该是一个文明拥有可被你我探测到的技术水平的时间。这种说法有点让人摸不着头脑，因为L不仅取决于宇宙中是否有一个可以被探测到的技术文明，同时也依赖于探测者的技术能力。举个例子，看看我们自己的文明，我们至今已经掌握无线电技术约100年，这可能会让你觉得我们文明的L值至少为100年。但是我们现在却逐渐进入无线电静默。如果有某个宇宙文明正在探测我们的无线电信号，它们很可能不会再发现我们。"

"回到60年代，我们有高功率的军用雷达，针对洲际弹道导弹的早期预警系统，诸如此类的设备，"德雷克回忆道，"这些设备发射的无线电信号可以被邻近星系中的文明用类似于当时技术水平的设备检测到。我当时认为这种技术将变得越来越先进，让地球几乎永远可以被其他文明观测到。事实上技术确实变得越来越先进，但并不是我认为的那种先进。它变得更加高效。例如，从模拟电视信号广播向数字电视技术的转变让我们更加难以被发现。比起从前，我们更多地使用同轴电缆和光纤传递信息。现在我们传输无线电信号的大多数方式也变得和宇宙中的无线电噪声难以分辨。这让本来象征着我们存在的明显标志'嗖'的一声消失了！"

德雷克叹了一口气，然后说道："最近我认为更加发达的技术文明可能反倒比早期技术文明更加难以发现。"

　　地球上20世纪前叶发展出来的高科技，在20世纪后半叶从发达国家逐渐传遍全球。在掌控了原子能后，科学开始转向细胞核内的生命机制，并带来了合成生物学的变革时代。生物工程带来的农作物产量提升、医学的突破性进展以及其他科技带来的生活水平的提高，让世界人口增加到了原来的两倍。与此同时，环境污染和栖息地破坏造成的物种灭绝率也猛然升高。大地上，高速公路、高压输电线和光纤通信网络纵横交错；天空中，洲际喷气客机的航迹云和人造卫星的闪光星罗棋布；空气中，则充满了广播、电视、手机的电磁信号和化石燃料燃烧带来的二氧化碳。很快，一连串信息技术革命将让无处不在的电脑形成强大的网络，创造出一个几乎与现实世界毫无关联的巨大虚拟国度。

　　这些变革给我们的文明和世界带来的影响仍未可知，但很可能在短短几个世纪后，我们甚至将无法认出我们的后代变成了什么样。我曾向德雷克提到过，很多曾向SETI研究所捐赠的硅谷大亨们，同样也在讨论着一个即将到来的更加激进、更富变革的时代。自这个"技术奇点"（Technological Singularity）起，计算机算力和复杂度的指数增长将让整个星球发生翻天覆地的变化。一些科技预言家充满崇敬抑或恐惧地预测，计算机将最终获得知性并拥有如神明般的能力。另一些人则认为有一天人类会通过将意识上传硅基载体的方式冲出碳基肉体的牢笼；通过这种方式，人类将获得某种层面上的永生。所有人似乎都认为，如果人类不是地球的继承者，那么也会创造出地球的继承者。有些人甚至又再次提起了德雷克青年时期盛行的"太空时代"的梦想，描绘出一个探索和繁荣的新黄金时代：人类驾驶着智能机械穿越太阳系，甚至到达其他星系。

　　"是的，这些说法我都听说过，"德雷克回答道，"如果我们能成功登陆火星当然是很好的。但是我不认同人类会逐渐变成电脑或被电脑取代的假说。并且，在所有对于未来的假想中，我认为我们都不能殖民其他星系。"

我问德雷克为什么不能。

"我不认为电脑会感受到快乐，"他说道，"快乐是计算机所无法具有的品质。但是我又知道些什么啊？"他笑了起来，"另外，我在星际旅行方面进行过大量的工作。把一个人送到邻近的星系比把他送到太阳系轨道上贵100万倍。你必须得非常有钱，才能实现星际移民。"

"让我们假设人类有两个相距10光年的殖民地——据我猜测这是宜居行星间的典型距离。事实上，星际旅行时你的速度不可能超过十分之一光速。当速度比这更快时，如果你撞上任何物体，撞击释放的能量将堪比核爆。如果将速度限定于十分之一光速——我们目前尚不能达到这个速度——那么两个殖民地间的旅行将花费超过100年。距离、时间、速度都令人生畏，但是最让人畏缩的当属星际旅行的花费。我们拿一艘类似波音737飞机大小的航天器为例（要进行一场星际航行，这个大小已经是底限了），然后用十分之一光速将它送到附近的一颗星球。现在计算一下这个航天器所拥有的动能。这几乎等于现在全美国一年内发电总量的200倍。这还仅仅是单程航行，还没有考虑在到达终点时减速并进入行星轨道所需的能力。星际旅行固有的困难是寻找无线电信号仍然十分诱人的一大原因。"

"所以你认为我们会被困在太阳系中，"我说道，脑海中浮现出太阳变成膨大的红巨星并灭绝地球上生命的场景，"这就是人类的命运了吗？"

"是的，我想是这样，"德雷克忧郁地回答道，"但是你不得不承认，只要人类能够持续存在到那一天，那就算不错了。"

德雷克吃掉了最后几颗腰果，拿起可乐罐，用它的边缘碰了一下我的啤酒瓶。我们一同举杯，敬L，也敬所有努力让它的值变得更大的人。

第三章 支离破碎的帝国

当奥兹玛计划在1960年正式披露时，它造成了天文学家之间巨大的分歧。有些人欣赏搜索天幕以寻找外星文明的想法，但另一部分认为这是一种最拙劣的伪科学。奥托·斯特鲁起草了一封公开信声援SETI，这封公开信在全球天文学界的上层流传，颇具影响力。

信中，斯特鲁强调其他的恒星系中很可能也有行星。虽然生命或智能在某个特定行星上出现的概率仍是未知数，"单个极低概率的事件在极多次的重复中就会变得可能……我们非常有理由相信，只要能够探测的类日恒星样本量足够大，奥兹玛计划就一定会得出阳性结果。"人类，他解释道，在进入宇宙时代后，就不能再继续认为自己是孤身一人且默默无闻。

天文学界正面临一个转折点，斯特鲁写道。太空时代正将天文学领域推到"人类历史上从未经历过的动荡、不确定又无序的扩张状态"中，这个领域接受了越来越多的巨额政府资金支持。天文学家可以充分利用充裕的资金寻找地外生命或智能研究，掀起不亚于启蒙运动（Enlightenment）的探索发现新浪潮。或者，他们也可以选择浑浑噩噩地维持现状，给未来的历史学家留下无足轻重的印象——"许多称职但谈不上聪颖的科学家团队合作，思想中存在明显的混乱，研究方向和政

治色彩充满无序竞争"。而现实——正如通常的情况那样——处于斯特鲁
描绘的两种极端之间。

在我与德雷克会面前几天，当我在圣克鲁兹以北125英里（201.2
千米）的托马利斯湾（Tomales Bay）的马可尼会议中心（Marconi
Conference Center）参加一个科学家和记者的聚会时，我回想起了斯
特鲁的告诫。这个会议中心由意大利无线电先驱伽利尔摩·马可尼
（Gugliemo Marconi）于1913年主持修建，最初是世界上首个跨太平洋
信号接收站，现在则作为加州大学伯克利分校（University of California,
Berkeley's）米勒基础科学研究所（Miller Institute for Basic Research in
Science）举行年度多学科会议的会场。那是一个暖和的星期六下午，
狭窄海湾碧绿的水面上散布着小船和水上摩托艇，与会者们则坐在一
个闷不通风的昏暗房间中，全神贯注地听着一个男人的演讲。这个男
人高大而瘦削，衣着得体，有着深色头发、绿色的大眼睛和鹰钩鼻。
他正在富有激情地演讲，语速飞快，偶尔打个磕巴，在投影仪投射出
的PowerPoint幻灯片前打着笨拙的手势。他就是格雷格·劳克林（Greg
Laughlin），44岁的天体物理学家，同时也是加州大学圣克鲁兹分校
（UC Santa Cruze）的教授，正是他在2007年向我介绍了系外行星学。

"我在自己家门前拍下了这张照片，用一个随处可以买到的五百万
像素数码相机，"劳克林说道，指着深蓝色背景上看起来像一堆浅色乐高
积木的东西，"这是金星，我把照片放大了，以便观察到每一个像素。这
张照片象征着我们在系外行星学遇到的情景，我们可以看出这里有一些
结构，但是具体的细节仍然是个谜，我们想了解更多。这张照片的另一
个象征意义是，我们想对其他恒星系中的行星进行的研究，大部分已经
在太阳系的行星上率先完成了。"

金星也是劳克林早期科学研究开端的象征。劳克林在伊利诺伊州
南部一个大豆农场长大，8岁时他用辛苦积攒的零花钱购买了一部小

型的简易望远镜——这便是他和天文学的初次邂逅。他用望远镜观察星星和月亮。在某个晚上，夜幕刚刚降临的时候，他将望远镜转向了金星，天幕低处的一颗明星。他本以为会看到和肉眼所见相似的模糊的光点，只是被放大了一些。出乎意料，望远镜中呈现出了一个新月形，尖锐的边缘和略微发白的淡黄色让它看起来像被剪下的指甲屑。他意识到，他观察到了金星上的昼夜交替，两种区域的交界处正是黄昏，恰如他此刻在地球上正在经历的。从伊利诺斯州的后院望去，他眼前的景色似乎比以往任何时候都要大，也比以往任何时候都要小。用自己的眼睛观察到了另外一颗星球隐秘的细节，这让他欣喜若狂。但随着岁月的流逝这种感觉逐渐消退，每当他发现一些意想不到的美丽事物时，它又会重新出现。劳克林求学愈深，他就越能感受到数字和等式的纯粹之中蕴藏的深邃哲理，就越能感受到璀璨星空中生命的波澜壮阔。那时，还是个孩童的劳克林只是盯着照耀在遥远金星云端上的阳光，不知道以后会发生的事：望远镜中展现的景象将把他深深地吸引到行星狩猎的前沿。

"虽然金星离太阳更近，但浓密的云层让金星吸收的太阳光比地球更少，"劳克林对他的听众说道，"所以在很长一段时间里，人们猜想金星的表面可能是这副模样。"劳克林身后的银幕显示出一张航拍照片，瀑布自云雾缭绕的山林间飞流而下。"然后，在20世纪50年代，天文学家们发现金星正在辐射出微波，其发射特征对应的温度为600摄氏度。很快人们就清楚地意识到，金星是一个失控的温室，一个十分糟糕的地方。"劳克林展示出一张金星表面的真实图像，并让它静悄悄地在银幕上停驻——一个了无生机、遍布碎石的平坦地表。这张照片由苏联金星13号（Venera 13）探测器于1982年传回。在拍下这张照片后不久，探测器就因金星炼狱般的高温熔化，随后被金星巨大的大气压压溃。

　　"在50年代，曾经有一段短暂的狂野时期，人们满怀信心地推测金星环境宜居，而人类将于不久之后到访金星。阿波罗登月计划马上就会成功，行星间旅行的能力触手可及——和人们现在的印象完全不同。想象一下，如果我们当年确实在地球身旁发现了一颗宜居的行星会发生什么，会给历史带来怎么样的变化，我们的世界现在又会变成怎样。这些可能性就在我们眼皮底下、就在太空时代的黎明前消失了，这真是一个怪异而悲惨的巧合。当金星以及随后的火星从充满前景的经济殖民地沦为单纯的科学研究对象时，人们的目光迅速地转向了围绕其他恒星运行的行星。"

　　几张幻灯片后，劳克林展示了一个总结了所有我们已知的系外行星的图表，以行星的质量为y轴，其发现的年代为x轴。图表左半边年代较早且数据点稀少，1995年那一列仅有一个孤独的点，高悬于木星和土星质量之间的水平。这个点代表的是一颗气态巨行星——以4.5天的公转周期紧贴着飞马座51星（51 Pegasi）运行的飞马座51b。飞马座51b是一颗"热木星"，也是人类证实的第一颗围绕类日恒星公转的系外行星。其所处的行星系统十分独特，以至于天文学家不得不重新构建行星形成的模型。随着时间前行，图中的点越来越多，其散布的范围也逐渐扩大为一个跨过很大质量区间的楔形。仅仅十年内，已经确认的系外行星数量就达到了上百个，并且增长势头还远未停止。系外行星学领域正在迎来前所未有的繁荣。

　　几乎所有这些系外行星都是通过一种叫作视向速度（radial-velocity, RV；恒星的空间运动速度可以分为两个分量，与观测者视线方向垂直的称为切向速度，与视线方向平行的称为视向速度——译者注）光谱学的技术发现的。RV光谱学观察行星对恒星的引力作用造成的恒星摆动。当一个行星的引力将恒星向地球上的观测者方向拖动时，恒星发出的光波被压缩向光谱的蓝色端；当行星将恒星向背离地球的方向拖动时，恒星发出的光则被向光谱的红色端拉长。声波的这种效应远比光波明显：当救护车沿街向你呼啸而来时，其警笛的音调升高，而当它疾驰而去时，其警笛的音调降低。由恒星摆动的频率可以推测其行星公转周期，即这颗行星上"一年"的长短。由振动的幅度——例如是每秒运动1千米还是每秒运动1厘米——则可以估算出行星的质量。

我们称之为"恒星"的天体本质上是一颗直径达数百万千米的、炽热翻滚的等离子火球。从恒星的运动中精确提取出行星引起的振动信号绝非易事，特别是当行星较小或位于较远轨道时。想要实现这一点，不仅需要巨大的望远镜，还需要固定在极稳定平台上的高分辨率光谱仪。望远镜的透镜收集并放大目标恒星发出的光，并将其传递给光谱仪。光线在光谱仪中穿过由反射镜、光栅和棱镜组成的迷宫。这些设备将光线塑形、分光，并根据其中光子的波长将其分类后传递给电荷耦合器件（Charge-Coupled Device, CCD）——与普通数码相机的CCD颇为类似。CCD捕获光子并将其信息保存在存储器中。恒星的原始光谱看起来像一条被拉长并切成一段段的彩虹，由红至蓝的渐变谱被数千条黑色吸收线切分。这些吸收线来自于恒星表层中的特定原子和分子，恒星发出的光在进入太空前，会被这些原子和分子吸收掉特定波长的光线。这些吸收线在光谱的红色端和蓝色端之间进行往复运动，与行星引力作用造成的恒星往复运动同步，天文学家可以从中辨别出恒星的摆动。为了记录这些吸收线的运动，天文学家将参考标记投射到光谱上，就像直尺上的刻度。对于一些质量较小的行星来说，其造成的吸收线位移可能还不及CCD探测器上的一个像素大小——为了检测这种微小的变化，需要将探测器超低温冷却以减少杂散电子噪声。杂散电流或者气压、温度的微小变化也会产生噪声，这些噪声可能干扰行星信号或产生伪影。对所有收集到的数据的复杂统计学约简和分析有可能进一步引入误差。自噪声中提取RV信号既是一项直接易懂的科学，又是一门隐晦玄妙的艺术。完成这项挑战需要巨大的物质资源和心智能力，而同时具备这两项的人全世界最多也只有十几位。

　　设备稳定性及数据标定的问题在行星狩猎领域并不新鲜。事实上，这些问题自几乎被遗忘的、充满假阳性发现的早期就已存在。自20世纪40年代直至70年代初的时间内，先后有数位天文学家声称发现了围绕邻近恒星公转的行星，这些发现最终都被证实是虚假的。在那个时代中最为出名的行星猎人是皮特·范德坎普（Peter van de Kamp），一位任职于斯沃斯莫尔学院（Swarthmore College）的美籍荷兰裔天文学家。在学院24英寸（61厘米）口径斯普劳尔望远镜[Sproul Telescope，以威廉·卡梅伦·斯普劳尔（William Cameron Sproul）的名字命名，他毕业于斯沃斯莫尔学院，曾任宾夕法尼亚州的州长；他向母校捐献了这台望远镜]几十年间所拍摄的照片里，范德坎普认为自己从巴纳德星（Barnard's Star）的运动中发现了行星引起恒星摆动的证据。巴纳德星是一颗昏暗的红矮星，是距离太阳第二近的恒星，仅次于半人马座α星。他所声称的围绕巴纳德星运行的两颗气态巨行星最初被广泛报道及认可——不仅是学术期刊，还包括诸如《时代杂志》和《纽约时报》这样的大众出版物。但是其竞争者们无法从各自的观察中发现类似的证据。随后的调查显示坎普报道的振动实际上来源于斯普劳尔望远镜定期清洁和升级引起的误差，以及错误的分析方法。对坎普报道的行星进行的长达数年的仔细观察也未能发现其存在的证据。范德坎普于1995年去世，仅在飞马座51b发现前的数月，他一生中从未认同他的批评者，并自始至终坚信其报道的行星是真实存在的。他的故事被今日的天文学家当作一个训诫，提醒人们慎重对待仅仅通过间接证据和薄弱统计分析"发现"的系外行星。

　　随着NASA于2009年发射升空了价值6亿美元的开普勒太空望远镜，在RV技术之外，又出现了一种更为直接的行星狩猎技术。

开普勒望远镜并不观察恒星摆动，而是搜索一种被称为"凌星"（Transit）的现象——当一颗行星自恒星面前穿过时，恒星光线中的一小部分会被遮挡并被记录在CCD上。凌星现象反复重现的周期即为凌星行星的公转周期。天文学家还可以从行星凌星时遮挡恒星光线的程度推测行星的体积。RV法在足够长的时间中可以探测到围绕绝大多数恒星运行的绝大多数行星，而行星凌星法则依赖于随机的天体排列。只有那些运行轨道偶然与地球上观察者视线接近平行的行星才会产生凌星现象，这意味着大部分的系外行星都不能被这种技术探测到。不过，这种概率论的赌局，却赢得了头彩。截至劳克林发表演讲时，开普勒望远镜仅仅在对天幕中一小块包含16万5000余颗恒星的区域的探测中，就已发现了超过1200颗候选的凌星行星。这些行星将一直被称为"候选行星"，直到被另一种方法证实。但开普勒望远镜发现的大多数行星都太过"晦暗"，很难进行可靠的后续检测。截至2013年初，开普勒团队宣布他们已经发现了超过100颗经过证实的系外行星及近3000颗候选行星。

开普勒团队宣布的行星的数据点在劳克林的图表最右边紧紧地堆叠在一起，形成了一条不间断的线。与此前断断续续的发现相比，这些数据点就像一堵厚实的墙，其质量上至木星的数倍，下至木星的几百分之一——即与地球的质量相当。"很明显，这说明我们正在发现越来越多的小质量行星，"劳克林指着他图表中开普勒数据形成的那堵墙说道，"直到几年之前，这些几乎都还是未知的领域。而就在今年，我们终于开始探测到和地球质量相当的行星了。我们现在可以令人信服地谈论其他星系中和地球同样体积、同样大小的行星，并开始更好地了解大多数行星系统中的天体是如何排布的。我想将我们现在所做的事情称为'银河系行星普查'，我们已经发现的结论也在不断提醒我们，正如金星和飞马座51b一样，将地球或太阳系的情形轻率地外推是危险的。"

劳克林在正在进行的银河系行星普查中扮演了不可或缺的角色：他并不直接通过望远镜观测并收集数据，而是负责分析其他观测者发送来的数据。他负责的专业领域中的一项是仅使用RV数据，通过名为"逐渐逼近法"（Trial-And-Error）的统计学方法拼凑出一个恒星的行星系统的全面图景。如果一颗恒星的摆动是由绕行它的唯一一颗行星引起的，那么以时间为轴描绘恒星来回摆动的轨迹将产生一个典型的正弦波，光滑而规律的波峰波谷依照行星公转周期规律地反复出现，波形看起来就像大力拨动一下小提琴弦所产生的一个纯净的音符。在数据中发现这种简单的模式易如反掌。但是在有多颗行星的系统中，每个行星均对恒星施加各自不同的引力作用，最终形成更为复杂的恒星摆动。从这种摆动中分辨出行星系统构成的过程，就像从一个整个交响乐团的一声合奏中分析出整个乐团的构成和每个乐器所在的位置。如果行星猎人仅仅关注天体交响乐中鹤立鸡群的几个美妙曲调，他很有可能会漏掉藏在走音和噪声中的某颗行星。天体越小，其信号就越不明显，而天文学家从数据中寻找到它所需要花费的力气就越多。劳克林领导开发了一款名为"系统控制台"（Systemic Console）的软件，这款软件可以从复杂的数据集中破译出行星的信号。它迅速地变成了这个领域的标配工具。劳克林在自己的笔记本电脑上运行了"系统控制台"，以便直观地向观众介绍行星狩猎的真实过程。屏幕上显示出黑白线条组成的网格，数百个点在上面满天开花。

"这是室女座61星（61 Virginis）的RV数据，这颗恒星距地球约28光年，这些数据是我的同事保罗·巴特勒（Paul Butler）和史蒂夫·沃格特（Steve Vogt）在数年间通过两座望远镜收集的。"劳克林解释道。他点击了一个按钮，一条正弦波被叠加到数据点上，穿过了其中的大多数。"一颗轨道周期为数百天、质量约为木星四分之一的行星，它所产生的信号会是这样，可以看出它与观测数据并非完全拟合。"他对模型中行星的轨道和质量进行了一会儿微调，但是屏幕上的正弦波始终无法完美地拟合各个数据点。"现在我们运行一下自动拟合程序，这个程序将尝试使用不同的行星构成，并经过不断地优化，最终得出最佳的拟合结果。"劳克林又点击了一个按钮，几秒内三条完全不同的曲线从数据点中产生，它们穿过的数据点远多于此前劳克林的几次手动尝试。

"可以看出软件的分析结果是3颗行星，但是仍然有部分残差——室女座61星很可能有更多的行星，甚至在其宜居带中也有数颗，"劳克林解释道，"这是我和我的合作者共同发表的一个结果。有趣的是，在我们附近的数百颗恒星中，室女座61星是与我们的太阳最相似的一个。它拥有与太阳几乎完全相同的质量、半径和化学组成，其年龄也与太阳相似，但它的行星系统则与太阳系完全不同。这几颗行星的质量，由近到远，分别相当于5颗、18颗和23颗地球，而且它们全都紧密地分布在相当于太阳系中水星轨道以内的范围里。在太阳系中，水星轨道内部没有任何天体，而室女座61星的全部3颗行星都在这片区域内！这是我们从未预料到的。"

听众中有人问道："有多少恒星可能根本没有行星？"

"想要确定一颗恒星完全没有行星是非常困难的，"劳克林回答道，"所以探讨恒星中有多少比例拥有和太阳系相似的行星系统可能更有意义。RV法和开普勒太空望远镜的数据目前显示，恒星有一颗木星大小的行星且这颗行星又恰好像我们太阳系的木星一样以十年为周期绕恒星公转，这种情形实际上是较为罕见的。我想在目前调查的恒星中，仅十分之一拥有这种行星。至少仅从木星考虑，我们的太阳系在银河系中相当不寻常。目前的数据显示，较为典型的行星系统模式是一颗位于更为温暖、公转周期更短轨道上的类似于海王星大小的行星，但是得出这种结果一定程度上是由于选择偏倚——这样的行星更容易被检测到。"

劳克林开始从容不迫地踱步，在讲台与窗户前走动以重新找回演讲的节奏。"实际上我们对与地球有着相似轨道和相似尺寸的行星的分布知之甚少，但是我们的预期是这样的行星将会很多。我认为开普勒太空望远镜不久之后就会告诉我们答案——凌星行星更容易被证实，尽管通过这种手段只能发现所有系外行星中的一小部分。我们现在能检测到的较小的行星，使其恒星产生的RV信号的数量级可能只有每秒一米。我现在正以每秒一米的速度在行走。在数光年之外的整个恒星的运动中检测出如此细微的变化，已经可以称得上破天荒的成就，但是这仍然是不够的：地球使太阳产生的RV信号只有每秒10厘米。恒星还有其他形式的运动，如来自内部的脉动和颤动，以及表面物质的流动——恒星无时无刻不在产生着这种噪声，在数据中引入天体物理学波动的误差。"

劳克林用词谨慎的评价中隐含着一个警示。最吸引人的天体，即那些与地球类似并可能有生命的行星，也往往是最难寻找的。一个位于宜居轨道上的小质量行星的信号，通常仅是恒星噪声信号的汪洋大海中的一抹浪花。想要寻找邻近星系中类似地球的行星，RV法将面临成倍的困难，同时判别找到的结果的真实性也愈发困难。

微弱的RV信号可以被放大，劳克林告诉他的听众，通过在一颗噪声相对较小的恒星上花费大量的时间和精力，连续对其观测数百甚至数千次，将所有结果平均以进一步消除其噪声。但是这种方法的风险也很大——即使一个行星狩猎团队有幸获得足够的时间使用世界顶级的望远镜和光谱仪，花费数月甚至数年的时间追踪某颗恒星的诱人信号，他们最终可能发现原本期待的行星只是幻影。天文学家在这种赤裸裸的概率赌局中押上了自己的职业地位和声誉，一颗行星能否从统

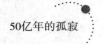

计学迷雾变成真实的观测结果，将决定他们是载誉而归还是落魄离场。

"相互竞争的团队间'军备竞赛'的结果之一，就是研究前沿向小质量的行星推进，"当演讲接近尾声时，劳克林解释道，"如果你发现了行星，那么分配设备使用时间的委员会就会给你更多使用时间去发现更多的行星。如果到了某个时间点你还没有发现行星，那就意味着，你已经出局了。"

自20世纪90年代中期天文学家开始规律地发现系外行星后的十余年间，RV法的竞赛主要限于两大行星狩猎豪门间，其中一个位于美国，一个位于欧洲。美国的豪门于1983年在加利福尼亚州帕萨迪纳市诞生，准确地说是在一位名叫杰夫·马西（Geoff Marcy）的28岁落魄天文学博士后早晨冲澡时诞生的。马西对于恒星磁场的研究进展得并不顺利，而且饱受数位资深天文学家的批评。他感到无能、抑郁、筋疲力尽。当水自他低垂的头上流过时，他意识到，截至目前为止，他的事业几乎可以说是失败的，如果他不做出任何改变，他的职业生涯就要结束了。他开始回忆到底是从何时起，他开始走上了天文学这条不归路。可能一直要追溯到他的童年，当一个小男孩好奇天上的恒星是否都有行星时。他的热情去哪了？突然间，马西顿悟了：如果他已注定要失败，那么至少要在追寻自己挚爱的梦想的道路上壮丽地失败。当他洗完澡时，他已下定决心，将他可能已经时日无多的职业生涯用于寻找系外行星。

马西并非真的像他自己认为的那么无能。在天文学方面，他拥有百科全书般全面的知识，加上敏捷的思维和天生的作家才能——可以让一位门外汉理解天文学中最深奥的课题。不久之后他在旧金山州立大学担任初级教员，在任教之余他开始设计一个RV法行星搜索计划，尽管这个想法仍不完善——如果不能正确进行标定，行星的光谱信号是无法辨认的。当他遇到了保罗·巴特勒时，事情迎来了转机。当时巴特勒正在同时攻读化学学士和天体物理学硕士。巴特勒对系外行星学也颇感兴趣，因此很快与马西成为了好友。他们一起尝试解决标定的难题，巴特勒提出一个方案：将一个封装着碘的玻璃管置于光谱仪前。恒星的光线通过这个"吸收室"后，其光谱上会留下碘元素的吸收线，这将作为基准以监测细微的光谱摆动。巴特勒的"碘室法"将成为未来几十年间RV法行星搜索中的标准标定方法。

1987年，马西和巴特勒将碘室法，同马西的博士导师、加州大学圣克鲁兹分校的天文学家史蒂夫·沃格特组建的多用途"汉密尔顿"光谱仪结合，开始了他们的行星搜索。他们将圣何塞（San Jose）以东25英里（40.2千米）的汉密尔顿山顶的利克天文台（Lick Observatory）中大大小小的望远镜与光谱仪联用，对约120颗类日恒星展开了长达数年的搜索。他们试图找到这些星系中类似于木星的行星，但是一无所获。期间，巴特勒离开团队一段时间去完成其在马里兰大学的博士学业。他随后回归并继续改进二人的数据分析软件，并成功将他们数据的RV精密度自15米每秒提高到5米每秒。到1995年秋天，二人在该项目上几乎已经耗尽了所有耐心。正在这时，日内瓦大学（University of Geneva）的两位天文学家，米歇尔·梅厄（Michel Mayor）和迪德尔·奎罗兹（Didier Queloz）公布了其对飞马座51b的发现，这项发现基于法国南部上普罗旺斯省（Haute-Provence）天文台进行的另一项RV探测的数据。

当马西和巴特勒得知这条新闻后，他们马上开展了对飞马座51的观测。数天之内，他们就观察到了由其热木星产生的恒星摆动。他们在此前数年的观测中从未确认热木星这种类型的行星，因此也从未刻意寻找过这种目标。通过对此前数据的重新审阅，他们迅速发现了两颗更为巨大的系外行星——分别围绕大熊座47（47 Ursae Majoris）和室女座70（70 Virginis）旋转，一举夺回了即将开始的系外行星发现竞赛的领先地位，并就此开启了长达数十年的互相竞争。

在早期的黄金时代，马西和巴特勒借助他们在系外行星学领域近十年的经验和此前积攒下的丰富数据，在竞争中遥遥领先。截止新世纪来临之际，他们已经发现了近40颗紧紧围绕其恒星公转的气态巨行星。每一个发现的公布都是一次新闻事件——那时系外行星的发现尚未变得如现在这般常见。随着他们的研究结果登上了杂志封面和全国新闻播报，大批学术机构向他们伸出橄榄枝，二人都登上了学术界的高位。马西成为了加州大学伯克利分校的教授，巴特勒则成为了位于华盛顿的卡内基科学研究所（Carnegie Institution for Science）的一位科学家。尽管身处两地，他们仍携手合作，并最终利用其逐渐高涨的学术声望，将沃格特及另一位才华横溢的天文学家黛布拉·费舍尔（Debra Fischer）也纳入团队。这个团队获得了更多的经费，以及部分顶级天文设施的使用权，其中就包括另一个由沃格特领导修建的光谱仪——HIRES（全称为High Resolution Fly's Eye，高分辨率蝇眼探测器——译者注）。这座光谱仪在位于夏威夷莫纳克亚山（Mauna Kea）山顶的凯克天文台（W. M. Keck Observatory）中的两座10米级望远镜上运行。HIRES的RV精度可以达到3米每秒，这使它可以观察到位于更冷的轨道上运行的更小的系外行星。但是想要发现宜居的候选行星，还需要更高的精度。马西开始在团队内的电子邮件结尾加上"OMPSOD"——这是"要么达到一米每秒，要么死！（One Meter Per Second, Or Death）"的缩写。

马西和巴特勒的团队始终把他们位于日内瓦的竞争者称为"瑞士人"，尽管后者其实在全世界范围内都有合作者。当美国的团队大步前进时，"瑞士人"也没有闲着。他们同样扩张了团队，加倍努力地搜寻更多的系外行星。随着两个团队变得愈加优秀，其竞争也日益激烈。在1998年6月的一次会议上，美国团队宣布其发现了格利泽876b

（Gliese 876b）——人类发现的第一颗围绕红矮星公转的系外行星。然而就在一天后，瑞士团队则宣称自己领先于美国团队几天发现了同一颗行星。他们声称在会议前几个小时完成了对这个发现的确认，只是马西和巴特勒比他们先走向了讲台。另外，美国团队比瑞士团队先一步发表了关于这颗行星的同行评议论文，最终获得了发现者的殊荣。1999年11月，两个团队在争夺第一颗凌星行星——一颗围绕恒星HD209458公转的热木星——的发现者的角逐中较量得难解难分，在几乎同时独立观测了凌星恒星并投出论文后，两个团队最终共享了这个发现。竞争在2002年进一步升级，瑞士团队发表论文宣称发现了围绕恒星HD 83443公转的两颗"热土星"（Hot Saturn）。马西、巴特勒和费舍尔同样观测了这颗恒星，但是无法在他们的观测数据中找到支持瑞士团队发现的行星的证据。巴特勒带头撰写了一份论文详细反驳瑞士团队的发现。数月之后，瑞士团队不得不撤回了两颗行星中的一颗，在自己原先无瑕的记录上留下了一个污点。与瑞士团队不同，马西、巴特勒和费舍尔从未撤回过他们共同发表的任何一颗行星。瑞士团队绝不会忘记巴特勒率领美国团队对其结果发起的控诉，此后，他们将严防他接近他们的研究领域。

另一方面，瑞士团队在2004年与欧洲南方天文台（European Southern Observatory, ESO）合作建成了HARPS光谱仪（全称为High Accuracy Radial-velocity Planet Searcher，高精度径向速度行星搜索器——译者注），夺得了RV精度上的领先地位。HARPS被稳定地安装于温控真空室中，连接于智利赛罗帕拉纳山上的3.6米ESO望远镜上。HARPS的RV精度达到略低于1米每秒，借助这一令人难以置信的精度，瑞士团队获得了决定性优势，他们利用这一优势发现了宜居带内大量质量更小的行星。某些行星的质量仅比地球大几倍，因此有更大概率为岩质行星。他们用"超级地球"这一充满希望的名词为这些行星命名。同一年，凯克天文台HIRES光谱仪也将获得升级后的探测器，其提高后的精度接近但仍稍逊于HARPS。美国团队名下有更多的行星，但是他们清楚他们的竞争者在探测宜居行星上进展更为迅速。瑞士团队已经率先突破1米每秒的关口，而升级后的HIRES的性能仍不及HARPS。在领先多年后，美国团队开始担心突然失去优势。这突如其来的劣势尽管微小，但仍可能导致团队最终落败。

2002至2003年间，当瑞士团队正在开发HARPS时，费舍尔、沃格特、巴特勒和马西已经制订了自己的宏大计划，一个他们认为更为先进的设备：自动行星搜寻器（Automated Planet Finder, APF）。APF包括一个位于利克天文台的2.4米自动望远镜，并配备有沃格特定制的新光谱仪，这台光谱仪的RV精度将达到1米每秒或更小。与很多地基望远镜比起来，APF收集光子的能力并不强劲，其优势在于它只专精于系外行星狩猎。几乎所有世界顶级的望远镜都必然是为天文学所有领域服务，它们工作时间中仅有一部分用于行星狩猎。与此不同，APF唯一的任务，就是夜复一夜地搜索邻近恒星，持续地积攒这些星系中可能存在的岩质行星的RV信号。团队选择沃格特作为项目负责人。不过，马西和巴特勒关系的突然恶化，使得这个计划遇到了障碍。

随着时间的推移，马西和巴特勒二人组的巨大成功使得二人渐行渐远，动摇了他们的友谊。他们都不再年轻了——每个人眼睛下方都出现了一圈黑眼圈，胡子变得花白，头发也只剩下一弯仍在逐渐缩小的新月形。共事二十余年后，当初看起来鲜活新颖的东西大都变得让人感到厌倦和压抑。巴特勒最初只是比马西低几个年级的研究生，但是他发明的碘室法和对RV数据分析技术的重大贡献，让他的名望已经和马西不相上下。与此同时，马西仍以团队实际的领导者和管理者自居。巴特勒平日沉默寡言，比起如何巧妙游走于媒体采访和学界政治活动，他更喜欢真正的行星狩猎中的单纯；与此相反，马西能言善辩，狡黠圆滑又颇具领袖魅力，对自己团队的工作总能舌灿莲花、侃侃而谈，对于竞争者的工作则会谨慎地给予外交辞令般的表扬。对瑞士团队而言，马西显得平易近人甚至友好亲切；而多年以来他们把巴特勒当作不受欢迎的人。这种几乎无处不在的重视马西而忽视巴特勒的氛围，让两人的命运产生了巨大不同：马西获得了多数有利可图的媒体关注和学术奖项。

巴特勒感觉自己在马西身旁黯然失色。2007年，巴特勒再也无法忍受这种忽视与埋没，他抛弃了马西，与沃格特组建了一个新的行星狩猎团队，使用利克天文台及智利和澳大利亚的天文设施开展研究。美国的豪门就此支离破碎。费舍尔不久之后也离开了团队并辞去了旧金山州立大学的教职。她到耶鲁大学担任教授，并组建了自己的行星狩猎团队，同时开始筹建一个新的光谱仪CHIRON（全称为Cerro Tololo Inter-American Observatory high resolution spectromete，托洛洛山美洲际天文台高分辨率光谱仪；另外喀戎也是希腊神话中的半人马座——译者注），希望以此对抗并超越HARPS。马西，现在担任NASA开普勒计划的共同研究者，继续留任加州大学伯克利分校，并开始与他的新任门徒——天文学家安德鲁·霍华德（Andrew Howard）合作，使用凯克天文台和HIRES检测开普勒计划发现的数千个候选行星并探测更多星系。探索系外行星的激烈竞争中曾经只有两个团队，现在，马西和巴特勒合作关系的破裂催生出了更多团队，还有更多新贵团体蓄势待发，准备使用全球各地的天文台上正在建造或部署的新一代行星狩猎设备大展宏图。不过，美国豪门白发苍苍的末裔，尽管已经散落各地，但仍和团结的瑞士团队一样，掌握着最好的数据，拥有天文台的最优先使用权，因此也有发现星系宜居带中岩质行星的最大胜算。马西的团队，一方面其现有项目仍在持续进展，另一方面又占据了开普勒太空望远镜的近水楼台之利，最有可能拔得头筹。

2010年9月29日，沃格特、巴特勒和其他四位合作者宣称他们在竞赛中获胜。他们发表声明的日子和马西的56岁生日是同一天，这可能不是巧合，而是刻意为老朋友准备的居心叵测的生日礼物。通过联合分析此前的HIRES观测数据和瑞士团队已经公开的HARPS数据，沃格特和巴特勒宣布通过RV法发现了格利泽581（Gliese 581，一颗位于天秤座的红矮星，距离地球大约20光年）的两颗行星。其中一颗行星的质量为地球质量的3到4倍，公转周期为37天，恰好位于宜居带的中心。依照惯例，这颗行星被命名为格利泽581g（Gliese 581g）——其中的"G"代表这颗行星是其恒星周围被发现的第六颗行星，但也可以认为它代表的是"金发姑娘"（Goldilocks），因为这颗行星很可能是岩质的，同时其轨道对于生命来说显然既不会太热也不会太冷。沃格特更喜欢另一个名字，他用自己妻子的名字将这颗行星命名为"萨米娜行星"。在一次新闻发布会上，沃格特宣称他坚信这颗行星上有生命的概率是"百分之一百"。巴特勒则选择了更为保守的说法："这颗行星与恒星的距离适合液态水存在，而其质量则能维持大气层。"

这则声明让瑞士团队都懊恼地挠起了头。他们曾发现了四颗围绕格利泽运行的小行星，其中两颗分别位于宜居带的两端，可能具有临界宜居性。他们怎么就漏掉了两颗行星呢？当扩大并重新分析他们自己对这颗恒星的观测数据时，他们迅速地确认了此前由自己团队报道的四颗行星，但是并没有发现萨米娜行星或另一颗行星格利泽581f的迹象。他们宣称沃格特团队联合分析时，低精度的HIRES数据在他们对格利泽581高质量的HARPS观测数据中引入了误差，继而产生了一个虚假的天体。许多其他团队对已经公开的HARPS和HIRES数据的独立分析产生了大相径庭的结论，根据其所使用假设前提的不同，某些结论支持新行星存在，某些则认为其不存在。如果使用某种特定的统计分析方法提取RV信号，则仅会出现4颗行星而非6颗——两颗新行星是假阳性结果！而在沃格特和巴特勒的动态模拟中，他们将行星轨道从略微拉长修改为近似正圆形，因此发现6颗行星的结果较4颗更为稳定——两颗行星是真实存在的！但是，如果综合考虑到已经证实的四颗行星的轨道之间的相互作用，它们可能会部分稀释并遮盖这两颗饱受争议的行星的RV信号。

因为格利泽581g尚存诸多不确定性，对"率先发现一颗位于宜居带中的毋庸置疑的类地行星"这一殊荣的紧张争夺仍在进行。2012年7月，沃格特、巴特勒和另外一位同事发表了对其批评者的反驳，他们对HARPS数据进行了重新分析，发布了一份进两步退一步的结果，在这份新结果里，他们绝口不提格利泽581f，并将萨米娜行星的质量修改为2.2倍地球质量，其轨道修改为32天，但仍在宜居带内。他们写到，这颗潜在的行星有大约4%的可能性为假阳性，但是因为其信号过于微弱，确凿的结论仍需要更多数据。而瑞士团队认为，要证明萨米娜行星确实存在，4%假阳性的可能性还是太高了。对于这样的行星来说，甚至1%都只能说是刚达到及格线。他们反驳道，非同凡响的结果需要同样非同凡响的证据——其中暗示不言自明：只有精度达到或超过HARPS的光谱仪才能给出这样的证据。

2011年夏，巴特勒的一位短期合作者，32岁的西班牙天文学家古勒姆·安格拉达-埃斯库德（Guillem Anglada-Escudé）开始开发自己的数据分析软件，以从 HARPS 的光谱数据中分析 RV 信号。根据 ESO 的政策，瑞士团队在两年的独占期后已经将HARPS的数据完全公布。瑞士团队的分析方法抛弃了恒星原始光谱中的大量信息；与此不同，安格拉达的软件可以利用恒星光谱数据中的更多信息，从噪声中提取更多信号，并大大提高针对某种特定类别的恒星——特别是红矮星——的RV精度。很快，安格拉达就开始使用这个软件处理部分HARPS数据样品，希望能发现此前瑞士团队低精度的分析方法可能漏掉的某些行星系。他在卡内基研究所的博士后任期即将结束，并且在寻找该领域的下一份工作——他认为如果名下有几颗新系外行星对求职大有裨益。头十几个数据集的分析并未返回任何新结果。

八月底的某个晚上，参加过德国哥廷根大学（Göttingen University）的一个博士后职位面试后，安格拉达返回了旅馆房间并开始分析另一批HARPS数据，这批数据包含自2004年至2008年间对一颗名为GJ 667C的红矮星的 143 次 RV 观测数据。这是一个距地球22光年的三星系统中的一颗红矮星。他将自己软件处理过的数据输入劳克林的"系统控制台"软件，开始等待软件找出行星的模式。软件首先发现了一颗轨道周期为7天的行星，这颗行星已经由瑞士团队于2009年报道；但是安格拉达在数据点形成的点阵中看到仍然有未被识别的结构。他使用"系统控制台"软件再次处理了数据，这次软件识别出了一个明显的91天周期信号——这可能是另一颗行星，也可能是与该恒星105天自转周期有关的某种周期性恒星运动。安格拉达再次运行了一遍"系统控制台"，这次他过滤掉7天和91天的信号。结果出现后，他用颤抖的双手点了一根烟，难以置信地看着笔记本电脑闪烁的屏幕。另一条正弦波自数据点间蜿蜒穿过，它看起来是一颗4.5倍地球质量的行星，很可能是岩质的，其28天周期的轨道毋庸置疑位于GJ 667C的宜居带内。如果这颗行星被证实，它将被命名为GJ 667Cc。

"从一个三年前发表的数据集中找到一颗从未被发表、从未被提及并可能宜居的行星，这十分地诡异，"安格拉达回忆道，"所以我用（瑞士团队的）方法再次处理数据——28天的信号仍然在，但是假阳性的可能性看起来比1%大得多。"这意味着，就HARPS团队一直使用的发布行星发现的严格标准而言，这个假阳性概率太高了。相比之下，安格拉达用自己的方法对这个28天信号的分析结果，假阳性概率仅为0.03%。他将这个发现与巴特勒分享，后者兴奋地同意收集更多这颗恒星的数据。巴特勒获得了对GJ 667C的20份新RV观测数据，沃格特又从凯克天文台HIRES此前的观测中提供了20份数据，这些数据都支持28天信号。研究团队很快就建立了这个假定行星系统的模型，以检验其动力学稳定性，并开始起草一份宣布其发现的论文。与此同时，安格拉达决定他应该从HARPS——在那时这仍然是全球最佳的数据源——收集更多新数据以优化他的结果。这个决定遭到了巴特勒和沃格特的反对，他们并不信任HARPS团队并催促安格拉达尽快发表手头的结果。但是安格拉达仍然于2011年9月28日向ESO提交了申请，希望获得HARPS共计28晚的使用时间。这份申请没有明确宣布安格拉达发现的这颗可能的行星，但其不长的观察目标列表中仍然包括了GJ667C，以及一份描绘该恒星数据中的7天、91天和28天周期信号的图表。

申请提交后，安格拉达密切关注他个人网站的来访者。他认为，通过在来访者中寻找前来检查他资历的ESO审核委员会成员，可以估算他的申请开始被审核的时间。11月中旬，他的网站受到了来自慕尼黑的某台计算机的访问，而慕尼黑正是ESO审核委员会的所在地；此外，还有来自位于日内瓦、波尔图、巴黎、圣地亚哥的计算机的访问，这些城市都有HARPS团队的成员。每个来访者都浏览了数分钟，随后离开并再未回来。11月21日，HARPS团队向在线公开数据库上传了一份77页的预印本，这份预印本是某份提交给一本著名同行评议期刊的论文的草稿，总结了自2003年至2009年的6年间HARPS的观测结果。天文学家泽维尔·邦菲斯（Xavier Bonfils），HARPS团队的一位资深成员，是该论文的第一作者。在草稿第三页的一个表格及第八页的一段文字中，团队标注出了他们在GJ 667C的28天轨道上发现了一颗超级地球，并提示感兴趣的读者参阅一份随后即将发表的论文，里面会有更加详细的介绍。不久后，安格拉达就会得知他的HARPS申请被拒绝了。

沃格特第一个发现了瑞士团队宣称发现了GJ 667Cc的预印本。他立即给安格拉达和巴特勒发送了一封简短的电子邮件："我们的成果被抢发了。"安格拉达垂头丧气，他读了那份预印本，离开了他的办公室，在外面走了很久。当晚，安格拉达彻夜难眠。

"我非常沮丧，"安格拉达回忆道，"所以我又读了一遍预印本，并开始细数其中不合理的点。这份预印本的内容不包含对于这个行星系统的任何详细动态分析，并几乎没有讨论91天信号。它说GJ 667Cc的证据会在一篇正在撰写即将投稿的论文中给出，但是它本身已经宣布了GJ 667Cc的发现——这自相矛盾，也不是一个正式宣布科学发现的合理方式。"安格拉达看着列出这颗行星轨道参数的表格，发现了一些奇怪的地方。表中列出的GJ 667Cc的轨道周期为28天，但是轨道的大小却是91天轨道的，就好像这一行最初列出的是91天信号，而非28天信号。

"当然这可能全都是巧合，"安格拉达告诉我，"但是我无法不起疑心。如果他们在2008年就已经发现了这个信号，为什么还要等上三年，正好在我的HARPS使用申请被审核后的一周里用这样一种诡异的方式宣布呢？为什么他们的报道中轨道的大小和周期并不匹配？我开始感到生气，决定继续推进工作，进一步明确我的发现。"一周内，安格拉达完成了他的论文，并向《天体物理学期刊通信》（*Astrophysical Journal Letters*）杂志投稿。论文于2012年2月正式发表——他在同行评议论文的发表上快了HARPS团队一步。加州大学圣克鲁兹分校特地发布了一份新闻稿，宣布安格拉达、巴特勒、沃格特和他们的合作者对GJ 667Cc的发现。

邦菲斯和HARPS团队的其他成员大惊失色。他们辩称他们才是这颗行星的真正发现者，11月上传的预印本可以证明这一点。争论一直持续到6月，直到安格拉达和邦菲斯同意在巴塞罗那共同参加一个会议时在一个咖啡馆进行一次私人会面。邦菲斯告诉安格拉达，HARPS团队早在2009年就已发现GJ 667Cc的存在，当时他们已经发布了同一行星系统的另一颗位于7天轨道上的行星。他们在2009年4月就已将77页的概述文章投给了同行评议杂志，但一位审稿人的审稿意见迟迟未归才将预印本的公布拖到了2011年11月。安格拉达回应，预印本的投稿时间完全无关紧要，因为这份预印本并未提供充分的证据支持HARPS团队所谓的发现。任何人都能报道恒星摆动，但是要证实这些摆动是由行星引起的，则必须展示出分析工作。邦菲斯反击道，如果发表的分析才是真正的试金石，那么安格拉达的论文仍然是不合格的，因为他犯了巴特勒和沃格特在发布格利泽581系统时同样的错误。将HARPS的数据和性能较差的光谱仪——如HIRES——的数据联合分析将降低RV数据的质量，徒增假阳性的概率；与此相反，HARPS团队的预印本才能算得上正式的发现论文。直到他们喝完了咖啡，双方都未做任何让步，紧张气氛有增无减。

我在二人见面后一个月通过电话联系了邦菲斯。他听起来颇为苦恼。

"他们试图抢走一项不属于他们的发现，就是这么回事。我们发现这颗行星并非偶然，而是有意为之。GJ 667C是我们调查中取样次数最多的恒星之一。这就是为什么（安格拉达）也盯上了它。HARPS由我们的团队搭建，而所有的科研项目和观测也是我们的团队完成的。我们发布的公开数据已经完成了绝大部分数据处理过程。我认为研发了设备、完成了观测的人却无法得到他们工作结果对应的荣誉，是一个极大的遗憾。我支持将数据公开，但我也一直很害怕有人会在我们之前发表我们的数据，结果现在它真的发生了。学术界应当建立在良好的行为准则和君子协定上。"

邦菲斯坚称，绝对不存在"某件事促使他们在2011年11月发布预印本"，毕竟其发表已经延后了这么多年。这纯粹是一个巧合。"审稿进展确实很缓慢，"他补充道，"我也并不认为这有什么好骄傲的。"关于围绕公开的HARPS数据发生的诸多争斗的内在原因，他提供了一些个人看法。"从前，是马西、巴特勒、沃格特和费舍尔。现在他们分裂了，团队几乎销声匿迹。我并不认识沃格特或是巴特勒，我和安格拉达也只见过一面。但是我感受到了一种，怎么说呢，对立？从他们的论文中，从他们的话语和指责中，你都能感受到对立。你能感受到一种欲望，一种侵略性。我认为他们想得到所需要的观测时间会越来越难。"

安格拉达告诉我，眼下他并没有准备停止分析公开的HARPS数据以找到新发现。"人们似乎认为GJ 667Cc的故事只会发生这一次，或者我只是交了好运才恰好分析了那批数据，但是这并不是事实，"他说道，"这其实只是另一个更宏大的故事的开始。当你像我一样设法提高了精度，更多的发现就会出现。随着我们对小质量行星探测越来越灵敏，系外行星的数量将会呈指数式增长。我已经分析了他们的数据中的数百个星系，并且有了很多发现。"

尽管与沃格特和巴特勒过从甚密，劳克林一直没有参与"第一颗宜居系外行星发现者"的竞争。他没有直接参与过对格利泽581g或GJ 667Cc的探测、发布和争论，他也希望能一直保持这样。他对这些争议有更为长远的看法。在他看来，无论是系外行星团队的爆炸式增长还是研究团队之间的互相倾轧都只是成长的痛苦，是一个学术领域奋力走向成熟过程中的伴随症状。

"现在仅仅发现一颗围绕其他恒星公转的行星不再像从前一样有新闻价值了，"某天下午在圣克鲁兹，劳克林告诉我，"和十年或二十年前不同，仅仅这样的发现不再会给你带来一个镁光灯闪耀的新闻发布会或者报纸头版报道或者艳俗艺术家的演绎。十年或二十年之后，即使在一颗类日恒星的宜居带内发现一颗类似地球质量的行星也可能不值一提。当历史学家回顾历史时，可能会忍不住摇头，因为这段时期天文学家时不时就宣称发现了'第一颗宜居行星'，而这颗行星只是比上一颗'第一颗宜居行星'稍微宜居了一点。我认为他们会将这段时间作为系外行星发现的'英雄时代'的尾声。"

"真正精彩的故事，"马西有一次对我说，"并不是发现某颗地球大小、地球质量的行星的真实性或时间点。单纯发现一颗这种行星并不会改变天体物理学或行星科学。真正精彩的故事，是我们获得了探测系外行星的能力这件事本身，是我们从我们居住的这团宇宙的尘屑中一路走到了能做出这些发现的地步。这就好像一只蚂蚁，终其一生也只和其他蚂蚁居住在蚁穴中，却计算出了太阳系的体积。我们所做的是从恒星收集光子，然后从光子中我们就能推理出行星系统的存在，以及其尺寸、结构和未来等一切信息。这简直太疯狂了。"

当利克天文台的APF历尽波折，终于在2013年全面投入使用时，其观测时间被平均分配给了马西团队与巴特勒–沃格特团队。二人关系的破裂已成定局：巴特勒和马西自2007起再未说过一句话，可能以后也永远不会。但是在汉密尔顿山上的天空漆黑而通透的夜晚，当他们共用的自动望远镜在远远分隔的观测点间回转时，他们实际上仍然肩并肩地在满天繁星间共同构建一个支离破碎的帝国。

第四章　一颗行星的价值

回到2009年，在德尔塔II型火箭将开普勒太空望远镜正式送入行星狩猎舞台之后不到一周，劳克林在他oklo.org网站上的博客"系统（Systemic）"中悄无声息地发布了一个奇怪的、略显异想天开的公式。在随后的一系列帖子中，他解释说这一长串晦涩的变量和加权函数可以被用来量化开普勒太空望远镜及其他搜索中发现的系外行星的"价值"。他说这是一种尝试，用来判断一颗"类地"行星是否真的值得科学界为之兴奋，而不受媒体天花乱坠的宣传影响。在输入数个关键参数后——例如行星的质量、估计的温度、恒星的年龄和类型——劳克林的公式将生成一个值，单位为美元，即这颗行星的"价值"。一颗在围绕类似于太阳的正值壮年的恒星的温暖轨道上公转的小型岩质行星的价值最高，因为天文学家认为这种行星最有可能孕育出复杂的生物圈，并终将被未来的太空望远镜观测到。劳克林认为，一颗行星的价值至少要超过100万美元，才值得被学界广泛关注。

劳克林从简单的计算中得出了"100万美元"这个经济学基线：将开普勒太空望远镜的联邦政府资金6亿美元除以100——100这个数字是对开普勒太空望远镜寿命中可能发现的类地行星数量的保守估计。如果将类地行星当作商品考虑，这个简单的计算显示2009年的市场价

（由美国纳税人决定）是每颗行星600万美元。如果天文学家的宝盒逐渐被小型岩质行星塞满，这个价格还会逐步下降。不过，如果开普勒太空望远镜在某颗类日恒星的宜居带中发现了一颗类地行星的话，根据劳克林对公式的测试显示，这样的行星的价值会超过3000万美元。萨米娜行星（如果它确实存在的话）的价值约为6万美元。GJ 667Cc的价值甚至更低。根据劳克林的计算方法，开普勒太空望远镜于2012年2月发现了第一个价值超过百万美元的候选行星。此后数个类似行星还将被发现，并获得类似开普勒-62f或开普勒-69c这样的名字，直到2013年5月一个严重故障使开普勒太空望远镜无法继续其主要工作。

　　劳克林的估价方法的最为高明之处在于它对行星母星的处理方式，这使他的估值方法可以被用于我们太阳系中的行星。行星猎人的基本货币是光子而非美元，因为要探测到一颗行星并描绘其特征，靠的都是光子。通常来讲，天文学家从一颗系外行星上能得到越多的光子，他们对这颗行星的了解就越详细。恒星或行星距离太阳系越近，它们在天空中就显得越亮，因此也更有价值。如果将较近的天体提供的光子比作滔滔洪水，距离较远的天体发出的光子就像涓涓细流。这就是为什么开普勒太空望远镜观测到的许多小行星估值无法达到100万美元：开普勒视场中的恒星都很遥远，因此十分晦暗。太阳系中最为耀眼的恒星无疑正是太阳，其明亮程度要比开普勒太空望远镜视野中的恒星高很多个数量级，因此可以照亮周围的行星系统，并将其价值提高到值得天文学界关注的范围内。

　　20世纪早期，天文学家观察到金星厚重的云层可以作为保护罩反射强烈的太阳光。根据这个观察结果，劳克林的公式将金星的价值定为1500万亿美元。但是如果考虑到失控的温室效应造成金星表面令人生畏的高温，它的估价将仅为一万亿分之一美分。劳克林有时会将这种行星价值之间的巨大差异比作20世纪90年代末的互联网股票泡沫——那时互联网公司纷纷借助投资者的非理性追捧获得了十亿美元级的估价，但当泡沫破灭时，其股价一路狂跌，这些公司远低于当初估值的真实价值才被揭露出来。当劳克林用他的估价公式对地球进行估价时，其结果大约为5万亿美元——约等于当时全球国内生产总值的100倍。劳克林认为，这也是对目前人类积累的科技实力的经济价值的粗略估计。寻找另一个宜居恒星，看起来就像在银河系规模的股市中投机。

劳克林虚构了一颗位于半人马座 α 星的两颗类日恒星之一的宜居带上与地球大小类似的行星，并用公式对其进行估价。他得到的结果是65亿美元——建造一座能够探测到这颗行星上的生命迹象的太空望远镜，其所需要的经费恰好也是65亿美元。劳克林曾经向我指出，如果人类通过太空航行向这颗行星进发，随着离行星越来越近，其母星将变得越来越明亮，直到这颗恒星成为新世界的全新天空上的新太阳。

"所以通过向这颗恒星航行，你获得了让其价值不断升高的能力。这是十分令人兴奋的，因为这将最终提供一个让人类走出地球并走向这种行星的利益驱动。也就是说，在地球上付出几十亿美元，当你到达这颗行星后，你将获得千万亿美元的回报。"

在我们于托马利斯湾会面前的几个月，我就曾采访过劳克林，并在BoingBoing.net上发表了一篇关于他的公式的文章。主流媒体也曾转载这篇文章的内容，主要关注劳克林对于地球的估价，而非系外行星的价值。数篇有着如下标题的报道出现了："根据科学家最新的星星估价公式，地球价值3万亿英镑"（《每日邮报》，2011年2月28日），"想买下地球吗？你需要付5万亿美元"（《多伦多太阳报》，2011年3月1日）。劳克林的收件箱中塞满了愤怒的电子邮件，电视台和广播电台纷纷表示想要采访这个狂妄到胆敢给地球标价的疯狂科学家。劳克林大吃一惊，因为他已经在他的帖子以及和我的讨论中强调过，这个公式并不是为了、也不能用于评价，一个人的生命或某个新思想的价值，诸如此类的事物。

这些报道很快就在一刻不歇的新闻循环中淡出了，但哗众取宠的头条新闻留下了挥之不去的印象。劳克林在米勒研究所年会上发言前，我还听到了听众中的某个人打趣地称他为"卖掉了地球的人"。

劳克林在年会上演讲后的第二天，他开车送我们一行人回圣克鲁兹。我坐在副驾驶座上。世界自然基金会（World Wildlife Fund）的生态学家泰勒·里基茨（Taylor Ricketts）就坐在后座，他刚发表过名为"自然资本"（Natural Capital）的演讲，介绍地球生物圈为人类提供的物质产品和服务的经济价值。里基茨是一个日益壮大的跨学科学术运动的一分子。该学术运动主张从经济学层面研究生态学，不仅关注自然资源——举个例子，一片原始森林——的货币价值，同时还关注这片森林被改造为牧场或停车场可能带来的价值变化。

几个月后，里基茨就会接任佛蒙特大学（The University of Vermont）冈德生态经济学研究所（Gund Institute for Ecological Economics）所长一职。在我们刚过金门大桥（Golden Gate Bridge）后不久，驶上穿过旧金山市区的101号国道时，里基茨提到了这件事。里基茨说，冈德的前任所长，一位名为罗伯特·克斯坦萨（Robert Costanza）的生态学家，因为1997年发表在《自然》杂志上的一篇论文"惹上了麻烦"。在这篇论文中，他试图估算地球的价值。

劳克林浓密的双眉挑起，从后视镜里看着里基茨，问道："克斯坦萨计算出的数字是多少？"

"每年33万亿美元，这是全球生态系统的价值。"

"我实在不明白他为什么会因为这种事惹上麻烦。"劳克林叹气道。

"他在估算中犯了数个经济学的基本错误，因此最终结果并不可靠，"里基茨解释道，"但是更为主要的，他的批评者说，'33万亿美元极大地低估了地球的无穷价值。'对我们来说地球的价值是无穷大的，因为如果生态系统消失了，所有的生命都会终结，包括全人类。所以用一个具体的数字来对地球估价并不合理。有些人认为他估价的行为颇为愚蠢，另一些人则称赞他勇于尝试。很难讲这对他的职业生涯有何影响，但是他的名字似乎永远和这篇文章绑在一起了。"

几分钟过去了。我们在一条又高又长的上山坡道上，驶入了下午惯有的拥堵车流。一个红灯让路况更糟了。

"所以，一个对地球价值'无穷'的有趣反驳就是，总有一天地球上的一切都会消失。"劳克林说道。他的视线扫视着沿着人行道缓慢登上绿树成荫的陡峭坡道的行人，扫过街道上引擎空转的汽车，扫过在成排的四四方方的木屋及玻璃和钢铁建造的高层办公楼里进进出出的人们，最后他的视线停驻在后视镜上，"这并不是由于我们的所作所为，而是因为太阳终将演化为红巨星，并摧毁地球。我不认为人类应该默然接受并坐等死亡。所以我们何时才能开始愿意基于这个前提探讨如何采取有用的措施，这才是问题所在。"

"没错，"里基茨赞同道，"但是经济学探讨的是如何基于稀缺性做决定，不是吗？你没能力完成所有目标，所以你如何选择做哪些事而不做哪些？你不能买下所有东西，所以买哪些而不买哪些？给事物标价的目的就是为可能的选择提供信息——这是经济学存在的根本原因。至于为地球标价……"他沉默了一小会，组织好语言，"我不理解这条信息会给我们提供什么选项，也不知道我们可以怎么利用这个信息。我们也没有'我们选择不被太阳摧毁'的选项，这可能就是经济学家认为给行星估价很愚蠢的原因。"

劳克林朝我投过来一个微笑："但是我们确实还有一个选项，我们可以移动地球。"

大家陷入了短暂的沉默。"移动地球？"

"没错。"

"例如，把地球从现在的轨道上拖走？"

"本质上是这样。我们有足够的时间来做这件事。只要从柯伊伯带（Kuiper Belt）里找一些大型彗星或小行星，利用它们，在数亿年的时间尺度内将木星的部分轨道能量和角动量输送给地球。每当一个这样的小行星近距离掠过地球时，地球就会受到一次微弱的推动，在这种近距离掠过的反复作用下，地球的轨道将逐渐外移。可能需要一百万次这样的近距离掠过，并且每隔数千年才会发生一次，但是这样确实可以将地球的轨道外推到接近火星轨道。这是我十年前和几个朋友一起想出的主意。"

大家再次陷入短暂的沉默，里基茨仔细考虑了一会这个异想天开的提案。"这确实很酷。所以现在做一个成本效益比分析：将地球自轨道上拖走需要人类付出多少代价，而又会给人类带来多少收益呢？"

"这个过程会使月球失稳，人类可能会失去月球，"劳克林说道，"必须巧妙的安排每次小行星掠过的顺序和时机，并避免和任何一颗小行星相撞——与小行星相撞会让地球上除了细菌以外的生物全部灭绝。但是这项措施可以让生物圈多延续数十亿年，这意味着一大笔经济价值。和这个效益相比，成本就很小了，因为移动地球的绝大部分能量都来自木星，并由彗星传递给地球。这意味着人类必须掌握能够在彗星的轨道位于外太阳系的远日点附近，在彗星运行相对缓慢时对其轨道进行精细调整的能力。这需要巧劲而非蛮力，但本质上来说就是火箭科学。事实上，只要我们愿意，我们现在就可以开始动手。"

"我现在还沉迷于'地球的价值是无穷的'这个想法呢，"里基茨将信将疑地说道，"这可是地球上所有的生命。我们都知道如果能避免大灭绝花多少钱都值得，不用在乎具体的数字。"

"但是无穷也是有等级高下的，"我打断道，"有一些无穷比其他的更大。物以稀为贵，对不对？我们还不知道类地行星可能有多常见。

我说的不是地球大小的岩质星球，而是有水、天气、生命的行星。也许这种行星在宇宙中十分常见，也许生命其实很廉价。但是如果发生了下面这种情况又会怎样呢？我们实施了银河系行星普查，结果发现邻近的500或1000颗恒星系中类地行星只有——"

"0个，"劳克林点着头，把我的话说完，"我们只能拭目以待了。"

关于我们的地球在宇宙中的地位和价值的讨论自远古时期就已经开始，可以一直追溯到史前时期人们对天与地之间关系的猜想。这些猜想在古代的神话传说中留下了自己的印记。与这些猜想相比，即使是对于地球所处宇宙环境最早有记载的科学描述也显得十分年轻——尽管这些描述也可以追溯至2500年前散布在爱琴海沿岸的爱奥尼亚人（Ionian）建造的希腊城镇。

公元前6世纪的米利都（Miletus）城——位于现在土耳其的西南方——居住着一位名为泰勒斯（Thales）的爱奥尼亚哲学家。泰勒斯出生于腓尼基名门，他在埃及度过了自己的青年时期，学习地理学并研究古代天文记录。他因成功预测于公元前585年5月28日发生在安纳托利亚中部地区（Central Anatolia）的日全食而名扬古代世界。他对后世最大的贡献是我们现在所熟知的"科学方法（Scientific Method）"。泰勒斯反对超自然学说，提出理性思考和实验才是了解世界的正确方法。泰勒斯相信世间存在的每一个事物都是由一种或多种原初物质组成并受到相互作用的力量的控制——这种思想的本质与今天的粒子物理学有一些相通之处。

与泰勒斯同一学派的学者安纳克西曼德（Anaximander）利用这种思想形成了对天空的机械学解释。安纳克西曼德认为宇宙是永恒且无边的。在我们的世界之外，远超我们视线所及的范围，在无尽的虚空中还有无数个世界正在不断地形成和毁灭。他还认为我们居住的大地（Earth）居于宇宙的中心。安纳克西曼德将大地描述为固定于中心点的圆柱体或圆盘，大地之外覆盖着数层同心圆的球壳，其上镶嵌着太阳、月亮和星星。毕达哥拉斯（Pythagoras），比泰勒斯和安纳克西曼德稍年轻的另一位爱奥尼亚学者，则认为大地是飘浮于宇宙空间中的球体。他进一步发展了安纳克西曼德的宇宙模型，增加了更多的同心圆球壳以安放行星，并将太阳、月亮的轨道描绘为以大地为圆心的同心正圆形。如果说泰勒斯和他的弟子是世界上第一批真正的科学家，那么毕达哥拉斯和他的追随者就是世界上第一批纯粹的数学家：毕达哥拉斯提出数字是完美而全能的，并组成了世界的本源。探求世界本源最好的方法并非通过感官而是仅仅通过思想。毕达哥拉斯学派对于神秘主义和形而上学的偏好注定将胜过泰勒斯学派的经验主义，并在大约两个世纪后对柏拉图（Plato）和亚里士多德（Aristotle）的哲学产生了深远的影响。

　　柏拉图的学说认为地上的世界由四种根本元素——土、火、空气和水——构成，而天界还需加上第五种元素，以太（Aether）。亚里士多德吸收了柏拉图学说的部分内容，并形成了更为宏大的宇宙观：他认为土和水这两种元素较空气和火更重，因此下落并聚集于一个中心点，最终形成了大地；天界则与大地完全不同，因为其由特殊的元素构成，是完美无缺、亘古不变的。在柏拉图和亚里士多德的学说中，大地得天独厚又腐化堕落，独一无二又形单影只——这种观点统治了西方文明世界近两千年，并扼杀了其间绝大部分科学探索。

　　这一切历史进程本来可以大不相同。在柏拉图时期，泰勒斯唯物主义哲学最坚定的捍卫者是一位名叫德谟克利特（Democritus）的爱奥尼亚希腊人。对于德谟克利特来说，宇宙并不是由玄妙的数字或几何图形所构成，而是由一种在无尽虚空中永不停歇地运动着的微小物质粒子组成。德谟克利特将这种粒子命名为"原子"（Atoms），其在希腊语中的意义为"不可分割"。原子和虚空，就是所存在的一切，因此也是所有事物的源头——包括所有的生命，以及它们的思想和感知。他认为，在空间无限宽广、时间无限漫长的宇宙中，原子的无穷运动将必然孕育出无数其他的世界和其他的生命，而它们也处在一个生长和衰落的永恒过程中。并非所有的世界都像我们的世界一样，有一些可能对生命来说过于恶劣，有一些甚至比地球更为丰饶。德谟克利特相信，我们都应该对有幸降生于这个充满欢愉的世界而欢欣鼓舞。他对于人类悲喜剧般的存在保持一贯的乐观，因此被同时代的人称为"微笑的哲学家"。

望着爱琴海上漆黑的夜空，德谟克利特推断夜空中的星星也像其他所有东西一样，是由原子而非某种特殊的天界物质构成。它们其实也是太阳，只不过比我们的太阳远很多，有一些星星离我们太远以至于无数颗星星组成的银河仅有淡淡星光。德谟克利特死后近一个世纪，"星星是遥远处的太阳"的思想在另一位希腊天文学家——阿里斯塔克斯（Aristarchus）的著作中再次出现。阿里斯塔克斯认为太阳，而非地球，是我们行星系统的中心。阿里斯塔克斯在月食中研究地球投在月球上的影子大小，推测出太阳远比我们自己所在的星球大，并认为一个较小的天体围绕一个较大的天体运转才更为自然。通过一种称为"视差"（Parallax）的测量方法，他进一步意识到他的理论说明了原先被认为固定不动的星星其实比几乎所有人想象的都要远很多。视差是指从位于同一基线上有一定距离的两个点观察同一物体时，因观察位置不同产生的物体移动。视差在生活中很常见：你可以将手指放在面前，先单独用左眼凝视，随后单独用右眼凝视，此时两眼的连线即为基线。视差可以告诉你一个物体离你有多远——手指离你的脸越近，视差就越大。增加基线上观察点之间的距离同样可以增大视差——想象从房间墙壁的两端观察同一盏台灯时，会产生多么明显的位置变化。阿里斯塔克斯从地球公转轨道相对的两点观察夜空，并没有发现夜空中星星的明显视差，这让他意识到这些星星实际上极其遥远——其距离以光年计，尽管这个名词在当时尚未被发明出来。

阿里斯塔克斯因为"大地并非居于天界中心"的言论被指控为渎神之罪。据传说，柏拉图十分鄙夷德谟克利特的学说，因此希望烧毁"微笑的哲学家"的全部作品。柏拉图最终未能如愿，但时间让德谟克利特的原子和阿里斯塔克斯的星星逐渐消失于历史中。阿里斯塔克斯的著作中只有一小部分保存至今。德谟克利特的著作一本也未能流传下来。我们仅能从受他的学说影响的学者——如希腊哲学家伊壁鸠鲁（Epicurus）的作品中一窥他的思想。伊壁鸠鲁的大部分著作也已逸失。我们对伊壁鸠鲁哲学思想的了解大多来自一部长诗《物性论》（*De Rerum Natura*）。这部长诗由罗马学者卢克莱修（Lucretius）于公元前50年用拉丁六步格（Latin hexameter）诗体写成。在这部长诗中，卢克莱修总结并赞扬了伊壁鸠鲁的思想，包括原子、无限的宇宙以及必然存在的其他充满生命的世界。卢克莱修写道："（我们的世界）是被创造出来的唯一一个世界，除此之外所有物质的实体并未孕育出任何事物"的想法是不合理的。在宇宙无尽的空间中存在着无数的原子，这些原子将会偶然聚集然后"形成伟大事物的开端——整个世界、海洋、天空、生物……必须承认宇宙的其他区域存在其他的世界，以及其他种类的'人'和野兽……在所有事物中，没有哪种是独一无二的，没有哪种是生而独特、长而独特并孑然而立的；每种事物都必然归属于某一类，并有众多同类。"

如果不是一位意大利藏书家于1417年在某个德国修道院的尘土堆中发掘出了一本满是虫洞的抄本的话，卢克莱修的这部长诗也将永远消失。在被发现后不久，这部长诗被翻译成现代语言，并被用谷登堡印刷机大量翻印后流传于整个欧洲。这部长诗，以及其他被重新发现的古代著作，一起助推了欧洲文艺复兴运动的崛起。然而，在此之后还需要一个多世纪，"地球在无穷无尽的世界中所处的位置并不起眼"这一观点才会重新被提出并产生巨大的影响。这种观念革命发轫于1543年波兰神父尼古拉·哥白尼（Nicolaus Copernicus）的著作《天体运行论（De Revolutionibus Orbium Coelestium）》的发表，该书提出了太阳系的日心说模型。哥白尼用他生命中的最后三十年完成了这部著作，他在病床上去世的那天才收到第一份印刷本。正如近2000年前的阿里斯塔克斯一样，哥白尼的研究结果显示，如果行星围绕太阳而非地球运行，就能更完美地解释行星的运动。

1610年，意大利天文学家伽利略·伽利雷（Galileo Galilei）使用新近发明的望远镜观测天体后，证实了哥白尼的日心说模型。他在太阳上观测到了太阳黑子，并从其缓慢的运动中推测出太阳像地球一样在不断自转。他还发现，木星周围有众多较小的卫星围绕其运行，由此证实较小的天体确实围绕较大的天体运行，而非所有天体围绕着地球旋转。在其对金星长达一年的连续观察中，伽利略发现金星正如盈缺变换的月亮一样，也有一整套星相变换——这是金星从发光的太阳前方及后方经过的证据。这是日心说的决定性证据，因为根据地心说模型，金星虽然距太阳更近，但仍在围绕地球旋转，因此它将总是被太阳从背后照亮；如果从地球观察，金星将只会呈现新月相。但是哥白尼的模型仍有瑕疵：它不能完全再现天空中行星的运动。这是因为哥白尼在构建模型时，仍然遵循柏拉图、亚里士多德等人所推广的毕达哥拉斯学派的陈旧观念，即行星的运行轨道为完美的正圆形。

几乎在伽利略开始使用望远镜观察天体的同时，一位名为约翰尼斯·开普勒（Johannes Kepler）的德国天文学家宣布了一项真正揭开现代天文学序幕的发现。颇具讽刺意味的是，开普勒是在为了能更精确地进行星象占卜而绘制行星运行表时做出的这项发现。开普勒此前一直在钻研火星的轨道，尝试将历史上对火星的观测记录整合到哥白尼的日心说模型中。他费尽苦心地研究正圆形轨道，甚至螺旋形轨道，但是他的结果始终与观测结果不符。最后，意志消沉的开普勒进行了一次突发奇想的尝试，将火星的轨道假设为一个压扁拉长的椭圆形——开普勒认为这个假设过于基础，一定被此前的数代天文学家充分研究过。出乎意料，基于椭圆形轨道的计算完美地再现了观测结果。随后，他证实其余已知行星的轨道也是椭圆形的，并基于这个椭圆轨道的发现总结出了行星运动三大定律。

三定律的第一条指出每个行星均在以太阳为中心的椭圆形轨道上运行。第二条定律指出，行星与太阳的连线在同样时间内扫过的面积相同。这意味着当一颗行星在其轨道的近日点时，其运行速度必然比其在远日点时快。第三条定律为，行星绕日运动轨道周期的平方和它与太阳的平均轨道距离的立方成正比，在行星公转周期与其距太阳的距离间建立起精确的数学关系。这解释了为何距离太阳最近的水星总是在天幕上匆匆走过，而距离太阳较远的木星和土星在天幕上的运动更像闲庭信步。尽管当时人们尚无法测量出地球与太阳的准确距离，开普勒却得以根据他的第三条定律，计算出各颗行星与太阳的相对距离：例如，火星和太阳的距离为日地距离的1.5倍，而木星和太阳的距离则为日地距离的5倍多。

开普勒发现的重要性再怎么称赞也不为过。17世纪末期，艾萨克·牛顿（Isaac Newton）得以利用开普勒的定律推导出他的万有引力定律。时至今日，星际探测任务的策划者仍在利用开普勒行星运动定律规划行星间探测器的轨迹。行星猎人们借助开普勒定律，就可以仅根据行星的公转周期判断它是否位于其恒星的宜居带内。开普勒在某种角度上将大地与天界合二为一，证明它们均存在于同一个框架中，并受同样的物理规律支配。哥白尼的思想核心认为，地球乃至整个太阳系，都不应被认为是独一无二的、非同寻常的或独受恩宠的，而应该被假定为常见的、普通的、平凡的——至少在有证据推翻以上假设前应这样认为。开普勒则为这个思想核心提供了坚实的理论依据。这条"哥白尼原则"或"平凡性原则"，潜移默化地引导了物理学、宇宙学、天文学以及行星科学的发展，尽管有时也会误入歧途。伽利略通过望远镜观察到月球散布着陨石坑的地表，宣称月球也像地球一般拥有陆地与海洋。开普勒甚至推测月球上有生命，并猜想某些拥有更高智能的生物在月球的环形山下挖出空洞、建造城市。数个世纪以来，经常有学富五车又德高望重的科学家声称大部分甚至全部的星球都是宜居的，甚至已经有生命居住。其中既包括关于遍布丛林、尚未开化的金星的幻梦，也包括垂死的先进文明在干涸的火星上挖掘运河的传说。

1627年，开普勒使用他的新定律计算金星未来的运动轨迹，并预测从地球观测，金星将不时自太阳前穿过。他计算出下一次金星凌日将发生在1631年12月6日并持续数小时，此后，除了1639年末金星会从太阳近旁擦过外，金星凌日直至1761年都不会再发生。开普勒希望能亲眼目睹1631年的金星凌日，但是却于1630年去世。1631年的金星凌日如期发生，但却未被众人得知。1639年，在开普勒计算出的金星自太阳近旁经过的时间前不到1个月，年轻的英国天文学家杰雷米亚·霍洛克斯（Jeremiah Horrocks）在开普勒的计算中发现了一个错误——金星凌日实际上成对出现，同一对内两次凌日间隔8年，而对与对之间的间隔则为121年和105年交替。霍洛克斯计算出1639年12月4日傍晚，从他位于英格兰北部的家中即可观测到金星凌日。他和一位朋友，威廉姆·克拉布特里（William Crabtree），匆忙地制订了观测计划。在这命中注定的一天，二人观察到了此前人类从未目睹过的景象：金星的剪影自耀眼的太阳上划过，其视直径约为太阳的三十分之一。他们是世界上仅有的两个观察过1639年金星凌日的人。霍洛克斯更正开普勒计算结果的同时也预测了未来金星凌日的时间。随后的一对凌日将发生于1761年与1769年，随后是1874年和1882年，然后是遥远的2004年和2012年，并以这个无穷无尽的循环不断延续。

1716年，英国天文学家埃德蒙德·哈雷（Edmond Halley）在为《皇家学会学报（*Proceedings of the Royal Society*）》撰文时，提出可以利用金星凌日作为自地球测量宇宙的绝对参考值。哈雷写道，从地球上不同位置观察时，金星穿过太阳的轨迹将略微有一些差异，同时造成了凌日持续时间的差异。在距离很远的两地精确测量凌日持续时间的差异，就可以通过三角测量法计算出地球到太阳的距离。基于日地距离，通过简单的计算即可得出太阳的实际尺寸及太阳系各颗行星与太阳的距离，阐述太阳系的物理范围。下一次金星凌日将在1761年发生，在这之前的几年里，欧洲各国组织了超过100个团队奔赴地球各个遥远角落尝试由哈雷提出的测量方法。这是历史上第一次由国家资助的国际科学研究盛事，但其结果却是一场壮丽的失败。天文学家通过船舶、雪橇和马匹将各种精密仪器搬运至可观测金星凌日的荒野地区。当仪器最终抵达终点时，却常常已经破损并不堪修复。战争、疾病和恶劣的天气使许多位置的观测尝试在凌日发生之前夭折。而从分散在世界各地的科考队传回的少数数据误差也过大，甚至相互矛盾，无法用于计算。

在所有试图研究1761年金星凌日的天文学家中，恐怕没有人比吉勒姆·勒让蒂尔（Guillaume Le Gentil）更倒霉了。勒让蒂尔在金星凌日前一年离开巴黎，出发前往印度的一个法国殖民地。在他出发后，英法之间爆发战争，他乘坐的船也因一场风暴偏离航线。当他最终于金星凌日前数天到达印度海岸时，却发现英国军队已经占领了该殖民地并禁止他上岸。勒让蒂尔被迫在船上观测1761年的金星凌日，但是在起伏不定的海面上根本无法进行精确的测量。经过了8年的耐心等待和艰苦努力，到1769年时，勒让蒂尔已经在印度建立了一个小型天文台，以记录当年的金星凌日。到了预定的日期1769年6月4日的前一天，万事业已俱备，天气晴朗。夜间，一阵薄雾如噩兆般出现，而后被朝阳蒸发。就在金星将要开始穿越太阳时，一团厚重的云层突然挡住了太阳，在当天下午金星凌日结束后不久，这团云就消散了。勒让蒂尔陷入了一阵语无伦次的精神错乱，他稍后重新恢复了清醒，并踏上了回家的漫长旅程。他回家的航船先是因为痢疾爆发而偏航，随后一场飓风又差点让船沉没。当勒让蒂尔于1771年两手空空地返回巴黎时，距他出发时已经过了11年半。勒让蒂尔发现他原先的生活已被搅得千疮百孔：他已经在法律上被宣布死亡，所有财产也被瓜分一空。

1769年间，有些人则比勒让蒂尔幸运多了。那一年，詹姆斯·库克船长（Captain James Cook）在塔希提岛（Tahiti）的一座山顶成功地为皇家海军和皇家学会记录了金星凌日的过程。此后他还在遍及南太平洋各处的航行中为女王标记并占领诸多岛屿。一位名叫大卫·里滕豪斯（David Rittenhouse）的美国天文学家在位于费城的自家农场，为美国哲学学会（American Philosophical Society）记录下了这次金星凌日，第一次将正在茁壮发展的美洲殖民地科学界引入世界舞台。作为一位天文学家，里滕豪斯可以说是有些过于娇气了。当他观测到金星凌日时，甚至激动得晕了过去，以致其观测记录上也留下了一段空白。根据这些记录以及来自遍布世界各地的科考队的观测结果，天文学家将日地距离，也就是"天文单位（Astronomical Unit）"的值确定为1亿5000万千米，或者9300万英里。最后，天文学家们终于获得了精确标定太阳系乃至全宇宙大小的坚实基础。哥白尼革命继续前进。

测量出日地距离后，天文学家就能得知地球在公转轨道相对的两端时的基线距离为1亿8600万英里（3亿千米）。天文学家重新审阅了阿里斯塔克斯的视差测量记录，并开始计算地球与其他恒星的距离。数年内，通过观察少量恒星通过与距离较远的"固定"恒星之间的相对运动，确定了它们和地球较为邻近。这就像当你观察天空中高飞的喷气客机时，低飞的鸟儿仿佛'嗖'的一声就能飞过你的视野。到19世纪中叶时，天文学家已能够常规测量宇宙中恒星的视差，从而得知天空中大部分恒星与地球的距离至少为数十光年。而我们的太阳系则似乎陷入了持续的降格：随着测量技术的进步，可观测宇宙的范围越来越大，而太阳系在其中所占的比例日益缩水。

20世纪前叶，美国的天文学家们在恒星视差观测的基础上提出了下一个"哥白尼降级"（Copernican Demotions），并开创了现代宇宙学的领域。首先，银河系中恒星的空间分布显示，与很多人过去认为的不同，我们的太阳系并非银河系的中心，而位于其外围。其次，美国天文学家埃德温·哈勃（Edwin Hubble）发现银河系也只是宇宙众多星系中的一个，且宇宙中的几乎所有星系都在以惊人的速度相互远离。这意味着宇宙正在膨胀，这个膨胀的具体过程随后将被阿尔伯特·爱因斯坦（Albert Einstein）的相对论所解释。再次，就当时所能观察到的最大范围，宇宙远比此前任何人所能想象的更加庞大、更加陌生。在这个尺度上，我们的位置更是远非宇宙的中心。

但是与此同时，在更小的尺度上，在恒星及其行星的领域，哥白尼革命似乎停滞不前。在研究并标注太阳系周围恒星的过程中，天文学家逐渐发现太阳根本算不上典型的恒星——其周围大多数恒星均为更小更暗的红矮星或橙矮星（Orange Dwarf）。或许太阳系也是不典型的，因为当时人们尚未获得系外行星的确凿证据。尽管自20世纪中叶开始，支持恒星周围普遍有行星的间接证据与日俱增，但仍有许多天文学家开始相信，整个银河系中只有很少部分的恒星拥有行星系统，而太阳正是其中一个。

太空时代，人们对金星和火星真实情况的发现令人心灰意冷，太阳系的其他行星明显也毫无生机——这让地球获得些许柏拉图时代的荣光。随后，系外行星领域进入了繁荣期。对于很多现代的行星猎人而言，发现一个太阳系外的生物圈相当于为"平凡性原则"的大厦砌上最后一块拱顶石，一个这样的发现将成为哥白尼革命的顶峰。当这一天到来时，我们的行星及其上的一切将迎来最后的降格——地球只不过是充满生机的宇宙中的一颗平凡星球。

但是，即使暂且不提生命起源的未解之谜和尚为未知数的类地行星的数量，宇宙学的前沿最近在用哥白尼原则注解我们的平凡性的过程中又遇到了新的困难。我们所能观察到宇宙的绝大部分都是空无一物的空间。如果在宇宙中随机选定一点，其正好位于某个星系中的概率也绝不超过百万分之一。考虑到宇宙仍在缓慢地膨胀，随着时间的推移，这种概率只会越来越低。"暗物质"（Dark Matter，暗物质是通过天文观测，在理论上提出的一种可能存在于宇宙中的不可见的物质，它可能是宇宙物质的主要组成部分，但又不属于构成可见天体的任何一种目前已知的物质——译者注）形成神秘的晕环、纤维和气团，将星系和星系团维系在一起。这些"暗物质"结构似乎对宇宙中除了引力以外的所有作用力免疫。星系的内部也几乎完全是虚空，每立方厘米中平均仅有一个质子。如果将星系中恒星的大小比作沙粒，那么恒星之间的平均距离将有数英里。星系的星际物质中仅有极少部分能够聚集至足够致密——足够形成一个氢原子这种"复杂而高级"的物质。仅仅是形成某个寻常物质——例如一个分子、一团气体、一块岩石、一颗恒星、一颗行星或一个人——的任何一部分，都堪称旷世奇观。统计学上，这种事几乎绝无可能发生。

宇宙似乎日趋荒凉的演化轨迹，让太阳系这个充满了复杂物质的天选之地更显弥足珍贵。对于目前可观测宇宙（Observable Universe，指一个以观测者为中心的球体空间，在该空间内，物体发出的光有足够的时间到达观测者，目前可观测宇宙的半径约为465亿光年——译者注）边缘的超新星爆发的观察结果显示，星系之间的空间不仅在膨胀，而且这种膨胀还在不断加速，该过程受一种被宇宙学家称为"暗能量"的神秘作用力驱使。如果宇宙继续日益加速地膨胀，在遥远的未来，宇宙将比现在更加孤寂和空旷：除了数十个被称为"本星系群"（Local Group）的与银河系有引力相互作用的星系外，我们现在在天幕中所能看到的星系都将离开我们所能观测到的视野。从现在开始的数百万亿年后，随着星系中的恒星一个接一个地燃烧殆尽，本星系群也将逐渐归于黑暗。再下一步，在数个十沟年后（十沟，英文为"Decillion"，指1后加33个0，这确实是一段非常非常长的时间），原子结构的基石——质子——也将会在垂死的辐射爆发中全部衰变。当宇宙进展到这个阶段时，已经燃尽的恒星和冰封的行星的最后遗迹也将完全湮灭。宇宙将变得无法理解地黑暗、弥散、冰冷，在曾经是本星系群的一隅，唯一剩余的宏观结构将是几个超大质量黑洞，这些黑洞也将因为量子力学效应而缓慢蒸发。当最后的黑洞也坍缩并消失于量子泡沫中时，宇宙中将仅剩下微弱的光子、电子和中微子，在无限膨胀的虚空中永远飘荡。

　　认为这样悲凄惨淡的未来中生命已绝无希望，可能只是想象力的枯竭。又或许，人类所预测的宇宙演化路径是对哥白尼"平凡性原则"的驳斥。这种演化路径可能预示着，我们眼前这个充满了星系、闪耀的恒星、富有生机的行星的光明时代，虽然在万物起始后不久就已出现，事实上却是一个罕见的特例。

　　正如宇宙的未来对哥白尼原则形成挑战，宇宙的过去也在不断挑战着哥白尼原则的猜想。"大爆炸"理论的基础思想，同时也是目前对宇宙历史最前沿的科学解释认为，宇宙起始于一个拥有不可思议致密度的奇点在138亿年前突然爆炸式膨胀。这不是非常符合哥白尼原则。更成问题的是，"大爆炸"理论本身也受到宇宙结构的挑战。尽管宇宙中的原子、行星、恒星、星系、星系团均呈颗粒状分布，在天文学家所能观测的最大尺度上，宇宙却展现出难以解释的平滑性。这种大尺度上的平滑虽符合哥白尼原则的预期，但却也让人恼火：即使早期宇宙不同区域膨胀率最细微的区别，也应该在现在的宇宙结构中产生了巨大的差异——凸起、皱纹或者其他类似的东西。但是位于目前可观测宇宙相对两端的区域结构上似乎是完全一致的。尽管两个区域相距十分遥远而没有因果上的相关性，但两者都是近乎无瑕的平滑。即使是光也未曾从其中一个区域到达另一个区域，更不用提可能让宇宙中远隔的两个区域变得平衡的任何信息、能量或热量。

宇宙学界对这个难题最主流的解释是为"大爆炸"理论附加了一个名为"暴胀"（Inflation）的理论。"暴胀"理论认为在宇宙诞生后不到一秒的时间内——那时宇宙万物被压缩在相当于质子大小的炽热稠密区中——一阵剧烈而不可思议的反引力爆炸让空间突然膨胀到一颗葡萄柚大小。这个大小听起来似乎不大，但是这个过程却代表了空间尺度上1025倍的跨越。所有较明显的不均匀都被这个急速的膨胀抹平了，就像气球被吹起来时其表面的褶皱被抹平了一样。根据"暴胀"模型，从极度放大的量子涨落（Quantum Fluctuations）中产生并保留下来的微小不均匀，在早期宇宙中形成了致密的小袋，并于日后形成了星系和星系团。

暴胀的问题在于，一旦暴胀开始就很难停下来。部分研究者甚至推测暗能量可能是原始暴胀留下的奇异的回声或影子，因为某种未知的原因从数十亿年的蛰伏中苏醒。尽管原始暴胀可能迅速衰退并在某个空间区域（例如整个可观测宇宙）中停止，但它极大地提高了膨胀速度，因此很可能撑开了一个远比我们所能观察到的宇宙边界更大的空间。事实上，宇宙扩展至我们可观测宇宙边界之外将是原始暴胀的标准结果。尽管一次"大爆炸"发生的概率微乎其微，但是在这个相当于可观测宇宙指数倍大小、甚至可能是无限大的空间内，更多的"大爆炸"可能在反复发生。每一次"大爆炸"都将开启另一个永不终止的膨胀。暴胀一旦开始，似乎就要无止境地持续下去，产生一个由平行气泡宇宙组成的无限分形集合。每个平行气泡宇宙既相互联系，又绝无因果关系。大多数平行气泡宇宙永远不会相遇或交叉，因为其之间的空间暴胀并将气泡宇宙相互推开的速度远比这些宇宙膨胀的速度更快——就像白浪奔腾的河流中转瞬即逝的泡沫。在不同的气泡宇宙中，自暴胀的炽热混沌中产生的物理法则可能与我们所在的宇宙的物理法则截然不同。

在很少一部分气泡宇宙中，其物理法则可能与我们所在的宇宙完全一致或相差无几。这些区域中，更可能产生星系、恒星、行星和生物。在其他区域中，自然法则可能变得十分异常，使我们所能理解的生命形式不可能存在。这个暴胀的"多元宇宙"（Multiverse）理论经常被现代宇宙学界用来解释为何我们宇宙的基本特性似乎经过精细的微调，使其适合生命出现并存活。在某些胎死腹中的宇宙，恒星可能无法形成，物理法则已经杜绝了生命出现的可能；在另外一些宇宙中，原子无法形成；有一些宇宙膨胀或收缩得过快，以至于在一瞬间就化为乌有；还有一些宇宙则恰好含有等量的物质和反物质，它们互相湮灭为能量的烈焰，仅留下真空和汹涌翻滚的辐射场。在大多数我们可以想象的宇宙中，观测者的存在都是不可想象的。这些宇宙中根本不可能存在生物去观察它们周围的一切，并好奇万物是如何产生的。也就是说，我们周围的宇宙一定是适合生命存在的，否则我们就不会诞生于此。

至今尚未有人能构思出一种可靠的方式来检测上述猜想——你如

何才能探测一个从定义上就永远无法与我们接触的宇宙呢？但是如果暴胀的多元宇宙理论是正确的，它将给哥白尼原则带来令人困惑的结果。一方面，多元宇宙理论可能也意味着我们的整个可观测宇宙也只是138亿年前那场"大爆炸"中诞生的更大的宇宙中极小的一部分。而这个更大的宇宙则是无数多元宇宙中的一个。无穷既然被称为无穷，就说明多元宇宙中的无穷数的星球上可能存在无穷数的生物。另一方面，不适合生命存在的气泡宇宙，其无穷数要比适合生命存在的气泡宇宙的无穷数高很多。与平凡性原则相反，暴胀多元宇宙理论说明我们所在的宇宙是位于更大的暴胀区域的一个非典型气泡的一小部分，是一个独特的、适合生命存在的宇宙子集的一员。没有人能够断言，我们所观察到的物理法则在这个子集中是否通用。一颗行星、一颗恒星或一个星系的特殊性和价值，可能只取决于它的诞生宇宙。

在沉思无穷的暴胀的过程中，现代宇宙学实际上回归到了距今大约2500年前古希腊天文学家最先提出的理论。德谟克利特一定会因为我们花了这么久时间而笑出声吧。在遥远的未来，当我们的宇宙归于冰冷黑暗的寂灭时，最后残存的生命仍将坚信，在某些遥远的地方，在宇宙的边界之外，无穷的创造过程仍将继续，不断孕育出新的生命、新的星球、新的宇宙，并从这种信念中得到些许宽慰。希望将永不消逝。

第五章 淘金热之后

　　每当劳克林在办公室中陷入沉思时，他总会心不在焉地伸手从桌子对面拿起一个小小的儿童玩具。这是20世纪90年代，他在加州大学伯克利分校读博士后的时候买的。这个玩具看起来很像刽子手的绞刑架。与绞刑架不同的是它上面没有绞索，取而代之的是一个薄薄的钢制钟摆，由一个嵌入的微型磁铁松散地悬挂在一个钢制方块上方。方块上巧妙地布置着不同强度和形状的磁铁，只要轻轻推动，钟摆就会前后摇摆很长时间，磁场对钟摆的推力足够克服它在空气中运动时摩擦力引起的能量损失。摆锤的运动轨迹混沌而随机，绝对不会准确地重复某条轨迹。劳克林对这个玩具颇为着迷，经常思考如何从简单的初始条件——每块磁铁的位置和磁力、对钟摆最初的轻推的轨迹——解析出其复杂的运动。这个玩具也让他回想起自己预测黑洞、恒星、行星间复杂的引力相互作用的典型结果时经历的辛劳，以及自己从无意义的背景噪声中提取微弱行星信号时所付出的努力。

　　2006年6月末的一天，当劳克林下班回家时已是深夜。他坐在餐桌旁，意识到自己仍沉浸在工作中——一个想法一直在他脑海中酝酿。这天的早些时候，他一直在思索半人马座比邻星（Proxima Centauri）不稳定的轨道。比邻星是一颗昏暗的红矮星，被半人马座 α 星的两颗类日恒星（半人马座 α 星A和B）组成的双星系统的引力作用微弱地束缚着。劳克林并不清楚，比邻星究竟是银河系夜空中一颗路过的孤星，还是半人马座 α 星系统中稍显疏远的一员。重要的是，这三颗恒星是目前已知距太阳系最近的恒星。这天的白天，当劳克林在思索这三颗恒星的运动时，一个问题会不时地勾起他的兴趣：这三颗恒星是否有行星相伴呢？到了当天晚上，这份兴趣变成了不可抑制的好奇。劳克林在草稿纸上胡乱书写，并在笔记本电脑上做计算，来缓解自己的心痒难耐。

数十年来，天文学界一致认为双星系统并不是行星搜索的理想目标，因为两颗恒星间的引力作用要么会抑制行星形成，要么会在行星形成后将其抛向逃逸轨道脱离星系。但是自从系外行星繁荣开始后，天文学家发现了越来越多位于双星系统中的行星——此前的观念是错误的。半人马座 α 星A和B距地球较近，因此可以提供足够的光子用于RV法行星搜索。半人马座 α 星B，一颗比太阳稍小的昏暗橙色恒星，特别地平静而稳定，是搜寻宜居行星的极佳目标。此前的搜寻已经排除了每颗恒星数个天文单位半径内气态巨行星存在的可能，但是不排除可能会存在更小的行星。劳克林认为这种行星也许触手可及。

不管劳克林多少次试图从这个想法中找到纰漏，更进一步的深思熟虑都会否定他的自我反思，进行一次以半人马座为中心的RV搜索的想法一直留在劳克林心间。劳克林越是反复思考，半人马座a星系统就越显得理想和得天独厚。尽管在人类的时间尺度上，天空中绝大多数恒星似乎都是固定不动的，但是考虑到太阳在以2.5亿年为周期绕银河系中心旋转，每隔数十万年太阳系就会迎来崭新的邻居。"如果我们扑通一下随机地出现在银河系中的某个点，我们的位置与一颗恒星的距离如此理想的概率只有不到百分之一。在这个距离上，我们能够发现类似于地球的小质量岩质行星，"在2008年下半年对劳克林的一次采访中，他这样告诉我，"命运之手将我们放置在了一个有趣的位置上，至少在地球历史的99.9%的时间中，我们的处境都未曾这么理想过。当半人马座α星就在太阳系隔壁时，人类诞生了，并发展出了探测行星的技术。这个巧合让我神往心醉。"

"即使有可能空手而归，对半人马座α星的探索仍是非常值得的。"2006年的那个夏夜，当劳克林坐在餐桌前时，他这样告诉自己。在半人马座α星的恒星周围找到任何行星，都将是一个历史性的发现。因为它们与地球的距离较近，它们也将成为后续研究的首选目标。且不管这些行星的特征如何，对它的研究都将获得数百万美元的资助。

劳克林让自己的思维在云雾缭绕的概率王国中漫无目的地飘荡了一会。在距离地球最近的邻近星系中发现一颗可能宜居的行星绝对是一个革命性的进展，基于人类了解自身在宇宙中所处地位的需求，这将进一步刺激大笔投资和重大进展的出现。除非真的在某颗恒星的宜居带中亲眼看见某颗类地行星，没人会知道它究竟是像金星、火星、地球，还是其他某种完全预料之外的模样。和"在太阳系的隔壁直接确认某颗有生命的行星"的诱人前景比起来，建造一个直接成像太空望远镜来研究这种行星的花费就显得小了很多。如果非常幸运，这些邻近的行星在新建成的望远镜中看起来非常诱人的话，它们将吸引一代代的科学家、探险家和梦想家——正如在天文学早期更为浪漫的时代中，太阳系的其他行星那样。半人马座α星从这道最窄的星际海峡对岸发出了呼唤，那么必然会有人努力去回应。第一批抵达的特使毫无疑问将是自动探测器，可能只有一罐可口可乐大小，被以某种方式加速至十分之一光速，踏上旅程。如果，在其发射近半个世纪后，这个探测器排除万难，向地球发回了另一颗环境温和的行星的高分辨率图像，图像中这颗行星拥有海洋、云、陆地以及……

劳克林眨了眨眼，拉住了他那突然飘出星辰之外的思绪。过度遐想是危险的。他合上笔记本电脑，自餐桌起身，走向卧室。

　　在他餐桌遐想后的数月间，劳克林和一位名为贾维拉·盖迪斯（Javiera Guedes）的研究生一起进行了对半人马座α星行星结构的数学模拟。他们从月球大小的"行星胚"开始，并观察到这些行星胚通过引力作用聚集，在每颗恒星的宜居轨道上形成了小质量的岩质行星。劳克林随后找到了马西和巴特勒的前合作者黛布拉·费舍尔来合作展开搜索。在NSF的资助，劳克林、巴特勒等多位同事以及她自己的学生的帮助下，费舍尔于2009年开始了对半人马座α星的深入研究。她使用的是位于智利托洛洛山美国洲际天文台（Cerro Tololo Inter-American Observatory, CTIO）的一个1.5米口径小望远镜。在其以北60千米的帕瑞纳天文台（Cerro Paranal，欧洲南方天文台ESO的三大观测台之一——译者注），瑞士团队早在2003年就开始监测半人马座α星B。当费舍尔的研究开始后，他们骤然加快了观测的节奏。但他们并不能像费舍尔一样全神贯注于半人马座α星——HARPS是一个极其宝贵的资源，不能只聚焦于一个恒星系统。在2011年，另一个团队正式加入了搜索工作，他们获得资金，使用新西兰约翰山大学天文台（Mount John University Observatory）的一米直径望远镜进行高频次观察。

　　分析半人马座α星的RV数据比预期更困难，一部分原因是很难精确去除双星系统的噪声——半人马座α星A和B以80年的周期围绕对方旋转，二者之间的平均距离比太阳到天王星的距离稍远。其轨道是显著"偏心"（非圆形）的，但轨道的详细细节并未被完全探明，因此很难从每秒几厘米的RV信号中，分辨出可能存在于这两颗恒星宜居带中的小行星的信号。根据巴黎天文台的理论学家菲利普·泰伯特（Philippe Thébault）及其合作者的另一轮数学模拟，半人马座α星双星的偏心轨道带来了更多难题。一次次的模拟中，偏心轨道产生的引力扰动均阻止了天体结构的形成——远在月球大小的行星胚融合这一阶段之前。泰伯特的模拟显示围绕半人马座α星双星旋转的物体不可能比沙粒或碎石更大。

在泰伯特的模拟中，劳克林几乎没有发现任何疏漏或错误，只有一点例外：泰伯特假设两颗恒星刚形成时彼此之间的距离就和现在一样，且每个恒星均有一个原行星盘（Protoplanetary Disk），这些原行星盘的大小与天文学界公认的形成太阳系行星的原行星盘大小差不多。劳克林坚信半人马座α星双星的初始条件与这个假设截然不同：两颗恒星间的距离更大，原行星盘更小但更厚——这些改变都可能会防止泰伯特模拟出的偏心干扰。劳克林认为，比邻星这颗红矮星的出现就是一个证据。"如果半人马座α星形成于更为致密的星团，就像猎户座星云（Orion Nebula）那样，那么比邻星极有可能会被某颗路过的恒星从轨道上掠走，"劳克林解释道，"当然比邻星也可能是很久之后才被双星系统捕获的，但是我敢打赌，比邻星的存在意味着半人马座α星形成于一个更开阔、更稀疏的环境，而且恒星彼此距离较远……如果你使用（泰伯特设定的）初始条件，你将一个行星也看不到。我相信真实的初始条件和泰伯特使用的有很大不同。"

2012年10月，人们终于有所发现。使用超过450份HARPS观测数据联合分析，瑞士团队探测到半人马座α星B似乎有一颗类似于地球质量的行星。这颗行星位于一个公转周期为3天的非宜居轨道上，这条轨道距恒星太近，行星表面会被炙烤至超过650摄氏度。尽管如此，该发现仍然被认为是未来将有重大发现的美好预兆——宇宙是适宜生命存在的。不管怎么样，即使在恶劣的环境中，小质量的岩质行星还是形成并坚持下来了。这颗新发现的行星被命名为半人马座α星Bb，它的质量太小，以至于它产生的恒星摆动速度仅为每秒50cm左右——仅比婴儿爬行的平均速度快一点。如果HARPS能够检测到如此微弱的信号，瑞士团队宣称，那么任何位于半人马座α星B宜居带内的岩质行星都可被轻易发现。几乎可以肯定的是，那里有更多行星的存在——开普勒太空望远镜观测数据的分析结果有力地提示，如果在靠近恒星的地方发现了小质量的行星，那么在更远一些的轨道上很可能还潜伏有更多的行星，尽管现在可能还未被发现。天文学家开始私下里讨论，半人马座α星的三颗恒星极有可能都有行星，相对静止而安稳的半人马座α星B仍将是下一个发现最先出现的地方。发现新的行星只是时间问题。

在半人马座α星的第一颗行星被发现前，我曾经通过电子邮件问劳克林是否猜想过半人马座α星周围的环境。他是否曾经尝试描绘半人马座α星某颗宜居行星的景象呢？劳克林的回信只有雷·布拉德伯里（Ray Bradbury）所著的《火星编年史》（*The Martian Chronicles*）中的一段话：

这些古老的火星语名字，曾经是这里的水、空气、山丘的名字。它们也是雪的名字，雪融化后向南流，注入石砌的运河，填满如今空无一物的海洋。它们还是已被密封后埋葬的术士的名字，是高塔和方尖碑的名字。火箭摧毁了这些名字，就像铁锤将大理石砸成碎片，标注古老城镇名字的陶制里程碑被摧毁，随后其废墟上树立起巨大的塔楼。这些塔楼标注着新的名字："铁镇""钢镇""铝城""电气村""玉米镇""谷物庄园""第二底特律"。这些充满机械与金属气息的名字都来自地球。

劳克林没有详细地描述，但是从他引用的文字可以看出，我们将不可避免地用我们熟悉的常识过滤掉外星世界的神秘，并将我们所发现的一切重塑为我们自己能够理解的图像——也就是我们地球上的环境。

几个月后，我出于好奇询问劳克林对SETI的看法。SETI会成功吗？劳克林冷冷一笑，然后大声说出自己的想法。"呃，有可能。啊……好吧，最终一定会。尽管不一定是大多数人想象的方式。如果你收到了一条无线电信号，这当然很了不起，你可以马上开始下一步的工作了。这是个不错的梦想。这种想法可能对银河系的一部分会奏效。一座大型的太空望远镜能够在邻近恒星宜居带中的行星上搜寻生命的迹象，但是从其中分辨出智能的迹象会很难。我认为如果有一天SETI项目真有所获，那么很可能是在银河系之外。"

宇宙中的某处，劳克林说道，可能在目前可观测宇宙边界之外，可能根本就在另一个宇宙，有正在孕育着文明的星系。这些文明和我们的文明很像，但有更为优渥的初始条件。它们可能像我们一样，出现在一颗类似于地球的行星上，也有一颗距离较近且引人遐想的卫星。或许它们的恒星拥有不止一颗，而是两颗甚至三颗宜居的类地行星，距离它们最近的恒星可能也有宜居的行星。又或许它们起源于双星或三星系统，每颗恒星都有数颗宜居行星。如果某个文明像我们一样撞了大运，劳克林说道，并利用其有利的环境实现了"20世纪中叶式的太空时代扩张"——这种扩张在我们的太阳系中勃然兴起又颓然消却——它将很可能掌控并重塑其所在的整个星系。当前太空望远镜拍摄的典型长曝光"深空视场"影像中，包含千个未命名的星系，其中可能有潜藏有这种太空帝国存在的证据。

我问这种证据会是什么样子。劳克林又笑了笑，然后说他同样无法预测。

1963年7月13日，圣地亚哥市（San Diego）卡布里洛高速公路（Cabrillo Freeway）旁，一个时光胶囊被密封入一个小型混凝土地窖，这个地窖就位于日后通用动力公司航天工厂（General Dynamics

Astronautics plant）西入口匝道地下。通用动力公司在这个工厂中为美国政府建造阿特拉斯（Atlas）火箭。通用动力公司于20世纪90年代被收购，其阿特拉斯火箭生产设备大部分被拆除，以便给赚钱更快的工业园区和写字楼腾出空间。这个本应在100年后出土的时光胶囊被挖出并安置于巴波亚公园（Balboa Park）的圣地亚哥航空航天博物馆（San Diego Air & Space Museum）。如果你现在打开这个时光胶囊，你将发现一本陈旧的、薄薄的小书，其标题为"公元2063年"。这本书是为了纪念通用动力公司成立五周年而出版的，其内容包括来自各行业专家——将军、政治家、科学家、航天员——满怀信心的预言，描绘了100年后人类对太空的征服。公司中的某个人复印了数百份该书的拷贝，因此我们得以知道这本小书的内容。

水星（Mercury）计划航天员约翰·格伦（John Glenn），同时也是第一个进入太空的美国人[根据NASA官网的信息，第一个进入太空的美国人应该是水星计划的另一位宇航员艾伦·谢泼德（Alan Shepard），他在1961年5月5日驾驶自由7号（Freedom 7）航天器进入太空并进行了亚轨道飞行；而约翰·格伦在1962年2月20日驾驶友谊7号（Friendship 7）航天器升空，是首个完成轨道飞行的美国人——译者注]，预言在一个世纪以内，人类将成功将核电站和"反重力装置"连接，从根本上改写物理法则，给地球上和太空中的生活及运输带来革命性变化。另一位水星计划的宇航员，斯科特·卡朋特（Scott Carpenter），则表达了他对于反重力"系统"帮助人类殖民月球、火卫一（Phobos）及火星的愿景。著名天文学家弗雷德·惠普尔（Fred Whipple）认为地球人口稳定在1000亿，而对于火星全行星范围内的改造将改变这颗红色行星的气候，使70万名殖民者可于火星上自给自足。NASA载人航天办公室主任，戴尔·布雷纳德·福尔摩斯（Dyer Brainerd Holmes）认为，到2063年时，载人航天器将达到"接近光速的速度"，社会将开始讨论是否应该将人类送到邻近的恒星。

参与这本小书撰写的29个人中大部分都预言了一个和平的世界，在一个民主的世界政府下和谐地团结在一起，并摆脱了资源的匮乏。每个人的预言都有其独特的着眼点。爱德华·泰勒（Edward Teller），氢弹设计的核心人物之一，希望弹道导弹不再被用于投送核弹头，而是被用于将乘客在一小时内送达地球的任何位置。不过，他怀疑到，这可能并非"一种舒适的旅行方式"。副总统林登·贝恩斯·约翰逊（Lyndon B. Johnson）写道，人类将使用人造卫星控制地球的气候。加州共和党国会议员詹姆斯·博伊德·厄特（James B. Utt）认为人类将掌握人体瞬间移动的科学技术，而他对这种技术"并不感到期待或享受"。另一位加州的国会议员，民主党人乔治·保罗·米勒（George P. Miller）则给出了一个相当有趣的观点，到2063年，我们将"在地球之外的宇宙某处发现了类似人类的生物"。

所有预言中最为奇怪的莫过于诺贝尔化学奖得主哈罗德·尤里撰写的带有明显悲观主义的长文。大部分其他受访者的文章都没有超过一页，而尤里一个人就占了整本小书的三分之一。他的想法很可能是受到两年前参加弗兰克·德雷克绿岸会议的启发。

尤里几乎完全没有讨论太空科学或太空探索。相反，他花了大量笔墨总结其一生中经历的变革带来的社会影响。在19世纪与20世纪之交，他还只是个孩子，那时蒸汽机、铁路、电报和电话代表了当时科技的顶点。而当他垂垂老矣之时，世界已经充满了汽车、飞机、火箭、数字计算机、彩色电视和原子弹。他哀叹到，技术的进步让他的孩子再也无法感受到他本人成长过程中"田园牧歌"式的快乐，例如"乘坐雪橇，跟在一队黑人后面，在繁星点点的晴朗夜空下，穿行于雪地……紧紧裹在温暖舒适的水牛皮毯子中"。

在尤里一生中的每个十年，人类社会的科技实力和经济实力都会以相对恒定的系数增长。对于持续增长的预期——更确切地说，无尽的增长——正是资本投资于当下研究和开发的根基，这些研究和开发则改变了世界。但他写道，这种指数级的增长，与其说是开辟了更广阔的新领域，不如说是揭示了以前未被重视的局限性。展望未来时，尤里已经窥见在不远的未来，当现代社会的中心无法支撑，经济增长停滞不前时，世界将分崩离析。他认为其直接原因正是已经存在于现代文明光鲜外表下的裂痕。尤里坚信，世界政府的模式并不理想，因为当"令人错愕的国家债务"增长速度远超通货膨胀及财政收入时，政府总是会倾向于变得机构繁冗、尾大不掉。这种毁灭性的财政赤字是由"政治家的奇妙心理"加上"科学方法应用带来的战争机器的进步"共同导致的，而不断增长和老龄化的人口对医疗和社会保障的需求使财务状况进一步恶化。尤里观察到，将社会完全交托给大型私人企业也是不行的，因为企业总是会不可避免地追求短期利润，而非公众利益和社会共同发展。只有政府监管和私人企业之间达到某种困难而不确定的平衡时，社会才能保证目前的增长速度。即便如此，增长也不能无限期地保持。

尤里失望地感慨道，绝大部分普通人都被困在当下，不能想象其祖父母时代之前的过去，也不能计划其孙儿辈之后的未来。更糟的是，他观察到，大众对于不能直接给自己日常生活带来舒适和便利的科学研究敌意日增。在发达国家，大量的生产力不是用来解决迫在眉睫的社会问题，而是用来发展花里胡哨的娱乐性科技，以满足消费主义的周期性欲求。尤里注意到，自1900年至1955年，美国的化石燃料消耗增加了8倍，其中的大部分被用来发电。同时，到1963年，"电力消耗已经从1900年几乎可以忽略的低水平增长到了每人500瓦特"。为了满足经济增长的需要，能源的消耗还能持续增长多久呢？尤里的回复中真正称得上预言的部分为数不多，他在其中一条预言中委婉地暗示到这种奢侈不可持续：他预言，在2063年前很久，我们就会被迫意识到，有必要找到"除了鼓捣这些有用的小玩意儿之外的能更好地利用人类能力的方法"。

使用几个简化的假设，就能非常简单地计算出能源对经济增长的限制。就拿美国作为一个例子，美国能源信息管理局（Energy Information Administration）的数据显示，自17世纪中叶以来，美国全国对能源的消耗以每年不到3%的速度缓慢增长。加州大学圣地亚哥分校（UC San Diego）的一位教授，物理学家汤姆·墨菲（Tom Murphy）进行了一项思想实验，将这种持续增长外推到全球范围并将增长率降低至每年2.3%后，计算出了这种增长如果在未来也一直延续，那么每过一个世纪，人类对能源的消耗将增加10倍。以2012年全球能源消耗速率大约12太瓦（Terawatt，太瓦，功率单位，1太瓦相当于1×10^{12}瓦特，即一万亿瓦特——译者注）为起点，到2112年全球能量消耗速率为120太瓦，而2212年则为1200太瓦。到2287年，世界能量消耗将达到7000太瓦——理论上在地球所有陆地面积上都铺上能源转化率为20%的太阳能光伏阵列才能生产出这么多能量。如果光伏发电的效率提升到不可思议的100%，同时在所有陆地和海洋上都铺上光伏发电板，那么从2287年算起，每年2.3%的增长将又能持续125年，使我们不断发展的文明一直维持到公元2412年。自此以后，每年能源的消耗将超过每年照射到地球上的太阳能的总和。另一种能量来源，核聚变，可能又能将每年2.3%的增长率延续数个世纪，直到生产如此巨量的能源所产生的废热将海洋汽化并将地壳化为炽热的炉渣。对于一个居住于行星上的文明，水的沸点、岩石及金属的熔点共同组成了能源消耗不可逾越的上限。

在1960年《科学》杂志的一篇论文中，物理学家弗里曼·戴森（Freeman Dyson）描述了人类文明有增无减的能源消耗的逻辑极限。

他提出，有朝一日，当我们能够在太空中生活和工作，我们可以通过建造包绕整个太阳的太阳能采集器，以利用太阳放射出的几乎全部能量。戴森并没有在他认为不值一提的技术细节上多费笔墨，例如我们如何获得建造这种装置所需要的原材料——他认为当我们需要太阳全部的能量时，我们应当已经可以轻松拆解一到两颗行星。这种装置建成后，从数光年外观察太阳时，太阳的可见光辐射将大幅衰减，并被围绕在其外的壳体产生的废热所发出的红外辐射取代。如果天文学家观察到某颗遥远的恒星呈现出特征性的昏暗并完全转变为红外辐射，戴森写道，这可能就是另一个渴求能源的星系文明的证据。这样一个"戴森球"（Dyson sphere）如果以理想效率运转，可以捕获约4000亿拍瓦（Petawatt；一拍瓦等于10^{15}瓦特，故4000亿拍瓦为4×10^{26}瓦特，作为对比，太阳投射到地球大气层的总功率约为174拍瓦——译者注）能量——这是太阳辐射出的全部功率。尽管如此，基于能源消耗量每年2.3%的持续增长，墨菲计算出不到1000年我们不断暴涨的能源需求就将超过这个数字。当然，银河系中还有几千亿颗恒星。假设人类通过某种方法给银河系中每个类日恒星都装上了以理想效率运行的戴森球，整个银河系产生的能量在每年2.3%势不可挡的增长面前也只能再维持不足1000年。

"因此距今大概2500年后，我们将使用整个银河系的能量，"墨菲写道，"我们已经比较详细地了解到了2500年前人类在干什么。我想我可以确定地说我知道2500年后我们不会在干什么。"如果像我们这样的技术文明在宇宙中比比皆是，而我们还没有观察到某些恒星或整个星系因覆盖其表面的戴森球而变得黯淡，那就说明我们当下所经历的指数式增长，不仅对过去时代来说是前无古人，对未来时代也将是后无来者。

在通用动力公司埋下时光胶囊很久很久之前——准确地说是在侏罗纪的初期——圣地亚哥还只是海床上一块普通的石灰岩，和最终变成现在的加利福尼亚州其他部分的岩层别无二致。在不到2亿年前的某个时候，地质板块的碰撞让巨大的岩浆深成岩体（Pluton）——融化的花岗岩组成的黏稠液泡，其体积有一个城市那么大——由地幔涌进古代近岸海洋下方的地壳。深成岩体含有不同含量的铜、铅、银、金以及其他金属。它们自下方加热海底的岩层，将石灰岩转化为大理石。当岩浆与从上方渗透下的海水相遇时，部分金属从岩浆中析出，并在岩层的缝隙中形成矿脉。经过了几百万年的时光，持续的构造碰撞将原先的海床推挤并抬升，最终升出海面形成陆地。大块的地壳被掀起，随后又以反地层顺序铺下，铲平了原先的原野。因此加利福尼亚州山峰的山巅，却可能是由地层下深层的花岗岩构成；山坡则是地层中间部分富含矿脉的大理石和石灰岩构成；山脚处则是年轻的地层表层岩石的杂乱混合物，其中还夹杂着被抬升起来的古老海底形成的泥岩。落在山上的雨水侵蚀了山坡，暴露出了矿脉，并将小片的贵金属冲入河中。

1848年1月24日，一位名叫詹姆斯·马歇尔（James Marshall）的木匠在美利坚河岸边修建锯木厂时，发现了一些被冲刷下来的金矿石碎片，因此拉开了加州淘金热的大幕。不久之后，这片区域就聚集了大约30万名来自世界各地的淘金者。其人口指数级增长，原来无序荒蛮的土地变成了美国一个正式的州。新兴城市如雨后春笋般出现在加州北部。旧金山从原先的小定居点，变成了熙熙攘攘的大都市。红杉林被砍伐，并作为煅烧炉的燃料，将采石场中开采出的石灰岩煅烧为石灰，石灰随后成为了大理石贴面建筑中的水泥。到1863年，一条横跨美洲大陆的铁路已经在修建，美国西部时代的宏伟舞台正式开启。这一切的开端，就是被侏罗纪时期海底上涌的岩浆偶然带到地表的黄金。

即使淘金热潮过后，横贯大陆的铁路也保证了新定居者涌入的势头从未衰减。他们如海浪般一波一波地迁徙，追逐着一个又一个繁荣。当一天结束、太阳沉入太平洋的海面下时，这些新定居者就成了"美国梦"的最真实写照。每一个人似乎都可以在加州广袤的土地上赚到大钱。农民们因为温和的气候和肥沃的土壤，蜂拥至中央山谷（Central Valley）。石油商在加州南部的岩层中，发现了轻质低硫原油。电影人则将好莱坞当作避难所，以躲避东部的托马斯·爱迪生（Thomas Edison）麾下的专利律师大军。美军则在太平洋海岸修建基地、机场和船坞。技术专家在硅谷开启了高科技产业潮流。在此过程中，地产投机商买下一块块土地，将其分割出售后发家致富。随着资本的持续涌入，房价和基础设施的需求随之升高，财产税也水涨船高。这种势头一直持续到20世纪70年代，直到已经扎根此处的富有加州人开始反抗。他们投票决定将财产税税率人为限定在低水平，并让加州的政治文化趋于紊乱：投票人通过一次次公投限定了政府支出的用途，并削减了政府财政收入的来源。21世纪来临之际，加州的预算危机已几乎成为常态。2007年，房地产泡沫破灭，并引发了2008年的经济大衰退，这让加州政府的财政收入降低至灾难性低点。用于救济穷人和残疾人的经费，州立大学和法庭的经费，地方政府紧急服务的经费及其更多项目的经费，都被大幅削减。2009年，加州政府一度只能靠官方印制的白条偿还债务。

当我去加州大学圣克鲁兹分校拜访劳克林时，加州的新伤旧疤都一览无余。圣克鲁兹分校的校园就建在废弃的19世纪石灰岩采石场和牧场的旧址上。校园周围散落着稀疏的红杉树，那里过去是一大片红杉树林。劳克林的办公室位于交叉科学楼一条充满阳光的长走廊上。在这个走廊上，我发现了一个贴满了学生抗议大学削减经费标语的公示板，公示板旁有两个用来存储液氢的空真空罐。

劳克林已经不再有就加州政府全面勒紧腰带行为向学校抗议的选项了。他是一位终身教授，并刚刚被选举为天文学系主任。他的办公室面积狭小，几乎没有任何装饰。一块写满了各种等式和手绘图表的白板占据了一面墙的大部分。文件柜上放着一个火星仪，周围是一堆镶嵌着闪闪发亮的黄铁矿石的花岗石块，这些石块是劳克林从附近的一条河中捡回来的。火星仪，高地和山脉被涂成深红色；与之形成鲜明对比，盆地和低地则被涂成蓝色，和数十亿年前确实可能存在于火星的海洋是同样的颜色。"没有两天是完全一样的，但其实每一天也几乎都是差不多的，"劳克林一边向我展示他的办公室，一边说道，"每一天都几乎没有任何变化——我进办公室，我在办公桌旁坐下，我开始工作。但是每一天又是独特的，我艰难处理完一个紧急事项随后又奔向另一个，以保证研究继续下去。我努力为天文学系争取更多的资金。我有四个研究生，他们都需要研究经费。我还得保证自己的研究也有足够的经费。而眼下经费就像火星上古老的海洋——已经接近干涸了。"

劳克林认为，系里面的部分年轻教职工可能很快就会离开天文学界，凭借他们的分析和数学才能，他们可以在硅谷或华尔街找到出价更高的雇主。同时，有一部分他的学生和同事，因为无法获得昂贵的望远镜使用时间，被迫使用廉价的台式电脑分析公开的开普勒太空望远镜数据，期望从中挖掘出开普勒团队可能漏掉的发现。

劳克林自己则在努力试图解开一个谜题，美国团队和瑞士团队的RV搜索曾经稍微揭开其冰山一角，而开普勒项目则将其完全暴露了出来：在大量高温、扁平、周期小于100天的环形轨道上——这种轨道是内行星系统的典型构造——却存在着大量与海王星质量类似的行星。传统的理论认为，既然行星是从年轻恒星周围扁平的、环形的、旋转的物质盘中诞生，那么几乎所有行星都应该位于与恒星的赤道平行的扁平环形轨道上，即恒星的黄道面。小质量的岩质行星形成于距离恒星较近处，这里温度较高，大部分气体都会被蒸发掉。大质量的气态行星则会在距离恒星更远处形成，越过"雪线"，在这个区域中，低温可使气体和冰长期存在。自从1995年天文学家发现了"热木星"后，他们被迫修改这种行星生成的理论。热木星的轨道多为拉长且偏心的轨道，轨道的一端远离黄道面，另一端则几乎紧贴恒星擦过。理论学家只能将这种行星解释为"行星迁移"的产物。"行星迁移"理论是一系列理论机制的集合，根据这些机制，原本遥远的气态巨行星与孕育它们的行星盘相互作用，逐渐丧失动量并向恒星缓慢移动。该理论的问题在于，当一个巨型行星在行星盘中迁移时，它会吸收积累大量行星盘中的物质，并增大至木星大小，而不只是一个类似于海王星的小不点儿。此外，巨型行星迁移时的引力作用也会把行星系统中其他的行星的轨道搅乱，使其从扁平的环形轨道变为伸出黄道面的拉长的偏心轨道。根据大多数新理论，质量类似于海王星的中等大小行星不应该出现在恒星近旁的轨道上，更不应该在扁平环形的轨道上。学界的共识认为这种行星只会在行星系统更靠外侧的地方形成，然后逐渐向内迁移，而在此过程中它们将变得更大，并破坏行星形成之初各个行星环形的且位于同一平面的原始轨道。

有一部分理论学家曾经对上述理论自信满满，因此预测开普勒太空望远镜将发现"行星荒漠"，其内没有距离恒星如此近的海王星大小的行星存在。但是当开普勒的数据开始源源不断地传回地球时，事实上它发现了数百个凌星多行星系统——由"热海王星"组成的行星系统，其中一部分热海王星的轨道比例甚至比黑胶唱片或CD更扁平、更圆。原本预测的行星荒漠实际上是行星热带雨林，其中充满了现有理论无法解释的行星。理论学家不知道有哪种迁移机制能够解释行星是如何静悄悄地迁移至现在的位置的。但是这些行星确实做到了，就像愤怒的公牛在堆满瓷器的货仓横冲直撞，瓷器却完好无损。如果只是发现了一颗这种行星，还可以用偶然解释；但是发现了数百颗这种行星，就说明在现有行星形成和演化理论中存在重大缺陷。

开普勒的发现让劳克林目瞪口呆，就像系外行星游戏中的其他玩家一样。当我们离开他的办公室，在校园里散布的红杉林和石灰岩采石场遗址中散步时，他就一直在诉说这种震惊。他相信，开普勒任务的完整数据，将会让理论学家在未来20年间都忙个不停。

"我也完全不知道这些行星是如何形成的，"当我们在一条潮湿的小河床中闲逛时，他说道，"没有人知道。肯定有些地方搞错了。目前的行星形成的范式是为了同时解释两种完全不同的情形——我们的太阳系和易于研究的热木星——而构建的。我们现在已经了解到可能只有1%的恒星周围有热木星，而类似于太阳系的构造出现在大约10%或更少的恒星周围。所以看起来我们之前一直在试图将两种毫无关联又不甚普遍的行星形成过程融入同一个理论。即使不是科学家，也能看出来这种做法并不正确。"

我们离开河床，开始沿着一个长满红杉树的缓坡向上走。劳克林将目前行星探索中遇到的困惑与波德定律（Bode's law）联系起来。波德定律由德国天文学家约翰·波德（Johann Bode）于1772年命名并推广。该定律提出行星轨道半径遵循一个特定的和谐数列，这个数列可以很好地解释观测到的水星、金星、地球、火星、木星和土星的轨道。当天王星于1781年被发现时，其轨道也符合波德定律的预测。但是此后，随着新发现的海王星、冥王星和小行星带均不符合该定律预测，波德定律逐渐被视为伪科学。波德定律早期的成功预测被认为只是巧合。会发生这种巧合，是因为行星轨道确实遵循某种更为广泛的规律。

"'雪线'的观念——即气态行星只会在远离恒星处形成，也是根据我们在太阳系中观察到的现象而提出的，"劳克林继续说道，"现在我们在其他恒星周围如此频繁地观察到与此相反的情形，我不确定'雪线'这一概念是否还是正确的。它可能只是波德定律的现代翻版，但是我认为人们不会就此停止讨论这个观念……看看这些新发现的多行星系，它们的轨道间隔，它们的质量与其母星质量的比例，它们与木星的卫星系统的模式几乎完全一致。这些卫星可能就是在它们目前所处的位置形成的。如果这些行星也是在它们现在所处的位置诞生的，我也不会感到惊讶。现在这个过程还未被深入研究，因为我们只是关注于自己的太阳系。"

随着我们往上走，红树林愈发稀疏。美国黄松的树冠被肆虐的树皮甲虫蚕食得病态而稀疏，更大片的正午阳光从其上方投射下来。我们开始出汗了。泥土的颜色逐渐从河床处的棕灰色变为黄松树下的橙红色。泥土中的一点闪光吸引了劳克林的注意，他弯下腰，捡起来一块疏松的铁锈色岩石。他为他"蚂蚱般的专注力"道歉，并将话题转向地质学。

"这片区域，就是这块岩石所在的地方，是过渡区。在这种岩石中，你可能误以为有黄金。它因为黄铁矿结晶而闪闪发亮。山脚下是被岩浆充分加热并变性的石灰岩。山坡上则是实际上执行了这个加热过程的花岗岩。我想树林的种类在这里发生了变化，因为红杉更喜欢石灰岩土壤。这很奇怪。第一眼看上去，花岗岩似乎就在其现在所在的地方形成，并似乎是更年轻的地层。你可能会认为越往上走，地层就越年轻。很长一段时间内，地质学家都是这样认为的，而事实正与之相反。板块构造理论的出现是一个巨大的飞跃，它把更多的拼图碎片拼在了一起。在地形上，我们是在向上走；而在地层学上，我们正在往下走。这是因为整块地壳都被掀起并侵蚀了，更老的岩石反而在年轻的岩石上方。如果我们沿着这个长长的缓坡再向上走上15千米，遇到的将是越来越深地层的花岗深成岩体。"

我问劳克林，他是怎么知道这些的。他说："我的观念是，如果你真的想了解类地行星，那么你就必须先成为地球知识的专家。"

回到办公室后，劳克林详细介绍道，他对于圣克鲁兹区域的地质知识实际上有很大一部分源自他长久以来对金融市场的迷恋。他指向办公室中那块写满公式的白板。劳克林坦白道，那天白板上写着的微分方程其实与天文学完全无关，而是贵金属价格的波动，他期望能在月或者年的时间尺度上预测这种波动。为了实现这一点，他必须了解供应和需求——新矿井的造价，开采和使用贵金属的方法——所以他自学了成矿岩体地质学，也就是很久之前将黄金埋藏入加州山峦的地质学过程。

劳克林沉迷于将自己的专业技能用于可以直接转化为金融应用的技术领域。天文学是他熟知的一个技术领域，但只要人类还是一个生存在单个恒星系统中单个行星上的物种，天文学就不会和半导体物理、石油勘探、计量金融学等学科相关的利润有一点关系。劳克林新近的调查得出了奇异的结果：他一门心思研究令人费解的市场趋势所揭示出的货币价值形成和预测的本质，并开始仔细跟踪某些遍及世界金融体系的交易。看着各种闪亮的交易模式，"鸟瞰"某些原本"几乎不为人知"的世界，这让他又一次感受到了熟悉的悸动。他看到了虚拟世界中的战线，这些虚拟战争有时会通过不稳定的流动性泡沫、低延迟军备竞赛和高频信息战而蔓延到现实世界。他眼前新近呈现出的全景显示，这颗星球正位于翻天覆地的变革边缘，这场变革受到生物学和地质学的驱动，同样也受到高速通信和计算机技术的驱动。

这场变革依赖于超高速大型计算机、海底光缆、微波中继网络和通信卫星等高科技，这使现代金融的前沿看起来就像新的太空时代，尽管半个世纪前的航天员和火箭工程师可能已经无法认出这个时代。地球上最聪明的一群人不再把最先进的技术用于向宇宙中扩张人类的影响力，而是致力于将我们狭小孤立的星球进一步浓缩，压榨为更细分、更非物质化的状态。当他向我描述从以接近光速遍及全球的比一美分还微小的价格波动中，获取数十亿美元利润的黑科技时，他沉默而敬畏地摇着头。这种技艺，他说道："可比找到一颗类似于地球的系外行星难多了。"

　　1848年1月初，一位名叫詹姆斯·利克（James Lick）的52岁资深木匠来到了当时还是个小村庄的旧金山。他出生在宾夕法尼亚州，但靠着在南美制造和销售优质钢琴发家致富。他认为不久之后美国就会吞并加州（美国于1848年2月2日与墨西哥签订合约，强迫墨西哥将德克萨斯、新墨西哥、上加利福尼亚等大片土地割让给美国——译者注），因此希望通过在加州购入廉价的土地进一步累积财富。除了工具和工作台，利克还带来了一个铁箱子，里面装满了价值3万美元的黄金。他立刻着手购买城镇周围空置的土地。利克到来的17天后，詹姆斯·马歇尔在萨特锯木厂（Sutter's Mill）发现了黄金，并掀起了加州淘金热。利克发现自己成了加州火热的地产买家市场中最大的玩家。很快，当加州的居民成群结队地放弃沿海港口的住处，前往内陆山丘寻找黄金时，利克收到了大量出售地产的报价。他以折扣价买下了所有能买到的土地，随着一波又一波淘金者涌入，旧金山的人口呈指数级增长，他从中积累了大笔财富。在十年内，他就成为了这个新成立的州最为成功的地产大亨之一，在旧金山、圣克拉拉（Santa Clara）和圣何塞（San Jose）都拥有大片土地。

　　1874年的某个傍晚，当利克在自己位于圣克拉拉家中的厨房里中风时，他已经是加州最富有的人了。他将剩余的岁月用于康复，并规划了他死后财产的处置方法。利克最初想要建造他和他父母的巨型雕像，其体量之庞大可以让人们从海上很远处看到。他随后意识到这种巨大的雕塑可能会被海军作为轰炸海岸时的首要目标，因此打消了这个念头。有一段时间，他想在旧金山属于他的一大片土地上，建立一座比埃及的任何一座金字塔更大的金字塔。在他的朋友乔治·戴维森（George Davidson）的劝说下，利克再次改变了主意。戴维森是一名天文学家，同时也是加州科学院（California Academy of Sciences）的主席，他说服利克建造一架世界上最为强大的望远镜。利克最终起草了一份信托契约，将约300万美元的遗产捐赠给让他发家致富的加州，资助州内各项公共事业。其中70万美元被捐赠给加州大学，用于建造一座天文台，来放置"一架比世界上所有已建成的望远镜都更先进、更强大的望远镜"。

在利克于1876年去世前的数月，他签署了契约，选定了汉密尔顿山作为天文台的地址，并告诉众人他希望被安葬于他的大望远镜下。望远镜的建造开始于1880年，这座长57英尺（17.4米）、36英寸（91.4厘米）口径的"利克大型折射望远镜"（Great Lick Refractor）于1888年正式投入使用。它坐落于"密西西比河以西第一座热铆式（Hot-Rivet）建筑"中，这是一座优美的铜绿色新古典主义金属穹顶。利克折射望远镜保持"世界最强大望远镜"的头衔将近10年，直到今天还是地球上第二大的折射望远镜（第二的头衔也已于2001年让位于斯德哥尔摩大学的瑞典一米口径太阳望远镜——译者注）。当利克望远镜完工后，遵照利克的遗嘱，其遗骸被移葬于望远镜的观测室之下。在那里，犹如钢琴的木雕琴锤般精美的弧形横梁下，一束灯光穿过观测室的黑暗，照在鲜花簇拥中的一块铜板上，上面镌刻着"詹姆斯·利克长眠于此"。

在利克大折射望远镜竣工前，利克遗产的受托人建造了一座小型的带有穹顶遮蔽的12英寸（30.5厘米）望远镜，以纪念天文台的落成。1882年12月6日，这架12英寸望远镜及另一架专门定制的望远镜被一起用于观测金星凌日。天文学家大卫·派克·托德（David Peck Todd）专程从马萨诸塞州前来，使用利克天文台的设备观测金星凌日，并幸运地赶上了万里无云的观测条件。在4个小时的金星凌日过程中，他用147张化学处理的玻璃板拍摄下了金星穿越太阳的过程，留下了21世纪前最完整的金星凌日摄影记录。金星下一次将影子投射到汉密尔顿山时，将是122年之后。

当我和劳克林在下一次金星凌日的预定日期——2012年6月5日——的下午时分来到利克天文台时，天空阴沉多云。在自天文台建成至今的岁月中，汉密尔顿山上又增添了大约十座大型望远镜，全都坐落于散落在山巅的白色穹顶之下。马西和巴特勒的"自动行星搜寻器"望远镜矗立在邻近的一座峭壁上，并将很快发射升空。在其身后隐约可见着120英寸（3米）口径夏恩反射望远镜（Shane reflecting telescope，以天文学家C. Donald Shane的名字命名，他牵头从加州政府获取了资金并监督了该望远镜的建造——译者注）的巨大圆顶，它是汉密尔顿山上最大的望远镜。马西和巴特勒主要使用这座望远镜，在系外行星繁荣的早期几年里发现了最初一百颗系外行星中的大部分。他们第一次RV勘测所使用的汉密尔顿光谱仪还保存在夏恩天文台的地下室中，但是在正式退役后，它将被运送至史密森尼学会（Smithsonian Institute），作为一件国宝展出和保存。和所有位于大都市周围的天文台一样，利克天文台最近几十年也饱受光污染之苦。当太平洋的海雾涌上陆地，并像毛毯一样遮蔽了山下的硅谷时，天文学家便会彻夜观测。在这样的夜晚，沿海城市的灯光消失，夜空如此前亿万年般漆黑，星光则如同闪耀的钻石般落下。倚仗着位于海雾之上的高海拔，这座古老的天文台仍有些许生机，可能再维持数年，也可能得以永存。下一次金星凌日，要等到2117年12月11日才会发生。

劳克林和我进入了利克天文台第一座望远镜——12英寸（30厘

米）望远镜所在的穹顶。这个穹顶里现在装着于1972年建成的低矮短粗的铁锈色的尼克望远镜（Nickel Telescope，以旧金山当地人Anna L. Nickel的名字命名，她曾向利克天文台捐助了5万美金，占她个人财产的大部分——译者注）。其40英寸（1米）口径的反射镜比此前利克大折射望远镜的所有透镜都更大更强，但是和2012年时最好的望远镜比起来还是小巫见大巫了，因此并不常被用于最前沿的观测。那天下午，它将用一种全新方式记录金星凌日。斯隆·维克托洛维奇（Sloane Wiktorowicz），一位身材匀称、体格健壮的30岁加州大学伯克利分校博士后，将他自己特制的仪器，POLISH，连接到尼克望远镜上以观测这次金星凌日。他挤在隔壁小控制室中一张椅子上，使用三块巨大的平板显示器监控他的仪器。这次观测中用到的并不都是高科技设备：黑色尼龙板和从Famous Amos牌巧克力饼干包装盒上拆下来的纸板被用布基胶带粘在一起，组成了一个遮光罩，帮POLISH遮住环境光线。尼克望远镜的反射镜会在聚焦的太阳光下融化，因此反射镜的大部分被一块木板遮住。木板上钻出一个小孔，小孔上又覆盖一层银色的滤镜，阳光可以从小孔安全地进入望远镜。一段被漆成黑色的烟囱管被用布基胶带固定在望远镜的框架上。它像猎枪的枪管一样在反射镜上方又伸出一段距离，以进一步减少从穹顶内进入POLISH灵敏的传感器的光线。

　　POLISH测量光的偏振（Polarization），即一束光中的光波在与其传播方向垂直的方向上的振动。自然光一般是无偏振的，这意味着每一个光子偏振振动的方向都是随机的。但是光经过物体表面或大气的反射或散射后，就会变成偏振光，每个光子都以同样的方向振动，就像磁场中的铁屑一样。这个原理被用于偏振光太阳镜，通过滤除天空或湖面云层反射的偏振光来减少耀眼的眩光。维克托洛维奇告诉我，在天文学中同样的原理可以被用来增强系外行星大气反射或散射的偏振光信号。通过仔细研究光的偏振，即使远在几光年外，天文学家也可以得到行星表面云层、雾气和大气成分的数据。维克托洛维奇说道，40年前，对金星的偏振光观测第一次指出，金星大气中的微滴并不是水滴，而是硫酸。他今天的任务是观测金星刚刚开始凌日的时刻，在金星刚要进入太阳前方时，它会遮挡住太阳边缘的一部分，并发出最强烈的偏振信号。在长达6小时的金星凌日全过程中，维克托洛维奇可进行观测的时间窗仅有最开始时的15分钟。

"这些观测的目的是为了对日后从系外行星凌日中观测到的结果进行标定，"维克托洛维奇解释道，"我们可以从仅有三分之一天文单位的近距离上观察金星，这意味着现在金星的角直径比我们从太阳系外观察进行时——就像地球上的人观察一颗系外行星一样——的角直径要大三倍左右。这两个数字结合起来计算，就说明当我们从地球上观测金星凌日，与我们从开普勒太空望远镜观察热海王星凌星，二者在行星遮蔽的星光总量以及大气环的大小这两个方面上是近乎一致的。我不知道是不是还有其他人也在用偏振光观测这次金星凌日，这可是一辈子只有一次的机会。"

金星凌日开始前20分钟，利克天文台上空的云层中出现了小片的蓝天，但是天气仍不确定。维克托洛维奇则遇到了更大的麻烦。用来引导40英寸望远镜的电脑突然失控，让望远镜、POLISH和强力胶带临时拼凑起来的设施疯狂乱转，险些撞上混凝土地面、金属穹顶或某个敢挡道的人。他甚至无法将望远镜对准太阳，更不用提进行偏振光测量了。帕沃·扎卡利（Pavl Zachary），一位穿着脏兮兮橄榄绿色军装的技术人员，冲进了小控制室，腰间挂着一个吱吱作响的对讲机。"我刚拿了一袋芹菜和几个奶酪泡芙坐下来准备看金星凌日，"他气喘吁吁地说道，"然后有人在对讲机里告诉我斯隆要做点科学研究。那些人真是大胆！斯隆，我们搞定了吗？"

　　"希望望远镜没问题了，"维克托洛维奇一边看着尼克望远镜，一边说道。望远镜现在开始向着地面旋转，似乎想要看一眼地球的核心，或者是地球另一面的马达加斯加。还有10分钟金星凌日就要开始了。

　　扎卡利开始在望远镜的电脑上紧张工作，一个个重启望远镜的组件，并不时爬上穹顶看一下结果如何。

　　"运气不佳，但是已经不错了，"劳克林开玩笑道，试图帮精神不振的维克托洛维奇鼓劲。"至少你不是勒让蒂尔！你没有得痢疾，财产也都还在。你也没被法律宣布为死亡。"

　　"没错，"维克托洛维奇苦笑着说，"我没有得痢疾，我也没有死。但是我估计到2117年我就会死了。"

　　"它绕过了软件的限制，这有点吓人，"扎卡利说道，"我从没见过这种情况。我们的自动望远镜甚至找不到太阳在哪。我们可能要从故障报告里找找线索了。在这种时候我总会庆幸自己不是在核电站工作。"他挠着头，说道："斯隆，你准备好听真正的坏消息了吗？"

　　"当然。"

　　"副台长为了观测这次金星凌日也来到了山上。"

　　"哦，哦，不！"维克托洛维奇向我看了一眼，然后解释道："他到哪，哪就会出问题。他人不错，但是似乎会给天文台带来坏运气。"

　　"糟透了的运气，"扎卡利从穹顶里大声地说道，尼克望远镜轰鸣的液压机让他的声音不甚清楚。

　　随着望远镜移动时的警报声，维克托洛维奇紧张地用手指敲着桌子。他看着附近打开的笔记本电脑，打开了一段由NASA上传的夏威夷莫纳克亚山凯克望远镜的影像。画面中先是三位因山顶低温而瑟缩着的转播员，随后切换到望远镜观察到的太阳的影像，太阳因为滤镜而变成红色。太阳的边缘出现了一个黑色的弧形，弧形逐渐扩大，就像蠕虫在啃食苹果。金星开始进入太阳前方。维克托洛维奇下颌上的肌肉在扭动着，尽管控制室里吹着冷气，一滴汗还是自他太阳穴滑下。从穹顶打开的缝隙中可以看到蓝天，下面是散乱摆放着的望远镜。云层消散了。维克托洛维奇叹了口气，咒骂着从包中拿出一个火鸡肉三明治，就着苦涩的无奈吃下。

"即使是副台长在，这似乎也太过分了，"维克托洛维奇边吃边说，"这就像望远镜发疯了一样，也许那个得了痢疾的法国佬的鬼魂想把它传染给我们。"

"我想望远镜应该情绪比较差，需要到处走走来冷静下来，"扎卡利说道，"别灰心，斯隆。我们来帮它恢复正常。"

劳克林和我暂且告辞，我们来到停车场，在突然放晴的天空下观察金星凌日。当我们离开时，我瞥了一眼笔记本电脑上来自莫纳克亚的影像。维克托洛维奇垂头丧气地看着屏幕，慢慢地咀嚼着另一个火鸡三明治。之前虫蚀般的弧形现在已经变成了正圆形的弹孔——金星已经完全进入了太阳内，刚刚进入的时间段已经过去了。

我们走到了太阳光下，明亮的阳光似乎完全没有因金星的阴影而有所折损。我冒险快速地瞥了一眼头上耀眼的太阳，但它看起来就和往常一样。天空中仍然点缀着积雨云。每当某团云朵挡住太阳，聚集的人群中就会发出一阵轻轻的哀叹，当稍后云朵离开、太阳重现时，人群又会传来一阵欢呼。在地球的自转将太阳和金星凌日的结尾部分带入地平线之下前，还有好几个小时。维克托洛维奇最终放弃了，他离开尼克望远镜所在的穹顶，加入了我们。我们轮流使用附近的一架小望远镜观察金星凌日，注视着以几乎无法感知的速度缓慢移动的金星剪影，以及附近的太阳黑子。我们几乎没有说话。我们都意识到每看一眼，这段经历就会更加接近尾声，而在我们的一生中，这种景象不会再出现了。沉默因此越来越凝重。当夕阳西沉、夜幕将至时，山上吹起来寒风。劳克林向大家告辞，我们随后开车返回圣克鲁兹。

当我们沿着蜿蜒的盘山公路下山时，劳克林说金星凌日着实让他吃了一惊。他原本认为它会像几年前观察过的日全食一样。

"那时我刚好在一艘驶离墨西哥巴哈（Baja）的船上。当时是7月份，但是当全食前大概10分钟，随着月亮挡住越来越多的太阳光，感觉每过一秒，空气就会明显变得更冷一些。太阳变成新月形时，视觉效果非常震撼。所有东西似乎都在游动，影子全都变成新月形，而光线似乎锐利而棱角分明。我抬起头，看到阳光穿过上层大气对流单元时投下的影子在天空中飘荡。我向脚下的海面上看，日食的影子正以难以置信的速度扫过海面，向我奔来。然后月球完全挡住了太阳，从月球的山峰和峡谷间透过的阳光在天空上画出一个钻戒形。日冕喷薄而出，摇摆着发出耀眼的白光。我可以看到沿着黄道分布的行星——水星、金星、火星和木星。整个太阳系就在我眼前呈现，而猎户座就在头顶正上方。每个人都大喊大叫。这完全是发自内心的纯粹的喜悦，就像橄榄球赛中看到一个精彩的达阵得分一样。日食大概持续了7分钟，随后很快就消失了。你根本没有时间深思，这一切就像坐云霄飞车。

"而金星凌日就截然不同了，"劳克林继续说道，"当它开始时，每个人都在来回奔走，情不自禁地想要一睹为快，称赞它的壮观。但是金星凌日会持续几个小时。人们会安静下来，有充足的时间去反思，这段时间中，让人们对宽广而宏伟的宇宙中微小一隅的地球有了更加深刻的感知。"

我问劳克林，他在山顶漫长的沉默中反思到了什么。

"金星凌日，"他说道，"一颗类地行星挡在其恒星前的这段时间。它提醒我，在宇宙漫长的历史中，只有短暂的一瞬间，在类似于太阳的恒星周围，会有一颗表面有液态水的行星环绕。而我们正在这颗星球上，置身于地球历史上这一意义深远的时刻。在这一刻，一个重大的地质年代接近尾声，另一个属于我们的年代即将开始。我无法准确地预测在这两个年代间的过渡期中会发生什么，但我认为我们不会悄无声息地消失。无论人类能够产生什么样的影响，我们都还远没有到达人类影响力的顶点。"

第六章 大图景

闹钟在5点45分将麦克·亚瑟（Mike Arthur）叫醒。他揉了揉眼睛以赶走睡意，拖着脚步走进了他两层白色农舍的厨房，煮了一壶咖啡。亚瑟走向一扇窗户，看了看窗外的山谷，扫视了一番窗外的26英亩（158亩）牧场和林地。他和他的妻子珍妮丝（Janice），以及两个上大学的女儿一同照料这个农场。山谷中还是一片漆黑，还要一个多小时，第一缕阳光才会照在长满落叶松的山顶。农场笼罩在一片寂静之中，只有一条小溪的水流声穿过农场周围的树林传来。山谷中清晨的静谧，并未被汽车、飞机、电视或收音机的噪声打破。这份宁静看起来不像是2011年10月份，而像是很久很久之前，远在钟表、日历甚至人类出现之前。

咖啡机发出滴滴声，咖啡煮好了。亚瑟离开窗户，倒了一杯咖啡，把它放在柜台上晾凉。他穿上工装裤，披上了一件夹克。亚瑟年轻时常在加州冲浪，练就了宽阔的胸膛和结实的臂膀，当他移居宾夕法尼亚州的农场后，身材不减当年。当他走出屋外，亚瑟发现秋日的空气竟如此温暖，他都看不见自己呼出的白气。

亚瑟牵着牧羊犬，走向羊圈，给他饲养的冰岛绵羊添加饮水、更换草料。接下来，他给散养的鸡喂食，并收集鸡蛋。随后，他走进一座小型温室，检查其中种植的有机甘蓝和甜菜，以及一些时令蔬菜的幼苗。他调整了一下通气窗，让更多凉爽的空气自外面流入——今天下午一定又会变得不合时令的温暖，他可不希望作物被烤干了。

回到屋内，亚瑟冲了个澡。随后，他走到浴室的镜子前，在两颊和下巴上涂剃须泡沫，涂在他白色的山羊胡上。他的胡子在下巴下形成一缕，并和鼻子下方的部分连成一副络腮胡子。亚瑟的脸饱经沧桑，长年的户外工作晒红了他的脸，并在上面刻下了皱纹。高高的额头上是一头灰色长发，在脑后扎成一条马尾辫。这些特征，加上他高大魁梧的身形和微微凸起的小腹，让他看起来有点像路过圣莫妮卡（Santa Monica）时的圣尼古拉斯（Saint Nick）。亚瑟一边刮胡子，一边想起了20年前他和珍妮丝刚刚开垦这片农场的时候。和那时相比，交替的四季和温度真的发生了变化吗？这一点毫无疑问：此前分明的春季和秋季现在似乎更加短暂，取而代之的是漫长炎热的夏季和温暖短暂的冬季。亚瑟思考着，或许明年他应该冒险将一些耐寒性更强的蔬菜移出温室，给更多娇贵的反季节作物腾出空间，这些反季节作物能在附近的农贸市场卖出高价。他用水洗了洗脸，穿好衣服，大口喝掉咖啡。和珍妮丝吻别后，他发动汽车，向西开20英里（32.2千米）去上班。他在宾夕法尼亚州立大学（Pennsylvania State University）州学院（State College）当地质学教授。

麦克·亚瑟是一位沉积岩地质学家。对他来说，看着岩壁上交替的石灰岩、砂岩、页岩和煤炭岩层，就像阅读用岩石写成的故事。他还是一位地球化学家（Geochemist）。借助一把地质锤，一个标本袋和一点实验室的魔法，他就可以从岩层中解读出消失已久的远古环境在岩层中留下的细微化学信号。他能解读出远古时期的动植物、天气和地理，以及每个地质年代如何兴起、繁荣又最终消亡。这些信息早已湮灭在漫长的时光中，仅在岩屑中留下了些许线索。

亚瑟从其主攻的黑色页岩（Black Shale）形成中，了解古气候和远古时期全球气候的变化。黑色页岩由黏土、泥浆和淤泥在深水中沉积压实形成，因其中富含有机碳而呈现出黑玉般的色泽。有机碳——即构成植物和动物的主要原料——通常在水体中会被很快分解并循环利用。但是当有机质残渣缓慢漂流至深层水体静滞的底部后，阳光和氧气的缺乏使消耗这些残渣为生的生物望而却步。在不受干扰的环境中，一层层富含有机碳的淤泥和泥浆逐渐堆积、压缩并沉入地表深层。在那里，持续的地热将它们加工成黑色页岩。经过热、压力和时间的充分作用，富含有机物的黑色页岩中的部分碳将转化为石油。地热进一步的加热会使石油分解为甲烷及其他多种挥发性有机物，这些物质统称为天然气。对亚瑟来说，世界各地黑色页岩的矿藏就是历史上数次全球变暖的标志：气温上升时，海平面上涨，海洋变深，富含氧气的表层水混合到海底的能力减弱。海底变得缺氧，曾经富有生机的海底生态系统，被富含硫和细菌的黑色淤泥取代。

起初，亚瑟为了研究黑色页岩走遍了全美国和全世界。但是到了20世纪90年代初期，他决定定居在宾夕法尼亚州。在这里，他意识到，他研究黑色页岩以及过去5亿年间地球气候波动所需的关键证据都可以在他的后院，在阿勒格尼高原（Allegheny Plateau）轻松找到。阿勒格尼高原拥有一些世界上最大的黑色页岩矿床。这些黑色页岩和其周围岩石的细节诉说着宾夕法尼亚州远古时代山脉、冰川以及内陆海洋的来龙去脉。

宾夕法尼亚州的岩石同样和我们星球的气候现状和未来紧密相连。势不可挡的气温上升——让冰川和两极冰雪融化，让风暴增强，让动物迁徙模式改变，并让亚瑟考虑改变温室种植作物种类的气温上升——从某种意义上就来自宾夕法尼亚的土地中。温度的增加主要是由于大气层中二氧化碳水平的上升，而二氧化碳则主要来自化石燃料的燃烧。二氧化碳对可见光来说是透明的，但是它可以吸收大量红外线，即我们视为辐射热的光线。阳光穿过大气照射在地球的表面，但是当地表被加热并以红外线的形式向天空辐射热量时，这些热量被大气中的二氧化碳滞留。这就是众所周知的"温室效应"（Greenhouse Effect）的原理。二氧化碳产生的温室效应是地球现在和过去五亿年间气候的主要构建者。人类活动——主要是农业——在数千年间，逐步提高了大气中二氧化碳和其他温室气体的水平，但在最近的一个世纪，随着工业化的繁荣，温室气体浓度的增速骤然提高。这种骤增的根源，大部分就来自斜跨整个宾夕法尼亚州并绵延入周围数个州的阿勒格尼高原的岩石。

地球上目前已知最大的无烟煤矿藏就位于宾夕法尼亚州东北部。这片矿藏于18世纪下半叶被发现，据说是一个猎人在生篝火的时候，意外点燃了附近一块黑色结晶状岩石。到了19世纪中叶，宾夕法尼亚州出产的无烟煤已经取代木柴成为了美国家庭取暖的主要燃料，采煤也成为阿勒格尼高原区域的重要工业。几乎是同一时间，全球石油工业也诞生于宾夕法尼亚州。当时挖掘盐井的工人经常受到地下涌出的黏稠浓厚的黑色"石头油"的干扰。1853年，世界上第一座炼油厂在匹兹堡建成，而美国第一座油井则在1859年于宾夕法尼亚州泰特斯维尔（Titusville）钻探成功。1908年，当亨利·福特（Henry Ford）第一辆T型车（Model T）从密歇根的组装线上成功生产下线时，石油找到了它最成功的应用领域。美国的天然气工业实际上诞生于宾夕法尼亚州州界北面一点点，第一座天然气井建于纽约州弗雷德尼亚（Fredonia），但是贮藏着天然气的黑色页岩矿藏大部分还是位于宾夕法尼亚州境内。

借助丰富的远古时期碳的矿藏，宾夕法尼亚州的经济迎来了繁荣。油井和矿井遍布阿勒格尼高原的岩层，炼油厂、管道和铁路如雨后春笋般在整个宾夕法尼亚州涌现。就像大部分繁荣一样，这场繁荣并不长久。到20世纪初，宾夕法尼亚州油井的出产开始下降，德克萨斯州、委内瑞拉、沙特阿拉伯、墨西哥湾和其他地方新发现的巨大石油矿藏让宾州的油田相形见绌。到了20世纪50年代，尽管阿勒格尼高原的岩层中仍然有丰富的煤矿和天然气，但随着世界工业越来越依赖石油，市场的趋势决定了这些利润稍低的燃料只能被遗忘在岩石中。

在21世纪头十年，宾夕法尼亚州的能源矿藏迎来了复兴。随着易于开采的常规油田出产量达到上限，能源公司开发了新的方法，从此前难以开采的"非常规"岩层中获取更多的石油和天然气。新方法中最成功的当属"水力压裂法"（Hydraulic Fracturing或Fracking），这种方法可将此前无法开采的天然气从深层页岩中压榨出来。当贮藏着天然气的页岩位于数英里厚的岩层下时——阿勒格尼高原正是这种情况——巨大的压力将天然气牢牢禁锢在地下。然而，自钻孔下向地下泵入数百万升掺有化学物质的高压水，将使页岩出现裂隙，再加入掺有沙子或陶瓷微粒的泥浆，裂隙将被撑开。原本禁锢在页岩中的天然气将被释放出来，通过裂隙上涌，回到钻孔后被收集、压缩后出售。

水力压裂法，同时联合在岩层水平方向钻井的技术，为开采阿勒格尼高原最大的黑色页岩矿藏——马塞勒斯（Marcellus）页岩矿——提供了一种崭新的方法。马塞勒斯页岩矿以纽约州北部一座小镇命名。在这座小镇，马塞勒斯页岩矿冒出地表，形成陡峭易碎的含碳岩层。其广阔的矿藏西起纽约五指湖（Finger Lakes），东至俄亥俄州（Ohio）的东半部，南及马里兰州（Maryland）和西弗吉尼亚州（West Virginia）。但马塞勒斯碳资源的核心大部分还是位于宾夕法尼亚州地下1英里（1.6千米）或更深的地方，毗邻美国东北部能源紧缺的大城市。麦克·亚瑟在州立大学的一位同事，地质学家特里·恩格尔德（Terry

Engelder）将马塞勒斯页岩矿水力压裂法的出产速率，和该矿藏的范围、厚度、埋藏深度以及页岩的孔隙度相比，估算出马塞勒斯页岩矿可开采的天然气总储量为500万亿立方英尺（14万亿立方米）。这使马塞勒斯页岩矿荣登全球第二大天然气矿藏宝座，其储量足够供应全美国的能源需求长达20年。

随着恩格尔德对马塞勒斯页岩矿储量的估算流传开，大大小小的能源公司开始涌入宾州，在乡村大量买入土地使用权。一场新的繁荣开始了。一些拥有马塞勒斯出产矿区大片土地的农民一夜暴富。餐馆、汽车旅馆以及其他产业也纷纷出现以满足涌入的工人们的需求。但是这场繁荣也有其阴暗的一面。载重卡车的车轮碾过边远乡村的道路，留下来一道道车辙；森林消失了，取而代之的是停车场大小的混凝土钻井平台和蜿蜒数英里的管道。水力压裂法释放出的天然气也涌入了水井中，人们越来越担心水力压裂时注入的专用化学混合物可能污染湖泊、河流和地下水。公众的反对声浪高涨，特别是在依赖于可能被波及水域的大城市。宾夕法尼亚州立大学敏锐地意识到了其与油气工业历史悠久并获利颇丰的联系，尝试在反对和支持阵营中间保持中立。2010年，州立大学成立了马塞勒斯延伸与研究中心（Marcellus Center for Outreach and Research），以联络州内各方面利益相关者，进一步就开发页岩矿藏的利与弊进行交流和教育，并委派麦克·亚瑟担任中心的共同主席。

在2011年10月那个异常温暖的日子，当亚瑟从他的农场来到大学后几个小时，我和他一同坐在他5层的办公室讨论马塞勒斯页岩矿。他在自己的台式电脑上向我展示了一幅动态地图，图上显示了宾夕法尼亚州境内马塞勒斯页岩矿开采的逐年进展情况。矿藏的范围用黄色表示，几乎覆盖了整个宾夕法尼亚州，每个黑点代表一个新的钻井。2007年时，州内黄色的范围上散布着60个黑点。也是这一年，恩格尔德做出了马塞勒斯储量的估计。2008年，新钻井数跃升至229个。2009年共有685口钻井建成，随后的2010年又建成了1395口。2011年新建成的钻井数达到1920余口。在亚瑟的电脑屏幕上，黄色底色的宾夕法尼亚州地图上密密麻麻地布满黑点，看起来颇像一片瑞士奶酪。

我请亚瑟向我简要地介绍，这些能源和碳元素，是怎么出现在宾夕法尼亚州地下1.5英里（2.4千米）处的。他指向地图上宾夕法尼亚州的东南部。在那里，标记成黄色的区域中有一道呈弧形的灰色褶皱地区。在这片灰色的褶皱区域没有一口钻井，因为其下方几乎没有页岩。这里就是阿勒格尼山脉，阿巴拉契亚山脉（Appalachian Range）延伸至北方的分支。地质学家认为阿勒格尼山脉形成于2.9亿年前的阿勒格尼造山运动，地球构造板块运动中一个微小的事件。构造板块运动缓慢地将欧洲、亚洲和非洲推向现在的北美洲，并将于数亿年后形成名为"盘古大陆（Pangaea）"的超级大陆。阿勒格尼山脉曾经很可能像落基山脉（The Rockies）或阿尔卑斯山（The Alps），甚至喜马拉雅山脉（The Himalaya）一样高，但是数亿年的风雨侵蚀将其变成了如今平缓起伏的山脉。亚瑟介绍道，在阿勒格尼地表褶皱之下，还有数层连续的古老山脉的遗迹，每一层都与远古时期的某一次造山运动和板块碰撞相关。其中一层与近4亿年前的阿卡迪亚造山（Acadian Orogeny）运动相关，正是处于泥盆纪（Devonian Period）中期的这次地质运动，为马塞勒斯页岩矿的诞生奠定了基础。

泥盆纪中期的绝大多数时间，全球气候十分温暖，两极冰盖因此融化。冰盖融化产生的水形成了分布于北美大陆内陆地区的浅内陆海。现在宾夕法尼亚州的大部分地区在那时是平坦的水底。那时的宾夕法尼亚州尚在热带纬度，大陆漂移尚未将其向北带到今天的位置。浮游植物、鱼类，以及长得像枪乌贼的鹦鹉螺目生物在珊瑚礁及海绵间繁衍生息。当它们死亡时，其富含钙质的身体、骨骼和外壳沉积于海床下数十英尺处厚厚的石灰泥层上。这些遗骸逐渐硬化，变为碳酸钙的岩层——也就是石灰岩。再向东方是一片大洋，但还不是大西洋。它被称为古特提斯洋（Paleo-Tethys），它此后将被板块碰撞抬升起的陆地封闭并逐渐消失。东方的水平线上开始出现岛链，这些板块运动的先头步兵预示了阿卡迪亚造山运动的来临。在此后数千万年间，这些岛链逐渐逼近大陆并与大陆发生碰撞，在大陆上缓慢地抬升起山脉，就像在光滑的瓷砖地面上推动毛毯形成了褶皱一般。在日后将形成纽约州、新泽西州、马萨诸塞州、特拉华州、新罕布什尔州、马里兰州以及宾夕法尼亚州东南部的大陆上，一道道山脉拔地而起。海底平坦的石灰泥表层，因受到周围山脉重量的压迫，以每一千年数厘米的速度向下沉降了近700英尺（200米）。最终，海床沉降过深，给海底带来生机的阳光无法穿透厚厚的海水，海底生态系统遭到灭顶之灾。藻类、浮游植物和当时还很罕见的鱼类，是开放的表层水域仅存的生物。在这片漆黑深邃的内陆海底，马塞勒斯页岩诞生了。

　　"想象一下这片内陆海，被至少1英里（1.6千米）高的群山环绕，几乎与大洋隔绝，"亚瑟说道，"山脉形成了自己的气候，同时又被慢慢风化，这被称为地形效应（Geographic Effect）。山脉将气团抬升，形成了如雨点般落在山顶上的风暴。侵蚀作用将大量沉积物和营养物质冲入水中，包括铁、铜、锌、磷、钼等。这些流入的营养元素大大提高了藻类和浮游植物的生产能力。它们繁荣地生长，死亡后在海底被分解。分解过程消耗大量的氧气，远超过深海中产生及循环而来的氧气。这对已经生活在海底的厌氧硫酸盐还原菌来说真是天大的好消息，氧气对这些细菌来说无异于毒药。它们是地球上最古老的生物之一，在大气中有丰富氧气的时代之前就已经存在。不过，这些细菌会释放出硫化氢，而硫化氢对其他几乎所有生物都是有毒的。所以这些细菌真的毁灭了海底生态系统中残存的部分。在此之后，任何沉积至海底的有机质，都已经没有生物可以分解并回收其中的碳了。海底的环境塑造了细菌，细菌又反过来塑造了环境。这种共同演化造就了马塞勒斯。"

在两百万年间，细小颗粒——不可胜数的数万亿微小生物的尸体——持续地沉积至缺氧的海底，形成了一层又一层原始的有机碳。最终海床上沉积物的重量与周围山脉的重量达到平衡，海床不再沉降。山脉受侵蚀产生的沉积物仍在不断流入，沉积于厚厚的黑泥之上，将整个海洋积攒的有机碳埋藏起来。最终，这些沉积物堆积了足够高，将海床又抬升至能够接受到阳光的深度，于是富氧清澈水域的生态系统得以恢复——但也只是短暂地恢复。此时，内陆海已几乎被沉积物填满并与大洋完全切断，巨大盆地中残余的海水逐渐被蒸发。又过了几百万年，周围的山脉已经被侵蚀到了山脚，将日后成为马塞勒斯页岩矿的岩层进一步深埋。

将马塞勒斯页岩矿形成的过程从其所在的远古环境剥离开，剩下的部分让我感受到了令人恐惧的熟悉感。能源和营养自新的来源流入一个孤立的群体，这个群体迎来繁荣并盲目地扩张，时不时地因为超过环境的承载能力而出现崩溃。现代钻机粉碎岩层，开采出这种"繁荣与毁灭"的周期中留下的远古生物尸体演变成的碳，为现代社会带来繁荣。这突然听起来就像"繁荣与毁灭"周期的回声，又像历史在更大的尺度重演的预兆。

但是，这些创造了马塞勒斯的变化——陆地的碰撞、山脉升起又被侵蚀、整个海洋被填埋——与几乎同时在全球范围内发生的剧变相比起来仍然相形见绌，亚瑟解释道。他说，马塞勒斯是世界上最后一个几乎不含陆地植物残骸的主要黑色页岩矿藏。当山脉在那片无名的海洋周围崛起时，它们很可能是光秃秃的。当如发辫般交织分叉的河流自陡峭的山坡上奔流而下时，它们所流经的土地除了零星的苔藓、地衣和真菌外没有任何植被。在3.9亿年前的那个时间点——这个时间点距离现在如此遥远——地球已经存在了超过40亿年了。而在这40亿年间，地球的陆地上未曾有过哪怕一片绿叶。

"那是一个过渡时期，维管植物（Vascular Plants）刚刚开始登陆这片土地，"亚瑟告诉我，"它们开始在马塞勒斯的黑色页岩上突然长出来。随着页岩岩层越来越年轻，可以观察到越来越多陆地植物的证据。如果你观察一块泥盆纪晚期的岩石，你可以看到陆地植物的化石。它们似乎最初在河岸和海岸线上生长，还没完全进入远离水源的地带。这有点酷。"

两个进化上的革新让植物得以占据陆地，而二者全都和水分的吸收和运输有关。陆地植物"维管束化"，发育出从土壤中汲取水分和养料的根系。同时，它们开始使用木质素（Lignin）作为构建自身的材料。木质素是一种富含碳的大分子，质地坚韧，足以承受水的重量。维管束化且富含木质素的植物开始在各片大陆上繁衍生息。它们让地球的光合作用生产力翻倍，并极大地改变了地球的碳循环。生命和其所在环境再一次在一个足以改变世界的强大正循环中相互改造。

当陆地植物死亡后，其叶片、茎干、根中所含的坚韧的木质素不会轻易被分解。当这些植物来源的碳被洪水和沉积作用掩埋后，就会被禁锢于地下数亿年。随着埋藏深度和时间的增加，这些植物的残骸逐渐转化为泥炭，随后转化为褐煤，最后变为煤炭。这个过程在泥盆纪之后长达6千万年的地质时期中达到顶峰。在这个过程中，大量固定于木质素中的碳被埋藏并转化为煤炭，形成了遍布全球的煤矿矿藏，其中就包括宾夕法尼亚州及周围阿巴拉契亚山脉区域各州的无烟煤田和大煤系。地质学家顺理成章地将这个地质时期称为"石炭纪"（Carboniferous Period）。

回到泥盆纪晚期，原先禁锢在二氧化碳中的氧现在逐渐在大气中积累，氧气的含量很可能达到了现在的两倍。大气中氧气含量的提升，恰好与昆虫和两栖类首次离开水生环境，开始在陆地上飞行、爬行和行走的时间点吻合。在宾夕法尼亚州或其他地方，这些昆虫和两栖类的化石遗迹经常可以在泥盆纪晚期的"红层"（Red Beds）中发现。红层是富含铁的沉积岩，当其与大气中的氧气充分接触后，就会变成锈红色。高氧气含量，加上丰富的陆地植物作为新的燃料，泥盆纪时期野火的频率和严重程度大大升高。这些野火可能促进了脆弱的孢子向坚硬的种子的进化，这些种子能够在火灾期间和之后承受高温度、低湿度的条件。种子的出现，让植物得以离开湿润的海岸和低地，进入更为干燥的高地环境。地球的山脉和内陆历史上第一次被绿意覆盖。

陆生维管植物的高度繁荣，导致了泥盆纪晚期和石炭纪早期大气中大量的碳被固定，大气中二氧化碳的含量直线下降。温室效应的减弱仅仅让全球气温下降了几摄氏度，但这看似微小的改变却足以让整个世界进入漫长的冰期。夏天变得凉爽，温度不足以融化前几个冬季的积雪，冰盖因此开始在两极地区形成并不断增大。广阔的亮白色冰川与深色的陆地和海洋相比，能反射更多的太阳光至太空中，这使得气温进一步降低。平均每隔几万年左右，冰川就会从两极前进至低纬度地区，将大量的海水封锁在冰盖中，这使全球海平面降低，并使气候变得更加干燥。每当这种时期来临，原本居住在极地和温带的陆生物种就会被高达2.5英里（4千米）的冰墙驱赶着向热带地区迁徙。海平面的下降会让原本生机勃勃的大陆架暴露于空气中，破坏海洋生态系统。但是最终冰川的前进总会停止，冰墙将会退回两极。在间冰期（Interglacial Period），海洋和陆地生物将再次迎来繁荣。

在整个石炭纪和随后的地质时期——二叠纪（Permian）的大部分时期，地球的冰盖持续存在了一亿年之久，并不时从两极继续向外延伸。在距今大约2.6亿年前，随着火山活动的增加和海洋对二氧化碳的吸收减少，大气中二氧化碳含量迅速恢复到了泥盆纪中期水平，这些冰盖终于完全消融。直到距今3500万年前，两极地区才会再次出现大量冰层。距今250多万年前，当海底火山喷发形成巴拿马地峡并将北美洲和南美洲"缝合"在一起时，新的海洋和大气循环模式让全球气温进一步降低，两极的冰盖才得以向外扩张。这个事件发生于第四纪（Quaternary Period）伊始，而在这个地质年代的末尾出现了解剖学意义上的现代人类。因为南极大陆和格陵兰岛仍处于冰封状态，技术上讲自从第四纪开始直至今天地球一直处在冰期之中。人们直到最近才认识到，这可能是一种值得关注的事态。两极的冰盖，尽管在整个人类历史中都一直存在，在整个地球的历史上实际上相当少见。就地质学家所知，在地球45亿年的历史中，冰盖覆盖两极地区的时间总计仅为6亿年——这还不足目前为止地球寿命的八分之一。

在眼下这个冰期中，冰墙曾多次自北极一直南下至现在的多伦多、纽约和芝加哥，最南曾到达宾夕法尼亚州北部的大部分地球。这些冰川造就了哈德逊湾（Hudson Bay）和五大湖（The Great Lakes），并在其边缘留下了冰碛——一大片支离破碎的陆地，并形成了类似今天的长岛（Long Island）和科德角（Cape Cod）的地方。这些冰川最终在距今约1万2千年前向两极后退，这是一个我们称之为"全新世（Holocene）"的间冰期的开始。农业、城市、商业、工业、科学和技术的兴起，组成人类文明并编织了人类历史，全都出现在这个异常温暖而稳定的全新世间冰期，它就像一个长达1万2千年的夏天。

沉积岩及海水同位素分析中，可以找到冰川前进和后退的证据。但是气候波动最可靠的证据来自冰川内部，它们就是被密封在冰川气泡中的远古空气。从正在融化的冰川提取的冰芯中可以发现这些气泡，当这一小股空气被困在新下的雪中并最终变成冰川的一部分后，它们就像对遥远过去某一天的大气的一张快照。最古老的气泡可以说是陈年珍宝——详细的分析显示它们形成于大约80万年前。总的来说，这些气泡中的空气记录了过去一百万年间大部分时间里地球大气成分的变化，远比现代人类登上地球舞台的时间要长。这些气泡清晰地展示出了温室气体水平和冰川作用的关系：当冰川前进时，在气泡中密封的每一百万个气体分子中，大约有200个为二氧化碳分子；当冰川后退时，冰川里密封的气体中二氧化碳含量上升至大约300ppm（Parts Per Million，1ppm即为100万分子中有1分子某种特定物质。）

自从大约公元前1万年，即全新世初期最后一次冰川后退开始，大气中二氧化碳的平均含量稳定在275 ppm左右。冰川冰芯显示这个值自19世纪初开始攀升，那时世界人口刚刚达到10亿。这并非巧合，而是因为那时社会正要进入工业革命，为了驱动新近商业化的蒸汽机，人类将大量来自远古时期的煤炭作为燃料燃烧。自从那时开始，随着人口的激增和技术的普及，二氧化碳含量持续大幅上升。到1950年，地球人口达到25亿，大气二氧化碳含量已超过300ppm——目前认为，这个水平近似冰期能够继续的最高二氧化碳含量阈值。到1980年，世界人口达到45亿，而大气二氧化碳含量为340ppm。

到2000年，随着世界人口超过60亿，二氧化碳含量升至370ppm，并以每年2ppm的速度上升。诺贝尔化学奖获得者，大气化学家保罗·克鲁岑（Paul Crutzen），已经无法说服自己，现在人类还生活在全新世。他此前的工作阐明了人工引入的气体——被称为氯氟烃（Chlorofluorocarbon）的人造制冷剂——的微量排放是如何在20世纪后半叶将地球大气层中起保护作用的臭氧层侵蚀出巨大的破洞，他因此获得了1995年诺贝尔化学奖。克鲁岑相信，臭氧空洞只是一个更大趋势的冰山一角。在发动机和涡轮机的帮助下，在化石能源和石化肥料的推动下，人类霸占了地球上大量的能源和养分流，将其用于新的目的并改变了全球地球化学。其带来的经济社会增长是指数式的，并且注定是短暂的——至少在人类局限于单个行星的当下是如此。地质史上最黑暗的篇章开始在他的脑海中回响。

在克鲁岑眼前，世界被改变的证据比比皆是。从正在消散的平流层臭氧、正在融化的极地冰雪以及正在解冻的冰原冻土层中，克鲁岑都能找到这种证据。迁徙动物和开花植物的季节规律被改变，"百年一遇"的风暴、干旱、热浪如今几乎每隔几年就会出现，浅海海水升温杀死了大片珊瑚，以及被砍伐的森林、被大坝阻断的河流、径流淤塞的小溪，这些现象的背后都能瞥见人类的踪迹。责任心驱使克鲁岑和水生生态学家尤金·斯托莫（Eugene Stoermer）共同撰写了一篇颇具影响力的论文，宣称我们新近开发利用的行星能源已让我们处于一个全新的地质时期。在这个"人类的新时代"，也就是"人类世"（Anthropocene）中，人类的统治改变了天空和海洋，甚至改变了岩石，让其成为我们时代的无声证言永久留存下去。

在未来的数百万年中，只要暴露出一块正确的岩壁，即使用肉眼也能看到全新世-人类世过渡期留下的地质证据。此前白色的碳酸盐沉积物沉积到海床，变成石灰石和白垩；现在饱含二氧化碳的海水变得更酸性，海底只能沉积下不含碳酸盐的黑色黏土和淤泥。如果大气中二氧化碳含量继续攀升，富含碳的黑色页岩将迅速地再次进入地质记录，因为温度和海平面的上升将再次让大片海底深处变成缺氧状态。但是，我们无法预言此后发现了形成于人类世的新页岩的某种生物，会不会像我们一样开采并燃烧其中贮藏的石油和天然气，并建立起一个遍布全球的技术文明。全新世-人类世过渡期的化石会记录下全球范围内的生物大灭绝，这将是地球历史上的第六次。在这次大灭绝中，数千万年时光孕育出的物种丰富的生态系统将突然间不可挽回地消失，并被整齐划一的农田取代。未来的古生物学者可能在全新世的较上层的化石层发现变成岩石的珊瑚礁和变成碳的两栖类；而在人类世的较下层地层可能会出土更多的玉米棒子、牛骨头和石化的油棕榈，或许还有种植并喂养了这些生物以满足自己欲望的人类的遗迹。非常罕见的情况下，可能还会发现某种扭曲奇异、散布着生锈金属的岩层会——这是某座被古代的大河所淹没并被沉积物掩埋的沿海城市的遗迹。如果你希望自己成为未来某片破碎岩壁上的一块化石，把自己埋葬在缓慢下沉的新奥尔良市的密西西比河三角洲将是不二选择。

2011年10月底，当我和麦克·亚瑟在他的办公室会面时，大气的二氧化碳含量是390ppm，并且还在不断上升。根据联合国的估计，可能几天之后，当某个婴儿在东南亚某处出生时，全球人口将达到70亿。类似的估算表明，人口将在21世纪后期达到100亿。如果技术和商业的全球普及继续下去，未来人口中的很大比例将寻求类似于当今大多数美国人的生活方式。他们希望燃烧煤炭的火力发电站在轻触开关之间送上电能，希望无所不及的高速公路和民航航班，希望每个车库都有一辆汽车、每个客厅都有一台平板电视，希望有廉价的智能手机和个人电脑，希望每餐都有肉，希望生鲜产品可以跨过半个地球来到他们的餐桌。但是除非现在世界的能源体系能够以难以置信的速度摆脱对化石燃料的依赖，否则这些期望都将不断提高二氧化碳含量，超过500ppm，达到1000ppm甚至更高——其灾难性后果可想而知。地球的平均气温将上升5到10摄氏度，两极地区的冰雪将完全消失，因此上升的海平面将淹没沿海数百千米的陆地，这仅仅是最直接的结果。那时的地球将更像三叶虫或恐龙统治时期的炎热世界，而不是此前孕育人类文明的清凉而平和的世界。在这样一个"发烧"的未来，无论是个人还是整个社会，都将不得不挣扎求生。

上述事情是不是真的会发生，很大程度上决定于我们怎样以及何时开发利用马塞勒斯页岩或其他的天然气页岩。

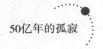

　　"作为一个科学家，我试图客观地基于数据，权衡取舍后再得出结论。"亚瑟说，"数据告诉我们，我们燃烧化石燃料产生的温室气体正在给这个世界带来巨大的影响，这是毫无疑问的。同样是产生一个单位的能量，天然气燃烧所产生的二氧化碳，比石油要少30%，比煤燃烧要少40%，这也是无可争辩的。在美国，一半以上的电力是由燃煤电厂产生的。人们总说要转而利用完全的'清洁能源'，但实际上并没有这种东西。挖煤这件事从根本上对于环境就是有害的。人们还讨论从玉米或甘蔗中获取乙醇，那纯粹是胡说八道，不知道谁在挂羊头卖狗肉。而天然气是真货，价格便宜，又是最干净的矿物燃料，如果我们将燃烧的煤大量替换为天然气，不仅可以减少二氧化碳，还可以减少汞、一氧化二氮、二氧化硫和悬浮颗粒的排放。我们还可以让汽车燃烧天然气，这并不是什么难事，可以进一步减少排放量，或许可以算是两害相权取其轻。但是，当我注意到可用的（天然气页岩）绝对量时，不禁产生了担忧。"

　　马塞勒斯页岩只有大小是独一无二的。在全世界的各个大洲，都能找到与它类似的黑色页岩，每一个都是过去那个比现在更加温暖潮湿的地球留下的回声和迹象。在美国的东北部，马塞勒斯的正下方，有一个位置更深、更古老的尤蒂卡（Utica）页岩。加拿大、墨西哥和阿根廷也有丰富的天然气页岩。在澳大利亚、中国、印度，以及欧洲的许多国家也都能找到，例如俄罗斯、波兰和捷克共和国。在非洲，从北部到南部都有天然气页岩分布。天然气页岩的储量如此丰富，几乎可以单方面地扭转许多发展中国家的命运，带来经济的繁荣，拉动消费，同时带来大量的温室气体排放。而在那些已经过度依赖于古代碳能源的发达国家，在人类世化石燃料的繁荣即将走向尾声之时，天然气页岩可能会是他们能够找到和抓住的一根救命稻草。

　　亚瑟低头看向他的桌子，上面散落着一大堆摇摇欲坠的论文、地质剖面的图表和地层厚度的绘图，这是科学家们试图打开来自地球的包裹在岩石中的礼物时产生的碎屑。他短暂地闭上了眼睛，抬起手摸了摸自己的额头，仿佛想要挡住正全速驶来的一整列火车的头疼。

"我想我们迟早会将地球上大部分的天然气页岩都开采出来，全部烧光，"亚瑟总结道，"有的人认为，这会使得我们向其他可选能源方案转型的过程变得轻松一些。但我认为这可能反而将其他能源方案扼杀掉。目前这个国家大部分保守政客的观点是，嘿，既然现在有这么多气体页岩，为什么还要耗资去开发太阳能、风能之类的可再生能源。'往下钻，宝贝，继续钻'，对不对？好吧，我们先假设对气体页岩再生速度的最乐观估计是正确的，并且美国出于某种原因将马塞勒斯作为唯一的能源库。按照目前的消耗速度，只需要20年的时间我们就会将其消耗殆尽。或许它可以撑得更久一些，达到十倍的时间，也就是两百年，或者更长时间。此时此地，似乎看上去还能撑挺久的，但是记住，马塞勒斯页岩是经过了200万年的时间沉积而成。从地质学角度上讲，这个速度已经很快了，但是对于人类而言，这个过程漫长得无法想象。人类如今在如此巨大的时间尺度上影响着这个星球，但是我们似乎不太擅长对此精打细算。我们身处危机之中，忽视了历史的教训和未来的前景。"宾夕法尼亚的岩层中，记录着大约5.42亿年前的寒武纪（Cambrian Period）的开端，而寒武纪则代表着跨越5亿年时间持续至今的显生宙（Phanerozoic Eon）的开端，地质学家可以在其中发现许多复杂生物的化石。"显生（Phanerozoic）"是一个希腊语名词，可以简单地翻译成"可见的生物"。这个时代，生物第一次出现了壳和骨架，这些结构更容易在岩石中保存下来。广为人知的"寒武纪生命大爆发（Cambrian explosion）"中，生物多样性激增，而身体坚硬结构的出现只是其中一部分。在仅仅500万到1000万年间，几厘米大小的生物已经屡见不鲜，生物的生理结构开始进化出了脊髓、口咽、鳃和消化道等基本结构。目前地球上的几乎所有生物，其身体结构都能追溯到这一次生命形式极大丰富的奇妙过程。再将目光向过去扩展个几千万年，我们会找到蠕虫和水母等生物，以及神经、肌肉、眼睛，以及辐射对称或左右对称等特征第一次出现的证据。在此之前，地球的漫长历史中，这个星球上只有原核生物，也就是不具有真正细胞核的单细胞微生物。

几十年来，科学家们致力于研究这个已经消失殆尽的陌生的"前寒武纪"是一个什么样的世界，又为什么突然发生了改变。在前寒武纪形成的岩层中可以找到一些线索，大部分证据提示，在某个时机，生命及其所在的环境之间发生了某种强有力的作用，使得世界发生了不可逆的改变。这个古老谜团的确凿证据正是你现在呼吸的空气，在远古地球的快速转型中起到核心作用的——大气层中的氧气。

由于前寒武纪离我们的时代已经太遥远，其研究必然困难重重。一块岩石形成的时间越早，越可能在过去的某个时间点被融化或烧灼，使得它可能包含的任何关于过去的事件或环境的信息被销毁殆尽。前寒武纪共包含了3个完整的宙（Eons），如果算上我们的太阳系从气体和尘埃组成的原始星云中产生的混沌宙（Chaotian Eon），一共是4个宙。在混沌宙之后是冥古宙（Hadean）。大约45.3亿年前，冥古宙开始于形成月球的大撞击，持续大约7亿年后结束。对于冥古宙我们几乎一无所知。地球自形成之初就在不断冷却，可想而知一开始温度是很高的。在非常稀少的冥古宙岩石中，我们发现了液态水存在的微末痕迹，证明即使在那个时代，地球的表面可能也有着零散分布的海洋。冥古宙和接下来的太古宙（Archean Eon）之间的分界点不太明确，以大约41到38亿年前发生的"晚期重轰炸（Late Heavy Bombardment）"作为其大致分界。当时太阳系中的巨行星似乎将大量的小行星和彗星抛入了内太阳系，这场大撞击结束了冥古宙，开启了太古宙，同时开启了地球的沉积岩记录。任何形成于冥古宙的沉积岩，以及其中可能存在的冥古宙生物，都没能逃过地壳粉碎和行星上水的瞬间沸腾。在太古宙的岩石中，科学家们才找到了最早的生命存在的证据，以及地球逐渐变成我们现在认识的形态的开端。

太古宙早期的岩石中，可以发现海洋、成熟的板块和正在逐渐形成中的大陆存在的证据，以及由可以进行光合作用的微生物所产生的少量有机碳。但是，从这些岩石无法找到大气中存在氧气的明显痕迹。太古宙的地球是一个荒凉之地，天空中密布着缺氧条件下产生的有机气体，如烟雾一样笼罩着阴沉的大地。主宰这片大地的生物可能是一大类被称为"产甲烷菌（Methanogens）"的原核生物，它们能够通过化合氢气和二氧化碳来获能并产生甲烷。甲烷是一种温室气体，保存热量的能力比二氧化碳更强。由产甲烷菌和其他厌氧微生物统治地球的幽暗时代持续了大约十亿年。如果不是一种新生命形式——光合蓝藻——的突然出现，可能还会持续更长的时间。

在太古宙后半期的岩石中首次出现了蓝藻，这种海绿色的原核生物出现后深刻地改变了世界，就像泥盆纪的植物或者全新世的人类一样。蓝藻塑造了接下来地球上所有生物的进化方向，并且确定了前寒武纪的最后一个宙——元古宙（Proterozoic），也就是显生宙前持续大约20亿年的"早期生命"阶段。在此前的数十亿年间，地球上的光合作用生物利用阳光，从氢、硫、铁和多种有机分子中获取化学能量，而蓝藻不同，它进化出了一种新的代谢途径，能够利用阳光分解水，而水远比其他的物质更为丰富、能够提供更多的化学能量。这个新代谢途径的出现，似乎是进化过程中的一次偶然事件，就科学家们所知，在地球历史的漫漫长河中仅仅发生过一次这样的事件。这种代谢途径中最重要的革新就是叶绿素的出现，这是一种特殊的吸收光线的绿色分子。此前更古老的光

125

合色素大部分是粉色或紫色的，而叶绿素与之相比，能够更加高效地吸收阳光。光合绿藻利用叶绿素将阳光导入水分子并使其分解，然后将产生的氢与二氧化碳合成糖类，并排出剩下的部分——氧气。光合蓝藻还具有一种罕见的能力，能够从空气中分离出化学惰性的氮气，整合到构成DNA和蛋白质的生化组件中。有了自己为自己合成养料的能力，只要有水、二氧化碳和阳光存在的地方，光合蓝藻就能够独自繁荣壮大，并准备占领世界。太古宙晚期和元古宙早期的岩石显示，它们的确做到了，光合蓝藻在开放的海洋中繁荣生长，在浅滩和海岸线上形成密集的群居垫。

到了24亿年前，地球的新主人（光合蓝藻）产生了巨大量的氧气，开始使得这个星球发生不可逆的转变。溶解在海水中的铁原子被氧化而固定下来，沉淀到海底形成厚厚的含铁泥浆，在未来的某一天将变成发动机的缸体、摩天大楼的梁柱和战舰的外壳。早期，大部分的氧气被有机碳、火山活动产生的挥发性气体和海洋中的锈化过程消耗掉。被氧化的物质沉积到海洋的底部，在全世界的海洋中形成稳定的分层结构，类似这样的海洋环境将在很久以后形成马塞勒斯的黑色页岩。到底是什么样的关键因素导致了地球化学的转变，使其不再将所有剩余的氧气进行结合？科学家们至今争论不休，但是无论原因如何，产生的结果是显而易见的：经过了几亿年的时间以后，绝大部分的海洋已经被氧气饱和，于是氧气逸散到了大气层中。在上层大气中，氧分子聚集在一起，形成了一层臭氧，可以吸收大部分阳光中对生物有害的紫外线辐射，远远地保护着地球表面的生物。

氧气含量的上升，是这个世界第一次的大型污染危机，远比人类发明内燃机和排放氯氟烃的冰箱要早。尽管新形成的地球臭氧圈是有益的，但对于在太古宙出现并繁荣生长的厌氧生物圈而言，地球的氧化过程无疑是一场生态浩劫。对于这些生物而言，化学活性极强的氧气具有可怕的毒性。随着氧气在地球上的弥漫，不计其数的微生物种消亡，大部分幸存下来的厌氧生物隐藏到日光不可及之处，一开始是黑暗的海洋和湖泊深处没有氧气的泥土中，很久以后，又进入人类等高级动物的消化道中，那里的氧气浓度很低。时至今日，厌氧菌也主要在这两个地方蛰伏。氧气的出现，也差不多意味着产生它的光合蓝藻走向末路。随着氧气含量增高，厌氧的产甲烷菌衰退，大气中能够保存热量的甲烷浓度下降，使得全球的气温直线下降，导致了至少三次极为寒冷的元古宙冰川时期，第一次出现在24亿年前，第二次在7亿5千万年前，而第三次大概在6亿年前。每一次冰川时期都旷日持久并且十分寒冷，冰川甚至蔓延到了赤道地区，一次又一次将海洋封在了冰层之下，从而几乎灭绝了所有地表的光合生物。帮助发现了元古宙极端冰川作用证据的加州理工学院地质学家约瑟夫·柯世韦因克（Joseph Kirschvink），他想象着每次冰川时期从太空俯瞰地球会是什么模样，将其命名为"雪球地球（Snowball Earth）"事件。在赤道附近或者孤立的火山热点，冰层可能只有几米厚，能够容许少许光线射入海洋之中。那里原本漆黑一片，生物只能在生存的边缘挣扎。但是，显然每一次冰川时期过去后，这些冰层就会融化，否则也就不会有我们的存在了。

自然灾害中也孕育了新的生机：元古宙的每一次冰川时期，都对生态圈施加了巨大的进化压力，并逐步提高了大气中促使能量产生的氧气水平。一些幸运的厌氧生物，通过多次基因突变和自然选择，逐渐适应了新的充满氧气的大气和海洋。事实上，其中一些新品种的好氧原核生物，通过吞噬光合蓝藻并把它变成细胞内的奴隶，将产氧光合作用的能力据为己有，从而完成了对其征服者的复仇。通过这个被称为胞内共生（Endosymbiosis）的过程，产生了第一个真核细胞，其特点是具有位于细胞中央的细胞核以及特化的细胞结构。现代的植物之所以是绿色，正是因为植物细胞里包含了充满叶绿素的"叶绿体（Chloroplasts）"，叶绿体的结构与光合蓝藻几乎完全一样。现代动植物的细胞还具有另一种具有封闭结构的细胞器——线粒体，线粒体的存在使得所有的真核细胞能从氧气中获取代谢能量，这个过程被称为细胞呼吸。叶绿体和线粒体中都携带有独立于宿主细胞的DNA，因此我们可以确认，它们都是在元古宙的后半期，被俘获并整合到真核细胞中的那些原核生物的后代。6亿年前，在元古宙最后一次冰川时期结束之前，大气层中的氧气含量已经接近现在的水平，而新出现的早期真核生物蓄势待发，准备利用其强大的能力释放化学能量。有史以来第一次，多细胞生物能够从空气中获得足够的能量来支持其巨大而活跃的身体。舞台已经铺就，生物多样性和生命发育将会开始爆发式进展，复杂的动植物将会出现并逐渐占领陆地，最终人类会登上舞台。现在，我们来到了这段历史的开端，在宾夕法尼亚最古老的岩石中所见到的寒武纪的起点，地球将从仅有简单生命体的三个宙，进入接下来生物多样性大爆发的5亿年。

即使已经弄清楚了年代学上的因果关系，但人们还是很难理解地球并不是从一开始就是现在这个样子，以及它是如何从一个陌生而不友好的星球变成人类的家园。首先必须了解的是行星深时（Deep Planetary Time）之深邃悠远。一千年的气候变化，可以在原本是沙漠的地方长出森林。一百万年的构造运动，可以在开阔的草原上推挤出一座高山。而一亿年的进化试验和误差，则可以将原核细胞变成了真核细胞，或者将老鼠变成人类。十亿年的时间，足够完全重构这个世界的运行方式。对大多数人来说，显生宙和元古宙的单词听上去也差不多，一百万年和十亿年的差异也只是数字串末位的三个零，无法感受时间长度上的差异。但是，我们可以通过简单的思想实验来展示真相。

显生宙整整5.42亿年的时间跨度，也仅仅是地球历史的1/8。像作家比尔·布莱森（Bill Bryson）一样，想象自己进入时间机器，以每秒钟一年的速度回到显生宙的伊始。90分钟以后，你会发现自己来到了青铜时代，也就是巨石阵建造的前后，人类在此时驯服了野马，亚伯拉罕诸教开始建立。一天以后，你进入了石器时代中期，一小群寻觅食物的人类开始迁出非洲大陆。再经过大约20年，才能达到寒武纪的开端，也就是显生宙的初始阶段。前面提到过，显生宙中的每一年，对应着前寒武纪大约十年的时间。也就是说，这台每秒行进一年的时间机器，需要再花上125年才能将你送到我们的星球诞生的那一瞬间。

或者我们也可以试试将地球45亿年的历史标记在一年的日历上。新年的第一天，地球从原始星云中凝结而成，前寒武纪开始，一直持续到十一月中旬，才会出现寒武纪生命大爆发（Cambrian Explosion）。生命首次出现在二月下旬的某个时候，但要到六月中旬，蓝藻才开始将氧气泵入地球的大气层。马塞勒斯页岩的形成发生在感恩节之后的几天，宾夕法尼亚的所有煤矿层则都是在十二月的第一周沉积下来。之后的一周里，恐龙出现了，但是很快在圣诞节前走向了灭绝。解剖学上的现代人类在新年前夜距离午夜只有十五分钟时才姗姗来迟。午夜前一分钟，最后一次冰川脉动（Glacial Pulse）退回了极地，全新世的间冰期开始。在午夜前大约一秒钟时，地球进入了人类世。

作家约翰·麦克菲（John McPhee）采用了一种更为直观的方式来使得地球的历史可视化：尽量伸展你的双臂来代表地球全部历史的时间长度，以左手中指的指尖代表地球形成的时间点，那么寒武纪的开端大约位于右手腕。复杂生命兴起的时间在右手掌的位置，因此，如果你想抹去整个人类的历史，"只需要用粒度适中的指甲锉在指甲上轻轻一磨即可"。

即使是地质学家和见识广博的地球科学家和行星科学家，也无法完全习惯深时的概念。看到一个变成化石的生命形态，也许只是一只三叶虫的轮廓、一片叶子、或者一个蜥蜴的脚印，仍然能够使他们全身骨骼颤抖，或者在他们胸口挖出一个呼吸无法填满的空洞。他们可以测量天体的运动，罗列地球的岩石年代，可以将这些难以理解的知识标定在我们熟悉的尺度上，但是作为卑微的人类，他们无法假装自己在一个世纪的时间内就生于尘土又归于尘土的心灵，能够在其一生之中真正理解万古时间流逝之神圣。相反，他们必须以某种方式学会跳出时间之外，获得暂时的永恒。他们的世界会出现两个互相重叠的维度，一个短暂且显而易见，另一个则漫长而隐介藏形。行星是一台巨大的机器，或者一个生物体，通过大陆的碰撞和火山的喷发，达成某个人类不能理解的目的。人类则是由蛋白质包裹的一小片海洋，从岩石中诞生，呼吸着空气，吸收着太阳的能量，其体内的原子由恒星的铁砧锻造而成。当他们看着地球漫长演化过程中各种帝国的兴衰演替，人类的存在不过像是上面覆盖着的轻易就能抹去的一层镀银，却以惊人的速度席卷了这个世界。人类的出现是一次突然的爆发，自我反省的智慧火花被点燃，从草原上、洞穴中迸发而出，照彻生物圈，将技术文明的弹片发射到地球各处，然后是太阳系，最后飞往未知世界。伴随着冰川融化出现了人类自我意识从无到有的巨大飞跃，与之相比，踏上月球的脚印确实只能算是人类前进的一小步了。耀眼而短暂的现代时代（Modern Era），像闪电一样划过地球万古的黑暗深渊。尽管沉浸于没有意识到自身短暂性的文明，但学习地质时间的人在看到这一切时，仍然会猜想人类是否也能够以某种方式永垂不朽。

考虑现代生活和行星深时的双重现实，很容易产生矛盾的情绪，一种难以消除的冷漠和焦虑的奇异混合物。尽管人类的习惯和行为，以及人类整体的抉择，强势地使地球上许多复杂的生物圈走上绝路，但是与这个星球及其过去的盛大场面相比，短暂的人类活动仍然渺小到可以忽略不计。无论人类世的变化如何痛苦，它不会是永恒的，因为人类不可能永远统治地球。一种生物一旦灭绝就很难再复活，这是肯定的，但是随着时间的推移，地球的生态多样性仍然可以恢复，就像过去曾经发生过的那样。庞大的微生物世界构成了生命之树的根系，现代文明即使拼尽全力也只能对其产生微弱的干扰——但这也算是因祸得福，因为若非如此，人类对生态圈的破坏恐怕会远比现在严重。大多数非生物的变化，包括地球化学、大气和海洋环流模式的变化等等，最终都会被大陆克拉通[译者注：克拉通Cratons指大陆地壳上长期不受造山运动影响的稳定构造单元，常与造山带（Orogen）对应——译者注]的生长，洋壳的俯冲和火山爆发所逆转和消除。地球的更新需要数百万年的时间，因此对于当下和未来的人类而言大概毫无意义，对于被人类文明的步伐踩在脚下而消亡的无数物种也毫无帮助，但是至少保留了物种恢复的可能性。无论有没有这群使用工具的智慧灵长类动物，草仍然会生长，太阳仍然会照耀，地球上的生命也会持续下去。直到亘古照耀的太阳燃烧殆尽，给地球上的所有事物带来终结。

　　"文明很可能会走向衰落"以及"地球上多样的生物正在遭受破坏"这些事情是否令人沮丧？答案取决于你的意识范围，以及在从生物圈扩展到整个银河系的"全景（Big Picture）"中，你准备将人类放在什么位置。事实上，自然的全景如此浩大，这只是其中极小的一部分。进一步放大到宇宙的尺度，整个银河系也不过是数以千亿计的星云中的一个；或者反过来缩小到基本粒子构成的量子世界，地球上闪耀的生命、科学和技术发展的意义在这个尺度下根本难以察觉。但是，在这两个极端之间被阳光照耀的不确定空间里，我们仍然能够看到更伟大事物的前景，能够想象人类文明的火花，在围绕着唯一的恒星运转的唯一行星上，穿过数十亿年的孤独，在超越行星和恒星的时间尺度里闪耀着升起，在无尽和永恒的银河中熠熠生辉。

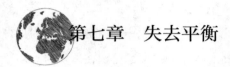 第七章 失去平衡

　　地球科学家们更倾向于纵览全局，而忽略一些小细节——这就可以解释某天早上我在红砖德克大厦（Dieck-Building）中的经历。马塞勒斯中心和宾夕法尼亚州立大学的地球科学系位于这栋大厦。当时我站在一个空荡荡的走廊里，旁边只有一排电梯，等待要和我见面的人。一个身材不高、戴着眼镜的男人绕过一个转角走过来，他穿着一件带领扣的法兰绒衬衫和卡其布裤子，经过我身边时瞥了我一眼，然后走进了旁边的洗手间。一分钟之后，他再次出现，从我身边经过，在返回大厅前在饮水机前喝了口水。当他还差几步路就要消失在转角处的时候，我叫住了他，他回头看了我一眼，似乎并没有立即认出我。

　　我惊讶地发现他是宾州州立大学的地球科学教授吉姆·卡斯廷（Jim Kasting），研究专长是地球大气和气候的演变。前一天晚上，我们在一家名为"疯狂墨西哥（Mad Mex）"的嘈杂酒吧里聊了两个多小时，并约定今天早上见面继续讨论他的研究工作。在几分钟前，我抵达德克大厦时还和他通过电话，但是在大厅里他两度从我身边经过却并没有认出我，或许是把我当成了墙边一排排玻璃柜中的沉积岩样本之一吧。

"噢！"他终于说道，"你好，李，刚才没有注意到你在这里，去我的办公室聊吧。"

想象一下NASA宇航员的形象，这里我指的不是冷战期间的太空竞赛（The Space Race）里那些老一套的战斗机驾驶员，而是后阿波罗时代多样化的宇航员，有着良好的学术血统并进行严格的体格锻炼，那么你差不多就可以想象出吉姆·卡斯廷的模样了（太空竞赛是指20世纪50年代到70年代，冷战时期的美国和苏联在太空飞行方面进行的竞赛——译者注）。他已经58岁，但由于坚持进行游泳、跑步和举重的锻炼，看起来比实际年龄年轻好几岁。他的面貌英俊，带有一点书生气，额头宽而威严，有着摔跤手一般健壮的体格。无论是讨论行星碳循环的细节，还是跑车使用后轮驱动的优势，他都能娓娓而谈。他讲话清晰准确，很少表露出情绪。他看上去永远不慌不忙，但实际上总是保持着相当高的工作效率。但是，他最像宇航员的一点，却是一种说起来有些微妙的特质——从容，这种从容源于意识到了自己对于整个世界而言是那么的渺小，以及因长时间从更高的地方注视着地球而产生的接纳力。

昨天晚上，我们一边吃着一美元的墨西哥玉米卷，一边聊着卡斯廷的成长经历，周围是一群喝醉了酒吵吵闹闹的宾州州立大学的学生。1953年1月2日凌晨，他和他的同卵双胞胎兄弟杰里（Jerry）出生在纽约州斯克内克塔迪市（Schenectady, New York）。数年后，他的妹妹桑迪（Sandy）也出生了。他的母亲在家抚养孩子们，她拥有化学和数学学位，后来去了大学任教。他的父亲是一位机械和电气工程师，作为通用电气的分包商，专门制造喷气式飞机的发动机。根据下一份合同的所在地，通用电气公司将他父亲派往全国各地工作，因此他们一家很少在一个地方住太久，一开始在斯克内克塔迪，然后搬去了辛辛那提（Cincinnati），之后又回到斯克内克塔迪。1963年，他们全家搬到阿拉巴马州的亨茨维尔（Huntsville, Alabama），并在那里住了7年时间。这次的合同中要建造的东西对于当时的世界而言是前所未见的，对于五年级刚念到一半的卡斯廷兄弟更是如此：通用电气派他的父亲去阿拉巴马为NASA的巨型土星运载火箭制造第三级发动机。

20世纪60年代的亨茨维尔，是一个被太空时代的早期愿景所主宰的小镇。搭载美国第一批弹道导弹、人造卫星和宇航员所使用的运载火箭，都是在亨茨维尔附近的红石兵工厂（Redstone Arsenal）开发的。亨茨维尔镇上的大部分家庭都是直接或间接靠着太空计划的资金过活。去餐厅吃顿晚饭，他们可能就会遇到阿波罗计划的首席工程师韦纳·冯·布劳恩（Wernher von Braun）坐在邻桌闷闷不乐地嚼着牛排。回到家里看晚间新闻，又可以看见冯·布劳恩正在电视上带着日耳曼口音讲述全新的前景。冯·布劳恩是NASA马歇尔太空飞行中心（Marshall Space Flight Center）的负责人，该中心位于亨茨维尔西南约12英里（19.3千米）处。每当吉姆和杰里看到一列黑色豪华轿车快速驶过小镇，就知道又有一队贵宾要到马歇尔中心和冯·布劳恩那儿去了。当时美国人正在计划登月，整个世界似乎正在一个全新的革命性时代的边缘蓄势待发。但是，当时两个男孩并没有真正意识到父亲的工作有多么重要，直到某天开始，亨茨维尔开始规律地发生每次持续好几分钟的震动。土星火箭的巨大引擎被固定在马歇尔中心的静态测试台上接受测试，大量液态的氢和氧充分燃烧，产生每秒数百万磅的推力。每次测试点火从低沉的隆隆声开始，震动了山茱萸和木兰花，惊起的飞鸟遮蔽了天空。而后隆隆声逐渐增强，变成持续的咆哮，从小镇下方碾压而过，震碎了建筑的窗户和汽车的挡风玻璃，同时也激发了小吉姆内心的渴望——渴望能够有一天为NASA工作，即使不能当宇航员，那也要成为NASA的科学家。火箭发射的咆哮，标志着人类的命运将在未来延伸到地球这个摇篮之外的地方。

卡斯廷开始在学校努力学习数学和科学，并且尽量搜罗了能到手的科幻小说来读。他最喜欢的科幻小说之一就是艾萨克·阿西莫夫（Isaac Asimov）的《基地》（*Foundation*）系列。这个系列描述的是一个银河帝国的崛起和衰落，大部分故事都是围绕着帝国的首都行星"川陀（Trantor）"发生。川陀其实就代表着当时人们对地球不远的未来的一个合理猜测，它是一颗被四百亿人类挤满的行星，陆地、海洋，甚至整个自然界都已经被人类肆意践踏，是一个高度科技化的乌托邦，充斥着摩天大楼、高速公路以及被穹顶笼罩的农场和栖息地domed farms and habitats。"我喜欢那些创意宏大的，有关未来人类如何发展或者社会如何运行的书籍，"卡斯廷告诉我，"基地系列提出了一个非常酷的概念，'心理历史学（Psychohistory）'，它指的是当人的数量达到某个水平，他们就会变得像原子或者分子一样，个体的行动不可预知，但群体的倾向可以预测，因此整个文明的行为就会变得像一种理想气体的运动，遵循统计学的原则。我不知道这是不是真的，因为人类是如此复杂的生物，但是这让我更加深入地思考究竟什么是可以预测的。"

在两兄弟中学时代时，某一个深夜，卡斯廷的父亲下班回家，带回来一个装在三脚架上的2.5英寸（6.4厘米）折射望远镜，正适合观测当时那些新的火箭可能抵达的星空。在黑暗无云的夜晚，他们可以看见土星环、红色圆盘状的火星以及月球上很快将有人踏足的平原和撞击坑。透过取景器，被放大的月球表面显得坑坑洼洼，近得似乎触手可及，仿佛在观看博物馆墙上挂着的一幅单色的厚涂风景油画。几年以后，吉姆的器材升级成了一个更为强力的4.25英寸（10.8厘米）的反射望远镜，他的兴趣扩展到了太阳系之外，他开始在天空中搜寻附近的行星状星云和相邻的星系。有时他会疑惑，如果有一个足够大的望远镜，从非常遥远的地方观察地球或者其他有人居住的行星，不知道会是什么样子。

　　高中毕业以后，吉姆为自己规划了一条希望能和NASA的轨道交叉的人生轨迹：在哈佛读完本科后，他在密歇根大学的大气科学系获得了博士学位，然后进行了一系列的博士后研究工作。1981年，他实现了自己的梦想，在位于加利福尼亚州山景城的NASA艾姆斯研究中心（Ames Research Center）获得了研修生职位。

　　吉姆加入NASA后不久，他的父亲来到了加州看望他。那时，吉姆已经和妻子莎朗（Sharon）相遇并结婚，他们的第一个孩子杰夫（Jeff）刚刚出生。吉姆展示了自己在建立金星、地球和火星早期大气演化的模型方面做出的不懈努力。在NASA的支持下，吉姆夜以继日地钻研这些问题，并取得了飞速的进展，让他在这些问题上比任何人都走得更远。他的父亲专注地听着，不时微笑点头。但或许是怀疑一份致力于描绘地球的遥远过去和未来的工作是否真的能让吉姆养家糊口，又或许是仅仅因为习惯于精益求精，总之在吉姆说明完毕以后，他的父亲立刻询问他计划什么时候去找一份真正的工作。其实，卡斯廷的工作已经开始为行星科学带来了革命性的进展，让他置身于NASA飞速发展的快车道上。1983年，吉姆的研修生职位到期，立刻被艾姆斯研究中心聘为研究员，他一直在那里待到1988年才转去宾州大学任职。有了NASA的工作维持家计，吉姆和莎朗又养育了两个儿子，帕特里克（Patrick）和马克（Mark）。

　　卡斯廷在宾州大学的办公室被书本、论文和报告塞满了，其间仅仅装饰有一条蓝白色的手织东方地毯，以及一些泛黄的天文学主题的海报。房间的一侧被三个巨大的档案柜占据，里面装有大概半吨天体生物学方面的重要文献。另一侧则是上面安着书架的煤渣墙，书架上摆满了经常被翻阅、已经卷边的书本，其中包括《全球变迁的生物地球化学》《大气和海洋的化学演化》以及《大气辐射基础》等。旁边的白板上从上到下密密麻麻写满了关于恒星光通量、大气成分分压和表面温度等内容的潦草笔记，还有三层互相重叠的微分方程式，每层用不同颜色的马克笔标上阴影以相互区分。

这些书籍和方程告诉了我卡斯廷真正的兴趣所在，远不止我们自己的小小行星和它的历史，而需要回溯到他在后院通过望远镜观察天空时的沉思。他被认为是行星宜居性领域全世界最权威的专家，这个领域研究一颗宜居行星是如何产生以及如何在地质年代中逐渐演化的。就像地球一样，卡斯廷生命的大部分时间也是和前寒武纪的昏暗边缘一起度过。除此之外，他还计算了光合作用能够支撑地球上的复杂生命存活的时间（大约10亿年），要蒸发掉地球上的海洋所需要的撞击小行星的最小体积（一个直径270英里，即434.5千米的小行星即可做到），以及如果将地球上所有可利用的化石燃料都燃烧掉，人类是否会把地球变成一个类似金星的失控温室（技术上来说，目前还没有定论，但谢天谢地，卡斯廷认为答案是"不会"）。

昨天晚上一起吃晚餐时我提出了一个建议，我们可以一起徒步穿越宾夕法尼亚周围的荒野地带，这样卡斯廷可以在实地寻找一些例证，展示他将地球当成一个系统的全景观，以及随着地质年代的进展地球的宜居性是如何发展的。他一开始很反对："把我带到野地里去，我就派不上用场了。我其实并没有接受过正式的地质学教育，给我一块石头，我甚至可能无法分辨它到底是碳酸岩还是硅酸岩。我要是能区分冰碛物和回填垃圾，那只能说是运气好。"在喝完了一杯玛格丽特酒之后，他又改变了主意，提出可以带我去黑莫香农州立公园（Black Moshannon State Park），那是一处5平方英里（12.9平方千米）的森林和湿地，位于宾州大学校园西北方向20分钟车程处。"我大概还是派不上什么用场，"卡斯廷说，"但这会是一次愉快的散步。"

现代科学家发布的每一则关于找到了其他可能的宜居行星的声明，背后都是一套差不多的流程，简化一下就是这样：天文学家首先测量某个新近发现的行星的质量，如果可能的话也测定它的半径，从而估算出行星的密度，并且评估它是一个类似地球的岩质行星的可能性。他们还会确定岩质行星与其恒星的轨道距离，以及恒星光线的强度和颜色。有了这些加起来用圆珠笔在一只手掌上就能写完的有限数据，他们就可以通过数学模型进行解释。他们还会特别参考卡斯廷被引用最多的论文之一——《主序星周围的宜居带》（*Habitable Zones around Main Sequence Stars*），1993年发表于《伊卡洛斯》（*Icarus*）期刊。在论文里，卡斯廷和他的两个同事丹·惠特米尔（Dan Whitmire）和拉伊·雷诺兹（Ray Reynolds）使用卡斯廷开发的一个气候模型，来确定恒星周围的哪些轨道最有可能让岩质行星在其表面上拥有液态水。在比宜居带更靠内的地方，行星表面的温度会过高，以至于所有液态水都会变成蒸汽，弥漫入大气层并最终逃逸到太空，正如金星上的情况。而在宜居带往外的地方，行星表面的水则会冻结，类似于我们在火星上所见。如果一个新发现的岩质行星被证明位于卡斯廷提出的宜居带内部，那么不久之后它的发现者就会联系他们的赞助机构的新闻办公室，很快他们的名字就会出现在晚间新闻和《纽约时报》（*New York Times*）上。2013年1月，卡斯廷在一篇合著的论文中，对他20年前的计算结果进行了一些小的修订，但并没有大幅改变他早期工作的核心结论。

使用一些如字面意义那样"只手可数"的数据来估计遥远星球的宜居性是一种充满不确定性的做法，大量的假设和冒险猜测将不可避免地成为常态。这种假设和猜测能够成立的必要前提是，在我们所知的范围和可观测的宇宙内，自然法则都是普遍适用的，无论是太阳系内还是太阳系以外的某个遥远的恒星周围皆是如此。在宇宙中的任何地方，当恒星的光芒落在行星上，就会将辐射能量泵入行星的系统中。有多少能量能够流入，决定于行星的大气层，以及恒星光芒的波长或者说颜色。在1993年进行的一系列经典计算中，卡斯廷和他的同事为他们的虚拟行星所设定的大气组成成分，被认为是类地行星大气形成的最典型结果：极大量化学惰性的氮气，混合大量的二氧化碳和水蒸气。证据显示，冥古宙地球的大气层大体上正是如此，但是，对于其他有大气层的遥远的系外岩质行星，其大气成分尚未被检测，任何组成形式都只能被视为一种可能的猜测。

在选择了一种最可能的大气混合形式以后，卡斯廷计算方法的核心就开始发挥作用。关于这个计算方法的大部分相关工作在他为NASA工作的七年间完成。那段时间里，他全身心投入了完善这个模型的工作，手动编码了每一种星光与大气互相作用的重要方式。在现实世界和卡斯廷所构建的模型当中，某种特定波长的光子可能会被大气层顶部反射回来，而另一种波长的光子则可能在不受干扰的情况下，一路穿过大气层到达行星的表面。无论虚拟还是真实的情况下，在大气层内部，光子都可能被云层或地面明亮的冰层所反射，或者可能被温室气体或者深色的海水吸收。如果一个光子带有较高的能量（例如紫外线，或在电磁波谱上频率比紫外线更高的光），它可能撞击分子将其裂解，从而在空气中或地面上产生新的物质，这个过程称为"光解作用（Photolysis）"。光解产物本身可能进一步对恒星光线的吸收或反射产生次级影响，这一点也必须被纳入考虑。多年来，卡斯廷逐渐积累了他可以获得的所有必要数据，建立了一个庞大的数据库，包括辐射吸收表、光化学反应速率、不同气体的大气层寿命以及某些气体从火山中喷发出来或被岩石吸收的全球速率。所有这些不同的相互作用和输入因素，共同对地球的大气成分和平均温度（即气候）产生了巨大影响。

如果你单纯地根据现代地球所接收的太阳光量及其平均反射率[Reflectivity，或称为反照率（Albedo）]来计算表面的平均温度，你将获得的答案是-18摄氏度，远低于水的冰点。但如果你使用卡斯廷的某个气候模型进行计算，得到的结果是15摄氏度，正是地球平均表面温度的实际值。这种差异主要是由几种不同的温室气体所导致的全球变暖造成的，卡斯廷的模型对每种温室气体的作用都进行了细致的考虑。

例如，水蒸气的作用必须慎重处理，因为它所带来的温室效应实际上比二氧化碳更强，能够有效地吸收光谱上热红外部分更加大波长范围的光线。此外，水蒸气对于气候的影响和二氧化碳相比还有质的不同：在地球的常规温度范围内，二氧化碳始终保持气态，而水蒸气的存在形式则受到地球温度的密切影响。低温使水蒸气凝结成云层，化为雨雪或冰雹从天而降，使其温室效应消失，甚至进一步降低气温。相反，高温会增加地表水的蒸发速率，将更多的水蒸气逸散到空气中，从而进一步升高气温。因此，水蒸气对气温的作用是一个正反馈回路，能够放大其他的气候变化，例如由大气二氧化碳浓度升高引起的气温持续升高。如果二氧化碳在地球气候变化中起到支点的作用，那么水蒸气就相当于杠杆。

温度-压力剖面图（Temperature-pressure Profile）是卡斯廷气候模型的重要产出之一，这个科学术语描述的是，当恒星光照射任何一个给定成分的大气时，不仅会影响其温度，还会影响其垂直结构。例如，地球的大气层反射了四分之一的入射阳光，另有四分之一会被温室气体吸收，最后有大约一半的阳光照射到地面。这意味着，平均而言地球大气层的温度比地表低一些，通过对流作用从底部向上加温，就像在炉子上加热的一壶水。大多数地表加热和对流过程都发生在赤道附近，那里的吸收阳光的地表面积更大，并且阳光几乎是从上空垂直照射下来，只要随便找一个地球仪看一眼就能理解这一点。潮湿空气形成的对流单体（Convective Cell）在温暖的地表起伏波动，在扩张和上升过程中逐渐冷却，最终温度下降到使其中的水分析出，变成冷凝的水蒸气，也就是云和雨。大气对流有助于解释很多气象问题，例如：为什么热带地区比极地更热；为什么高山的顶部明明更接近太阳辐射，但其周围的空气往往比接近海平面的平原空气更稀薄、更寒冷、更干燥；为什么雷阵雨通常在正午过后数小时，在炎热的下午和傍晚时分出现。

地球的温度－压力剖面图在大气中创造了一个被称为对流层顶（Tropopause）的特征，它是对流层和平流层的分界线，其下方是温暖的、充满各种天气变化的对流层，上方是温度更低、空气更稀薄的平流层。由于水蒸气在暴露于低温时会发生凝结，因此上方温度更低的大气层会将水蒸气有效地阻滞在对流层顶之下。20世纪80年代，卡斯廷、他的同事詹姆斯·波拉克（James Pollack）以及他们在NASA艾姆斯研究中心的一些同行，通过一系列研究揭示这种"冷阱（Cold Trap）"效应对于地球上能够长期留存水分的重要性。有证据显示，距离地球很近的孪生行星——金星在很早期的时候和如今的地球气候非常相似，同样温暖湿润，适宜居住，但后来却发展出了和地球完全不同的气候，他们对于其中的原因十分感兴趣。

"对于我这样的人来说，金星最有趣的一点就在于它对于宜居带内界的提示。"当我在卡斯廷的办公室同他聊天时，他解释道，"以金星为参考，我们就可以根据经验对太阳系以外其他行星是否宜居有一个合理的期望，如果一个行星和金星的日光照射量相似，不必使用复杂的模型计算就可以知道它不太可能适宜居住。所以如果你想知道，当一颗类地行星在形成时距离其恒星过近时它会变成什么样，或者当另一颗宜居行星的恒星随着时间的推移变得越来越亮，行星会发生什么变化，那么金星就可以告诉你很多。"

基于其他几位行星科学家——特别是加州理工学院的安德鲁·英格索尔（Andrew Ingersoll）——既往的研究成果，卡斯廷模拟了如果地球的轨道更靠近太阳，也就是和金星轨道更加相似，或者随着地质年代变化太阳的亮度逐渐增加，地球的大气结构（即之前说的温度–压力剖面图）随着阳光强度的增加会发生什么变化。他发现，如果阳光强度相对增加仅10%，相当于将地球的轨道移动至0.95个天文单位处，也就是使地球和太阳的距离缩短5%，那么温度的升高会使得如今的对流层被水蒸气充满，将对流层顶推向海拔90英里（144.8千米）或更高的高度。

当卡斯廷发现他的模型中对流层顶的高度飙升，他意识到自己正在目睹什么样的原因会导致这个虚拟世界的毁灭，并且也许有一天，我们的地球也会走向这个结果：升腾到这个高度的水蒸气，大部分将会超出保护地球的臭氧层之上，被阳光中的紫外线光解。被释放出来的原子态的氢，小部分将会逸散到外太空，再也没有机会与被留在地球上的氧重新结合成水。在几亿年的时间内，越来越多的氢会以这种方式流失到外太空，地球上的海洋将会被蒸发殆尽，最终地表或空气中将不会有一滴水留下，剩下一个没有任何生命存活的干枯的地球。不用等到太阳变成红巨星并吞没地球的那一天，在10亿年内，地球就会因为太阳亮度增加了这举足轻重的10%而快速失去所有的水分和居住在上面的生命。目前普遍认为，在我们的太阳系的早期历史中，金星正是经由上述"湿润平流层"的机制失去了海洋。而可能导致地球发生剧变的0.95天文单位这个阈值，也接近于卡斯廷在1993年的权威论文中所提出的宜居带的内界。

随着金星上海洋的消失，升高的温度将二氧化碳从它的地壳中蒸发出来并充满大气层。因此，如今金星的大气层密度为地球大气层的90倍左右，而且几乎由完全纯净的二氧化碳构成，产生了巨大的温室效应，使得金星的表面温度甚至足以融化铅（译者注：铅的熔点大约为327摄氏度）。后续的一系列研究里，卡斯廷和他的同事对模型中地球大气层的二氧化碳含量进行调整，以观察二氧化碳含量的增加，是否也会通过"湿润平流层"的机制，比阳光强度增加更快地、独立地导致海洋的消失。

出乎卡斯廷意料，他发现虽然二氧化碳浓度的升高会导致气温突升，但大量被释放出来的水蒸气会起到类似于高压锅盖子的作用，将下层的大气不断加压，使得海洋无法沸腾，保持平流层的相对干燥状态。数学模型显示，如果要使水蒸气充满平流层，将海洋全部蒸发到外太空，需要将地球的二氧化碳的浓度升高到目前的25倍以上——即使把地球上目前已知的所有石油煤炭等传统化石燃料都燃烧掉，也释放不了这么多的二氧化碳。但是如果将其他的非常规能源物质，例如马塞勒斯页岩气也烧掉，就有可能会达到了。尽管人类很容易让地球"发烧"，毁灭人类社会并严重破坏生物多样性，但卡斯廷的计算显示，要创造一个"湿润平流层"还是很困难的——但并非完全不可能。根据他的计算，目前的人类文明，尚不足以通过燃烧化石燃料将地球的海洋全部蒸发到外太空。

然而，卡斯廷的理论也有着高度的不确定性，因此科学还不能完全否定人造的湿润平流层导致地球温室效应提前失控的可能性。除了二氧化碳和水蒸气以外，其他的温室气体同样影响地球的气候，并且可能会在未来产生重大作用，而卡斯廷的模型没有将这些作用考虑进去。另外，目前还没有人准确地知道地球上储存的化石燃料的总量，以及随着市场条件和技术手段的发展，我们能够将这个粗略估计的总量中的多少开采和燃烧掉。更基本的问题是，还没有人能够完全理解，温度和压力的大幅度变化会如何影响水蒸气对热红外辐射的吸收。在考虑云层的问题时，这些疑问带来的困惑最为明显。

对一般人而言，云是很简单的事物，不过是蔚蓝天空中的几片棉花状物体，或者是预示着阴天的灰幕。但对于卡斯廷这样使用模型来模拟气候的人而言，云则是水蒸气的众多存在形式中最为善变和迷人的一种，它如此复杂又变化多端，几乎像是有生命一样。根据云层的面积、高度和成分，它可以加温或者冷却行星。一层浓密的低云可以将大部分阳光反射到太空中，从而可能降低温度。但是如果在位于下方的致密云层之上再放置一层薄薄的云层，冷却效果将会大打折扣，因为上层的半透明云层使得阳光能够射入，而热量在向上逸散的过程中又会被其捕获。毫无疑问，当地球这样的行星变暖时，更多的水蒸气会蒸腾到空中形成更多的云。但是，这些云层具体会在大气层的哪个部位形成和停留，以及它们的反馈效应的极限，目前还没有达成共识。这种混沌不明的状态，给了全球变暖理论的反对者以及渴望成名的行星猎人以可趁之机：理论上来说，水蒸气形成的云层可以使一个宜居行星免于全球变暖的失控，无论这种变暖是由过多的温室气体引起的，还是由于附近恒星的光线过强引起的。如果在距离恒星更远的地方，温度下降到足以让二氧化碳凝结成固态，干冰云所形成的隔热毯在某些情况下可以为行星保暖，使其表面的液态水得以保存。1993年，卡斯廷保守地估计太阳系宜居带的外缘可能位于略微超出火星轨道的1.65天文单位的位置，但实际上，这个距离可能可以向外延伸得更远，这很大程度上是由于二氧化碳云所带来的不确定性。

用数字模拟云层的作用，有两种截然不同的方法。一种是使用非常精细的三维模型，尽可能准确地对云层进行模拟。这种方法，需要大量来自地球观测卫星的数据，联合使用最尖端的超级计算机，并且有无法从一系列变量和反馈中区分出因果关系的风险。另一种则是使用更少的维度，对云层进行简单的模拟，但这种方法同样有风险，可能会忽略一些在模型范围以外的复杂相互作用下才会出现的重要变化。卡斯廷倾向于选用简单的模拟方法，他所构建的模型是一维的，用单一线性探测的方式估算整个行星大气层的情况，类似于使用一根很长的从海底延伸到海面的吸管来采样，从而测定海洋的平均温度和盐度。

"在一维模型里，云层实在是太过随性，通过改变云层的呈现方式，它可能会对一维模型产生各种你想要的作用效果。对于一维模型来说，最理想的状态是完全没有云的天空，这显然是一个巨大的缺陷。"在讨论他的模型时，卡斯廷承认了这一点。"我试图克服这个缺陷的方法是，直接将云层画在地面上，并通过调整地表反照率来近似计算它的影响，直到再次产生我所观察的行星表面的平均地表温度，例如地球或者火星。有的人不喜欢我这种做法，而且我的方法（得出的结论）对于真实的云层来说具体意味着什么还很难讲。但是我认为这种办法能够最大程度地降低行星温度变化时云层的反馈。要更好地模拟，就必须使用三维模型，这是非常大的跨越，而且即使在三维模型中，云还是最大的不确定因素——因为这些使用三维建模的人也不知道应该如何处理云的影响。"

一维模型比三维模型简单得多，因此计算起来也快得多。最先进的三维气候模型需要使用非常昂贵的专用计算机集群，耗费一周的时间，才能得出"如果将地球目前大气中的二氧化碳水平翻倍，那么地球的平均温度会升高2–5摄氏度"这样一个结论。而卡斯廷的一维模型，仅仅需要一台普通的台式计算机，不到一分钟就可以得出二氧化碳水平翻倍会使得地球的温度升高2.5摄氏度的答案。"使用一维模型，那么我只会受限于我自己的思考速度，而不是电脑的运算速度，"卡斯廷说，"因此同样是花一周的时间，三维模型大概一直在处理一个迭代，而我却可以好好地探索整个参数空间。这就是我工作的本质——探究所有看上去可能的参数极限，并考察其他参数，以便根据数学演算或更深入研究的经验数据来确定这些参数的取值。"

随着交谈的深入，我越来越清晰地感觉到卡斯廷近年来对于那种声称"在探索发现地球的孪生行星上获得进展"的新闻逐渐感到了腻烦。早期人们对于寻找类地行星的狂热兴趣主要集中在红矮星格利泽581（Gliese 581）附近的行星系统，它距离地球大约20光年。第一个被发现的是格利泽581c，位于卡斯廷计算的宜居带内缘的一颗"超级地球"，在2007年的几个月时间里，它一度被认为可能是宜居的。然而，卡斯廷和其他人通过简单的计算发现，且不论大气成分如何，这颗行星接受的恒星光线比金星还要多30%。于是，人们的注意力转移到更远一点的行星——位于宜居带外缘附近的格利泽581d，其适宜居住的可能性不像格利泽581c那么容易被排除，然而卡斯廷很快指出，格利泽581d所接受的恒星光线比火星要少10%。此外，格利泽581 c和d都太大了，体积都在地球的五倍以上，因此，它们可能更像是被气体笼罩的缩小版海王星，而不是特大号的岩质地球。随后在2010年，又有团体宣布发现了格利泽581g，亦称为"萨米娜行星（Zarmina's World）"，其轨道位于宜居带的中间，质量大约比地球的三倍多一点，几乎可以确定是一颗类地行星。至少在其他的天文学家开始质疑这颗行星的存在之前，这个发现让卡斯廷非常兴奋。

在我们会面的几个月前，一个欧洲的团体宣布发现了另一个很可能宜居的超级地球HD 85512b。但卡斯廷认为他们所说的"很可能"言过其实，因为灼烤这个行星的恒星光线只比金星少一点。"他们写的是，那颗行星上有大量的云层覆盖，可以反射掉所有的光线，使它的环境变得OK，"他回忆着这个欧洲团队发表的论文，"但是显然云层并没能拯救金星，不是吗？"

从那时候开始，经常会有关于其他可能宜居的行星的新闻出现，这些世界的命运在公众的兴趣和科学界观点的起伏变化中，从汹涌澎湃到偃旗息鼓。每次的新发现都是差不多的套路，首先在学术期刊上发表，这些学术期刊是许多机构赖以为生的初级生产者。然后对这些行星的质量、轨道和恒星光通量进行纯经验式测量，部分内容变成了一知半解的新闻报道，被加工成漫无边际的猜测。关于每个可能宜居的世界的某些事实和胡乱猜想，混合成一个具有高度传播力的内容被广为播散，在口口相传产生的模糊和混淆之中变得面目全非。不久以后，就会出现怪异的博客文章或者论坛帖子，猜测NASA会在何时向这些行星发送探测器，甚至更进一步，殖民这些星球；以及当我们到达这些行星时，会不会在那里发现埃及金字塔的建造者，或者那个行星会是残害牛群、绑架人类的小灰人的母星；再或者见到耶稣基督，那里是他宇宙救赎之旅中的一个停泊站。这样的故事一遍又一遍上演，以至于关于每个行星屈指可数的真相，反而被埋没在了人们自己为其构建的熟悉的虚幻故事之下。

目睹同样的故事接二连三在每颗行星上都上演一遍，这令卡斯廷和他的同事有时候觉得自己成为了占卜师，乖乖地向渴望给各种占卜物赋予主观意念的听众展示茶叶、西洋蓍茎、鸡的内脏和其他粗制滥造的预兆。一位研究者曾经悲愤地告诉我，当只有行星的质量、半径和围绕某颗恒星的轨道这些数据时，想要计算其实际的表面温度，最好的办法恐怕是拿起报纸看看星座占卜是怎么写的。

卡斯廷倒没有这么极端，但是同样对这些报告不屑一顾。"在宜居带内或者附近发现的行星，根本就不应该算什么大新闻。"他几乎有些灰心地对我说，"基本上就是毫无意义的，因为在发现它们以后，我们根本无法进行后续的跟进。只有当我们能够真正直接观察其中某一个行星，以分辨它到底是否真的适合生命居住，并且探索其上是否有生命痕迹的时候，才可能会有真正重大的新闻出现，对不对？如果我们这么做——不好意思，应该说当我们真的这么做的时候——真正的革命就会开始了。"

　　为此，在过去二十年的大部分时间里，卡斯廷将他的时间和精力投入到了两项密不可分的任务上：一是如何只根据行星的大气层所反射的一抹黯淡的恒星光芒，来判断一颗类地行星是有生命居住的星球还是无生命的岩石，另一个是如何设计一个能够进行上述观测的太空望远镜。他在NASA、美国国家科学基金会和国家科学院的各种不同的规划委员会、研究小组和特别工作组中任职，一直孜孜不倦地工作。他帮助撰写了大量的报告，来制定众多工程师和任务规划者们最终希望达到的观测标准。可以毫不夸张地说，有一段时间，几乎所有关于这个主题的重要论文，都将他列为了共同作者。卡斯廷希望建造的太空望远镜被称为类地行星探测器（Terrestrial Planet Finders），简称为TPF。

　　在世纪之交的几年里，随着发现系外行星的速度加快，财力十分丰盈的美国联邦政府慷慨地为各种类型的太空科学研究提供了资助。对于外星生命的探索，正如这个国家本身一样，似乎正走在一条无可阻挡的上升道路上。卡斯廷和他的同事们告诉自己，或许在十年内，他们就会真的拥有一台太空望远镜，可以帮助他们收集证据以确定附近到底是否存在其他有生命的行星。不幸的是，随后一连串灾难令美国的国运陷入了困境，使得有意义的研究进展减缓直至完全停滞。

　　"9·11"恐怖袭击，随之而来的耗资巨大的战争和联邦政府预算失衡，房贷泡沫的破灭以及经济大衰退的开始都是原因，但是，TPF研发的失败很大程度上应该归咎于彼此竞争的天文学家团体为了抢夺日益减少的政府资助基金而发生的内部纠纷。

　　"这是少数真正让我沮丧的事情之一，因为我曾经一直希望类似于TPF的设备能够出现在我的职业生涯中。"昨天晚上，卡斯廷在将那杯玛格丽特酒喝到一半时坦陈道。"现在我不再奢求了，我只希望能在我有生之年看到它实现，因为我很想知道答案。但是我个人的时间已经不多了，而这个愿望似乎在渐行渐远。很可能直到我死后，类似于TPF的任务仍然没有完成。"

在聊起寻找可能有生命存在的系外行星时，卡斯廷的语气有时候会显得有些好战。他说他会"担起责任"，让类似NASA开普勒任务的项目尽可能久地持续进行下去，以寻找宜居带内和地球大小相似的行星；并且，为了制造更大、更好的太空望远镜以寻找外星的生命迹象，他一定会"战斗到底"。他有些幽怨地指出，对于天文学研究而言，开发TPF耗资巨大，但是如果按照国家或者国际层面的标准而言就微不足道了。只需要50或者100亿美元，我们就有机会确定人类在宇宙中并不是唯一的智慧物种，这点花费不过相当于在中东的战事几周时间的耗资，甚至不到全美国一年用于宠物的支出。天文学家们被NASA戏耍，NASA又被严重尸位素餐的国会捉弄。当然，天文学家自己也并不是无可指摘的：很多资深的太空科学家仍然不屑于关注系外行星领域的热潮，卡斯廷对他们不太看好。在谈到这些人时，卡斯廷一度热烈的语气变得冷淡起来："他们大部分是一些老宇宙学家，十年后，其中很多人都会作古了，而现在涌入系外行星研究领域的那些年轻人才会是最终的决策制定者。如果从统计上来说，反对派们只能少数服从多数。"

对于卡斯廷而言，寻找宜居的系外行星这件事，即使不能说值得他为之赴死，也肯定是一件值得他用余下的所有生命去进行追寻的目标。从这个角度上来说，任何差异都变得不足为道。在每天早上的晨练中机械地进行游泳、跑步和举重时，他并未有意识地思考自己的死亡，只是在他的脑海中，每一次划水、每一次迈步、每一次卧推都成为生命的一点延续，就像一颗燧石的火花撞击着汹涌的夜色，推动他在时间的长河中向前，一点点更加接近其他有生命的世界所发出的微

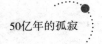

光。驱使他的并不是利己主义，而是恐惧——恐惧终有一天发现了外星世界可能存在的生命迹象时，行星猎人们会搞砸这份呼唤。

"虽然不想这么说，但大多数和我交谈过的天文学家，我都看不出来他们真的对行星有什么了解。"昨天晚上一起吃完晚饭时他对我说："如果有所发现时我还活着，那么我可以帮忙确定这些发现是不是真的；如果我已经不在了，希望我的知识能有所帮助。"祈祷自己足够长寿显然是有风险的，为了保险，卡斯廷将他的知识浓缩精简后放进了一本指导手册中——2010年由普林斯顿大学出版社出版的《如何寻找宜居行星》（*How to Find a Habitable Planet*），显然书可以比他自己活得更久。

玛格丽特酒杯中的冰块已经融化成水，卡斯廷大口喝掉以后，告罪说他应该回家了，时间已经快晚上11点了，但是他还打算窝起来工作一会儿，为第二天给本科生的讲课做准备。此外，他还需要准备在即将召开的NASA太空探索计划分析小组会议上进行的演讲，这是由他主持的一个顶尖水平的计划委员会，并被他视为依照他的期望将NASA的路线导向TPF太空望远镜计划的最后机会。

很多批评者认为，像TPF这样的计划太过好高骛远，并不值得在当下认真考虑。这些批评驱使卡斯廷在四个月之后卸任了主席职位。

在其他行星上寻找生命的化学迹象[或者叫"生物印记（Biosig-Natures）"]的提案第一次出现是在1965年的夏天，由《自然》（*Nature*）杂志上发表的两篇独立的论文提出，前后只隔了一个月。这两篇论文都主要关注在火星上寻找生命。前一篇论文的作者是曾经获得过诺贝尔化学奖的乔舒亚·莱德伯格，在四年前弗兰克·德雷克的绿岸会议上，他曾思考过外星智慧生命存在的可能性。莱德伯格在他的论文中提出了几项指导原则，其中一条是可以通过检测生命对行星环境的间接热力学效应来探测生命存在的设想。任何生物都必须通过新陈代谢才能够生存，也就是说，它们必须从环境中吸收能量，并将代谢废物排出到环境中，才能实现生长、繁殖和保持一个有序的结构。地球上的所有生命，都是通过化学能量梯度来驱动其代谢过程，或许其他任何由化学物质构成的生物也都是如此，化学家们将这个过程称为"氧化还原反应（Redox Reactions）"，在这个过程中，电子在不同的物质之间传递。（如果某个物质获得了电子，我们会说它被"还原"了，这可能和一般的理解正好相反；而如果某个物质失去了电子，即使并没有氧参与到反应过程中，化学家还是会说它被"氧化"了，这样命名只是因为氧是所有已知的电子接受体中与电子结合能力最高的一种。这些术语很容易令人混淆，这也是为什么很多科学记者都会避免写关于化学的新闻。）莱德伯格发现，无论代谢过程涉及什么样的生化反应，都会在行星上产生高度的热力学失衡。由于生物将能源和对生物体至关重要的分子封锁在体内，并且将降解后的代谢废物排出，造成了整个行星尺度的化学不平衡。他写道，搜索者可以大范围寻找"某种本应已经与共存的氧化剂达到化学平衡的不稳定[分子]"作为生物印记，因为这可以说是一种热力学上的奇迹，就好像要在熊熊燃烧的篝火中心找到一截被火焰包围却完好无缺的木柴。

第二篇论文由英国科学家詹姆斯·洛夫洛克（James Lovelock）撰写，将莱德伯格所提出的较为宽泛的结论提炼成了更为严格的生命准则：洛夫洛克提出，要探测关于热力学失衡的迹象，行星的大气层是最好的研究对象，尤其应该寻找"行星大气层中，是否有理论上不应该长期共存的成分的存在"。洛夫洛克以地球的大气层为例，其中所包含的氧气和甲烷的量在化学上是不合理的。因为在室温和正常压力下，如果将氧气和甲烷单独置于密封容器中，二者会发生反应生成二氧化碳和水。然而，在地球大气中，氧气体积占大气的20%以上，但不知为何仍然保留了不到百万分之二的甲烷，这两种气体与平衡比例相比差了近30个数量级。这种持续存在的热力学失衡状态，唯一的解释就是大气中的甲烷成分会不断得到补充。

地球上几乎所有的甲烷都来自这个星球上古老的遗民，即太古宙时的厌氧产甲烷菌，此外还有很小一部分是由海底的热液喷口以非生物方式产生的。即使没有甲烷存在，地球上存在如此丰富的氧气本身就是一种极度的失衡状态，这种状态非常奇特，因为氧气实际上更倾向于与岩石或者矿物质结合，而不是游离于空气中。因此，氧气同样也是需要不断得到补充的。当然，我们的世界中，氧气主要来自能够进行光合作用的细菌和植物，但和甲烷一样，也有少量的氧气可以通过非生物途径产生——日光中的紫外线能够使得水蒸气发生光解产生氧气。既然氧气和甲烷都有可能通过非生物途径生成，因此，如果二者之中只有一种存在于大气层中的话，并不能作为万无一失的生物印记。但是，如果二者同时存在，就成为了天体生物学家能够确认太阳系外生命存在的最有力的证据——因为目前既没有SETI式无线电波，也没有外星飞碟着陆在白宫的草坪上。

"通过非生物途径在行星的大气中积蓄高浓度的甲烷和氧气，显然是非常困难的。"驱车前往黑莫香农的时候，卡斯廷向我重申了这一点。"如果有一颗类似地球的岩质行星，其表面有水，质量大到足够维持内部的高温并且足以驱动板块运动，在这样的行星大气层中同时找到甲烷和氧气存在的证据，将是探测到生命的铁证——至少对我来说是这样。也许有人会说，这不就像弄丢了钥匙，却只在路灯下最亮的地方寻找，我不敢苟同。事实上，公众根本不想听科学家彻底排除某些可能性，所以'噢，外星的生物圈当然很可能与地球上我们熟知的生物具有截然不同的化学特征'才是政治正确的说法，但我认为这根本就是胡说八道。也许有一天我会收回前言，但是我坚信，我们唯一能够合理寻找的生物印记就是我们目前可以模拟和限制的，也就是地球上曾经存在或此刻存在的那些特征。如果在一个和地球有着少量关键共同点的行星上出现生命的萌芽，我想它的生物圈一定能被我们通过光谱识别。即使外星上的细胞和地球上的十分不同，并不依赖于DNA和RNA分子，但它们也会以同样的方式进行新陈代谢。不论在哪里，将二氧化碳和氢放在一起产生的代谢都会生成甲烷。不论在哪里，只要生命能够找到方法使水分解，从中取出氢并排泄氧，都会是非常有利的代谢策略。无论在什么地方，化学和热力学的原理总是不变的。"

洛夫洛克在论文中提出的标准很简练，但是它最大的缺陷在于，氧气和甲烷在频谱特征上具有完全不同的波长。氧气在近红外线波段内能够最有效地吸收恒星光，在人眼可见光的波长范围之外形成明显的光谱"吸收带"。而甲烷是一种非常强效的温室气体，吸收效率最高的是波长更长的热红外线。在天文学中，要研究更长波长的光，意味着需要更大的聚光区域，这就是为什么射电望远镜要比光学望远镜大得多。这也解释了为什么在系外行星的大气中探测氧气和甲烷，可能需要至少两台太空望远镜共同协作。一台小型的简单天文望远镜用于在可见光和近红外光范围内探测氧气，另一台则更大和更复杂的用来在热红外波段观测甲烷。通过两台望远镜的协作，还可以观测行星大气中的其他气体，尤其是水蒸气和二氧化碳，对这两种气体的观测有助于确定行星的宜居性和气候。例如，二氧化碳或水蒸气的含量过高都提示星球的温度太高，使得液态水和生命都无法存在；如果仅有中等量，则提示行星表面存在液态水，其表面温度更适合生物的生存。

"这不是一件一蹴而就的事情，因为规划和建造多种大型太空望远镜需要很长时间，"卡斯廷向我解释道，"近红外望远镜可能会最先出现，利用它可以观测水蒸气和氧气，但观测不到其他气体。或许它能够在宜居带内找到一颗不太远的行星，其大气层中有水蒸气和氧气存在。那么可以继续在这颗行星上，使用热红外望远镜寻找甲烷。但是，可能只有在大气中的甲烷的相对浓度比氧气高时，就像元古宙大部分时期的地球一样，甲烷才能被探测到。但即使发现了甲烷，也还有很多不确定性，所以很难在一开始就说服所有人。还有一种可能性是，我们可能会发现类似于太古宙地球的行星，大气层中没有氧气存在，但是如果在热红外波段寻找，可能会发现大量的甲烷，或许还有一些其他的有机雾霾。反对者们可能会高声反驳，因为要通过非生物途径产生高浓度的甲烷，似乎比氧气要容易得多。如果一颗没有生命存在的行星上有大量的火山活动，表面有大量的还原态火成超镁铁岩，那么就可以出现大量的甲烷。此时就只好开始寻找其他检测难度更高的潜在的生物印记，例如一氧化二氮或者二甲基硫醚等气体。一旦我们发现令人感兴趣的行星，我们需要花费大量的时间和巨额的资金去进行一系列的观测任务以确定它的具体性质。这个过程可能持续五十年，或者一百年，谁知道呢。"

"所以，真正的问题在于，"卡斯廷接着说道，"如果在最初的观测任务中，我们确实在某些行星的大气中发现了氧气，单凭这个结果是否具有足够的说服力来吸引投资，进行后续的探测流程？毫无疑问，在地球上氧气含量的上升是我们的星球历史上最为根本性的转变，因为它为人类这样的复杂生命的出现铺平了道路。但是要将此类推到其他行星，我们必须非常谨慎，否则可能会犯错。"

关于在未来的太空望远镜下，无生命的行星可能会如何将自己伪装成有生命和氧气存在的世界，卡斯廷提出了两种可能性。第一种可能已经在我们自己的太阳系的早期历史中发生过一次，金星由于温室效应的失控失去了水，但由于水分子中的氢逃逸到外太空后，会留下整个海洋那么大量的自由氧气，这些氧气会缓慢地与碳发生反应生成二氧化碳，使得"被烤焦"的金星的大气中保留丰富的氧气，甚至持续数亿年。卡斯廷认为不用太担心这种"假阳性"，因为考虑到行星的位置接近宜居带的内缘，并且其大气层的近红外光谱中观测不到和氧气同时存在的水蒸气，就可以发现真相。卡斯廷设想的第二种可能性则更棘手一些，涉及那些位于宜居带外缘的冰冻小行星：如果该行星的质量是火星的大约两到三倍，可能因为体积过小不足以长期维持火山喷发和类似板块运动之类的活动所需要的内部热度，但是足够维持一层厚厚的大气层不被恒星风暴吹走，我们姑且称它为"超级火星"。卡斯廷提到，只需要少量的水蒸气在紫外线作用下发生光解，就可以在上层大气中产生痕量的自由氧。但因为没有任何火山气体与之发生反应，并且地表的水分被冻成了冰层，无法暴露岩石中可以吸收氧气的矿物质，那么氧气可能会在数十亿年的时间里以缓慢的速度积少成多，充满大气层，给人以这颗行星上有生命存在的假象。进一步考虑到其他星系的恒星与我们自己的恒星太阳可能截然不同，要解读系外行星上的生物印记，则变得更加困难和充满不确定性。例如，一些红矮星比太阳的体积更小、温度更低，但它们发出的紫外线辐射却远远高于太阳，这足以从根本上改变其周围宜居带内行星大气的光化学性质。

在我们沿着322号国道驶离宾州大学，开往黑莫香农的路上，我们穿过了秃鹰岭（Bald Eagle Ridge），这是阿巴拉契亚山脉的一座尖坡，由石英岩、砂岩和页岩构成。这条路分叉后，穿过山脊就延伸为99号州际公路，这是21世纪头十年里新建的一条高速公路。当我们沿着322号国道和99号州际公路持续行驶时，我注意到围绕着路堑的长而倾斜的山坡看起来异常光滑和裸露。随后我意识到我看到的并不是岩石和泥土，而是用铁丝网牢牢固定在上面的一层层灰黑色的塑料。我指向那里，问卡斯廷能否告诉我那是什么。

　　"之前这里发生过严重的酸性径流，在建造路堑的时候，宾夕法尼亚州的交通部挖通了砂岩，将所有粉碎的岩石作为地基回填。砂岩上有黄铁矿的纹路，也就是所谓的"愚人金"，但那些测量员不知道为什么在匆忙中忽略了。"卡斯廷摇着头说："黄铁矿可以说是一种'还原性'矿石，是由铁和硫化物构成的，所以当暴露于氧气时，黄铁矿会分解为氧化铁和硫酸盐。天然的雨水中由于溶解了一些大气中的二氧化碳，因此含有碳酸，和这些成分混合时，碳酸和硫酸盐发生反应生成浓硫酸，腐蚀岩石并且使得重金属从地下浸出。这个路段几乎是马上就出现了讨厌的径流，并且流入了地下水和一些优质的鲑鱼溪流，于是高速公路的建设被延迟了4年时间，浪费了数千万美元。他们只好回头挖出了上百万立方米的酸土，塞进垃圾填埋场，然后将剩余的部分遮盖起来。其实他们当初只要稍微注意一点，就可以少给自己找很多麻烦，对不对？"

　　如果要给卡斯廷的工作找一个共同的主题，那就是耐心深入地思考空气、岩石、水和阳光之间，那些看似简单的相互作用，从中得到惊人的甚至有时是意义深远的见解。事实上，正是卡斯廷充足的耐心使得他取得了职业生涯中最有突破性的成就——一个使得后续所有行星宜居性研究发生变革的观点。在1979年末的某一天，卡斯廷在密歇根大学进行毕业论文的答辩时，他突然灵光一闪。此时距离他的父亲催促他去"正经找个工作"还有几年。

　　卡斯廷的这个突破性的设想，是关于在过去的数十亿年时间里，太阳的亮度持续缓慢增加，地球是如何使其表面温度始终维持在一个相对较窄的范围内的。当地球刚刚形成的时候，太阳的亮度比现在要低30%，这个差异完全足够让地球在其前半段的历史中因为温度过低，表面被完全冻结。然而，科学家们已经找到了那段时间内地球上存在液态水的充足证据。尽管在20世纪50年代，研究人员就已经发现了"黯淡太阳悖论（faint young Sun problem）"背后的恒星天体物理学原理，但是直到1972年，卡尔·萨根（Carl Sagan）和他的同事乔治·马伦（George Mullen）的一篇论文才使得这个理论被行星科学家们广泛理解。在这篇论文发表后，先前对于宜居带的估算陷入了一片混乱。

宜居带估算工作的重建始于20世纪70年代末，当时美国宇航局戈达德太空飞行中心（Goddard Space Flight Center）的一位天体物理学家迈克尔·哈特（Michael Hart）模拟了黯淡的年轻太阳对地球大气层和气候演变的影响。哈特发现，只有当早期大气中温室气体的总量显著增高，他的虚拟地球才能幸免于难，进化为目前地球的样子。这个结果并不意外，当时大多数研究人员（现在也仍然如此）都认为这基本上就是早期地球避免被冻结的方式。但哈特还有一些令人不安的发现：如果将地球与黯淡太阳的距离挪近5%，温室效应的增高会迅速使得地球上的海洋沸腾。更糟糕的情况是，如果将地球与早期黯淡太阳的距离拉远仅仅1%，在20亿年后，地球上一旦出现了氧气，像甲烷之类的温室气体的减少会马上导致闪耀的冰川一路蔓延到赤道地区，冰川会反射更多的日光，这个过程被称为"冰反照率"正反馈循环机制，其最终结果是导致整个海洋都被冻结为固态。无论哈特的模型继续运行多长时间，这颗冻结的行星都永久被固定在冰里。当时还没有任何证据表明我们的行星曾经变成雪球地球，又从中恢复过来，因此哈特认为，冰川化失控可能是一个无法解决的致命问题。根据哈特的理论，太阳系的宜居带是非常狭小的，地球这个有生命的星球能在其间形成可以说是走了大运。因此，他残酷地断言，在整个银河系中可居住的行星比我们过去想象的要少得多。哈特甚至推测，地球很可能会是唯一的一个。

詹姆斯·洛夫洛克的观点则和哈特的大相径庭。他相信地球确实是靠着由强效的温室气体混合成的大气（可能大部分是二氧化碳）

撑过了黯淡年轻太阳的时期。但他的假设是，地球的早期历史中没有发生温室效应失控的原因，是光合生物将过量的二氧化碳从空气中吸出，并将二氧化碳固定为了埋藏在地下的有机碳，这个固定的速率非常精准，正好稳定了地球的温度。在他看来，正是生命本身，通过与地球物理系统紧密偶联和共同演化，主动且无意识地维持了地球的宜居性。他强调，这种偶联关系非常紧密，以至于从最大的尺度上来看，生命体及其无生命的环境之间的差异变得模糊不清。因此整个世界可以被视为一个复杂的系统，一个行星尺度上的有机生物体。他将这种生物圈与地球其他部分之间的联合体命名为"盖亚（Gaia）"，这是希腊神话中的大地女神的名字。洛夫洛克与美国生物学家林恩·马古利斯（Lynn Margulis）合作，进一步完善了他的理论，撰写了大量的论文。

卡斯廷的博士论文是关于生命起源以前地球上氧气的增加，其中关于碳循环的研究使得他也对这场辩论做出了贡献。具体来说，卡斯廷研究了是否远在蓝藻和产氧光合作用出现之前，二氧化碳的光解就已经释放了大量的氧气进入大气层。为了解决这个问题，他首先需要估算出原始地球上存在多少二氧化碳，然后将这些信息输入他定制的数学模型中。现在地球大气层中存在的大部分二氧化碳都是由生物圈调节，处于一个"有机"碳循环中，生物在生长时会吸收固定碳，当它们死亡和腐烂后再释放回环境中。但是还有一个更加古老的无机碳循环——碳酸盐–硅酸盐循环，在地球上生命萌芽之前就已经在进行，扎根于地球，并在以百万年计的时间尺度上持续运转至今。卡斯廷和我在刚才经过路堑时所看到的酸性径流，正是这个无机碳循环的一个独立的小部分。

火山喷发将二氧化碳排入空气中，其中一些二氧化碳随后和雨水混合形成了碳酸并随降雨回到地面，这就是无机碳循环的起点。在陆地上，碳酸会侵蚀硅酸盐岩石，释放富含碳的矿物质，积聚在地下水、溪流和河流中。在越过秃鹰岭时，我们正好目睹了这第一步的过程。而无机碳循环的后续步骤，大多发生在人类生命的时间和空间的边界之外。碳被冲刷入海洋并最终沉积到海底，形成石灰岩之类的碳酸盐岩层。当板块运动将沉积有碳酸盐的海底向下推入地幔时，岩石中的碳再次被烘烤出来变成二氧化碳，通过喷发的火山回归大气层，完成了无机碳循环的回路。在博士论文的研究中，卡斯廷尽可能收集了拟合早期地球非生物碳酸盐–硅酸盐循环的各种最佳估计值，然后使用他的模型对所有数据进行了运算。在演算结束后，他得出了结论，二氧化碳光解可能在平流层生成了薄薄的一层臭氧，但也仅限于此，并没有制造出充满大气层的足够氧气。

　　卡斯廷的毕业论文很大程度上是受到詹姆斯·沃克（James Walker）的观点影响。沃克是密歇根大学杰出的大气学家，一直对卡斯廷照顾有加。因此，沃克也是卡斯廷论文评审组的成员之一。卡斯廷成功地在评审组面前进行了论文答辩，然后，新鲜出炉的卡斯廷博士和他的前评审员们一起共进午餐。卡斯廷、沃克以及评审组的另一名成员，大气科学家保罗·海思（Paul Hays），讨论起哈特那些令人困扰的结果，以及早期地球冰川作用失控可能的解决方案。洛夫洛克的理论看上去是可行的，但令人沮丧的是，它仍然有些模糊和同义反复之处：盖亚假说认为，一颗行星必须首先有生命居住在上面，才会变得适合居住。沃克提出，也许某种与生命无关的因素，通过某种行为规避或者阻碍了冰川失控，例如，早期地球的上空缺乏云层遮挡，使得更多的太阳光能够到达地球表面，融化冰层；或者火山爆发可能逐渐地在冻结成冰的地球表面覆盖一层深色的火山灰，后者会吸收阳光并且使冰融化。但是这些解释仍然不尽如人意，因为这些过程都不是必然发生的，只是有这种可能性。

脑海中对论文答辩里关于非生物碳酸盐–硅酸盐循环的细节记忆鲜明，卡斯廷停下来思考了一会儿，然后说他有了一个更简洁的想法。"如果地球完全被冰覆盖，其内部仍然会保持高温，火山活动会继续将二氧化碳排入大气，"他迟疑地开口道，"这样一来，暴露的硅酸盐岩石就会减少，低温会使水蒸气从空气中凝结出来……那么二氧化碳又去哪儿了？为什么二氧化碳不会在大气中持续聚积，直到温室效应融化冰川？风化速率不是应该取决于温度吗？或许这就是解决之路了。"虽然在那顿午餐剩下的时间里，沃克和海思试图对卡斯廷的推论提出一些异议，但最终没有成功。第二天，卡斯廷离开了密歇根大学，开始在位于科罗拉多州博尔德的国家大气研究中心进行博士后研究。

沿着322号国道穿过秃鹰岭后，我们进入了相邻的山谷，然后转向另一条高速公路，往东北方向开往菲利普斯堡（Philipsburg）。行驶了大约5英里（8千米）的路程，窗外不断闪过树木林立的山脊、绿草丛生的田野和铁路的轨道，然后卡斯廷提醒我左转驶离了高速公路。我们顺着粗糙的路面盘旋而上，进入了蜿蜒曲折的橡树林丘陵，他坐在我旁边的副驾驶座上对我轻笑了几声，用俏皮的声音说道："那或许是我有生以来最棒的想法，但是当时我并没有意识到——我那时还是对大气中氧气的增加更有兴趣。"

在博士答辩结束十个月之后，已经在博尔德工作的卡斯廷收到了一个大邮包，里面是厚厚的一叠原稿，标题是《维持地球温度保持长期稳定的负反馈机制》（*A Negative Feedback Mechanism for the Long-Term Stabilization of Earth's Temperature*），卡斯廷被列为论文的第三作者，排在沃克和海思之后。

"这些东西都是沃克研究得出的，"卡斯廷回忆道，"至于海思，我想他在数学计算方面给沃克提供了一些帮助。沃克收集了关于硅酸盐风化速率的所有可及的信息，主要是从一些实验室数据中找到的，他令人信服地说明了硅酸盐风化速率确实是决定于温度和降雨。根据这些数据，他推导出了计算风化速率的方程式，是关于二氧化碳分压和行星温度的函数。"

我请求卡斯廷重新用简单的语言告诉我这篇文章的核心内容。

"这很简单，"他重复道，"就是说，当地球的温度上升时，水的蒸发速率也会增加。这会在空气中生成更多的水蒸气，从而生成更多的碳酸，碳酸则会随着更加频繁和密集的降雨落到地面。所有这些过程会增加硅酸盐的风化，从而降低二氧化碳浓度，使得地球的温度下降。如果温度持续下降到情况反转，引起冰川失控，风化速率的下降又会使得二氧化碳在空气中聚积，经过数千万年的时间，地球又可以再次变得温暖起来。"

卡斯廷的声音提高了些，他将手从膝盖上抬起来，在脑海中指挥起了碳循环的交响乐。"我们所展现的，或者说沃克所展现的就是，碳酸盐–硅酸盐循环就像一个大型的恒温器，通过这个循环形成了一个稳定的反馈机制，可以保持地球这样的行星的温度始终远离危险的临界点。这就是一切的关键，这就是哈特问题的答案，这就是洛夫洛克盖亚假说的非生物选项，这就是为什么恒星周围的宜居带会是宽广而非狭窄的！如果没有这个稳定的反馈机制，宜居行星大概就会像哈特所认为的那样罕见。但是正因为有它的存在，我忍不住认为可居住的行星实际上是很常见的。"

1981年，这篇论文在《地球物理研究》（*Journal of Geophysical Research*）上发表以后，全球受到震动的行星科学家们很快接受了其核心结论。另外三位研究者罗伯特·伯纳（Robert Berner）、安东尼奥·拉萨加（Antonio Lasaga）和罗伯特·加勒斯（Robert Garrels），对碳酸盐–硅酸盐循环进行了更为复杂的研究，独立地验证了这篇论文的结论。其中一部分是基于对世界各地河流中溶解的矿物质的测量，新数据显示，靠近温暖赤道的河流含有更多富含碳的矿物，而那些纬度较高、温度更低的河流中含量则少一些，这个比例与沃克推导的随温度变化的风化速率是一致的。在20世纪90年代，地质学家发现了元古宙数次发生的雪球地球事件，这进一步促进了学界对于碳酸盐-硅酸盐恒温器理论的接受。在数十亿年前赤道附近形成的地壳中，他们发现了被冰川粉碎后沉积的碎石层。另外，赤道海底纹理细密的深海沉积物中，他们发现了滴石（Dropstones）——贴在蔓延的冰川下方被拔起并带离海岸的沉重巨岩。冰川运输是元古宙滴石形成原因的唯一合理解释，因为那个时代地球上仅有单细胞生物，并不存在任何一种生物可以将巨石投入大海。在古老的冰川沉积物之外，地质学家们又为卡斯廷的碳酸盐-硅酸盐恒温器理论找到了确凿证据：百米厚的温水碳酸盐岩层。火山喷出的二氧化碳充满了大气层，迅速地融化了冰壳后，光合产率急速提高，导致了这些岩层的沉积。

事后看来，沃克、海思和卡斯廷发现的机制似乎与其应用一样浅显明了。突然间，金星、地球和火星的不同命运变得不再神秘。这些行星一开始似乎都有着温暖的气候和表面的液态水，但只有地球始终保持了这些条件，因为只有地球保留了碳酸盐-硅酸盐恒温器。金星在失去水的同时失去了恒温器，因为板块运动需要水的润滑，从大气中吸取二氧化碳来形成碳酸岩也需要水的作用。火星失去恒温器不是因为它距离太阳太远，而是因为它的体积太小了。火星的地热被耗尽后，无法继续维持碳酸盐循环所需要的火山活动，并且因为体积太小，大部分火星的大气层都逸散到了宇宙中。曾经在河流中流过并聚集到海洋中的火星水，最终被冻结在了土壤中。如果火星的体积更大一点，维持碳循环可能会更容易一些，那么说不定火星现在仍然适合居住。

大橡树和黑樱桃树的树荫下，空气变得寒冷潮湿，只有偶尔经过几棵高大细瘦的松树时，小片的阳光能够透过缝隙照射到路面上。前方，黑莫香农湖曲折蜿蜒地穿过一片沼泽，里面长满了泥炭藓、常绿莎草、芦苇、杂草和各种针叶灌木。植物单宁将湖水染成深茶色。放眼望去没有其他人在。我们将车停在一个人造的小沙滩旁，走到了无云的蓝天下。卡斯廷开玩笑说，这对他的一维模型而言简直是完美的天气。"下个周末这里就会人满为患了，"他说着，回头看了一眼森林的边缘，那里点缀着深红和金色的秋日色调。"再过几天就是秋色最美的时节。那之后要不了多久，也许就一周左右吧，叶子就会开始掉落了。"

在发现碳酸盐–硅酸盐恒温器理论之前，天文学家普遍认为，50亿年后地球将迎来末日，届时太阳将膨胀为一颗红巨星，把地球烧成煤渣。行星科学家们推测，在未来的那个时刻到来之前，即便地球本身还存在，但海洋已经消失殆尽，那么生命也会随之消亡。因此，生命的末日或许会发生在10亿年到20亿年之后，届时变得更亮的太阳光线会将所有的海洋蒸腾挥发进入宇宙。碳酸盐–硅酸盐恒温器为生物圈的消亡提供了一条新的、更加快速的途径：大气中二氧化碳的水平，通过地质学的方式逐渐下降。随着行星内部的缓慢冷却，火山活动会减少，从而减少了二氧化碳向大气中的排放。同时，持续增亮的太阳将使得行星温度逐渐升高，将更多的水蒸气泵入空气中，风化岩石并吸收更多的二氧化碳。最终，大气中的二氧化碳浓度会下降到低于光合作用所需的最低值，食物链的基础将会崩溃，大气中的氧气水平会直线下降，地球上大部分种类的生命都将死亡。沃克一开始就意识到了这一点，1981年的论文中，他写下最后一句话是："从长远来看，地球的生物可能必须适应二氧化碳的逐步消失以及地表平均温度的逐步升高。"

1982年，洛夫洛克和同事迈克尔·惠特菲尔德（Michael

Whitfeld）设计了一个精细的碳酸盐–硅酸盐恒温器模型，以确定地球生物圈距离消亡还剩下多少时间，其结果发表在《自然》杂志上。按照他们的估计，距离世界末日仅有大约一亿年的时间——对于地球这颗已经45亿年岁的行星来说实在是太短了。如果换算成人的一生，洛夫洛克和惠特菲尔德的预测相当于告诉一个45岁的女人，她的寿命只剩下一年了。天文学家、行星科学家和地质学家受到了震动，但是在这个小圈子以外，世界即将灭亡的消息几乎可以说是被置若罔闻，毕竟对于普罗大众而言，一亿年和永远也没什么区别。科学家还要再过十年才会重访即将到来的末日问题。然而，从深刻时间的角度来看，十年就这样过去并没有什么不寻常。1992年，卡斯廷和他的博士后学生肯·卡尔代拉（Ken Caldeira）对地球光合作用的下降进行了更细致的计算，所得出的结果稍微延缓了生物圈的死刑期。

"植物会进行光合作用，但它们同样会呼吸，它们也会吸入氧气，以帮助将碳元素固定在体内。"我们走近湖边，沿着河岸散步时，卡斯廷对此解释道。"地球上95%种类的植物，包括所有的树和大部分的农作物，几乎都依赖于所谓的'C3'光合作用。这种光合作用过程的第一步是产生具有三个碳原子的有机碳链。如果二氧化碳浓度低于150ppm（即百万分之150），那么C3植物的呼吸速度会超过光合作用速度，这会导致它们的死亡。在洛夫洛克和惠特菲尔德的模型里，大气中的二氧化碳将在一亿年内降低到150 ppm。我的气候模型无疑是更好一些的，肯使用它进行了计算，将有机物的腐烂和植物根系的呼吸作用也纳入了考虑，这些因素会将泥土中二氧化碳的含量提高到大气中的20到30倍。加入这些因素后，C3植物大概可以坚持5亿年。"

卡斯廷弯下腰，从湿漉漉的草皮上撕下几片绿色的草叶。"洛夫洛克和惠特菲尔德还遗漏了C4光合作用生物，它们能够更加高效地利用二氧化碳。草、玉米和甘蔗都是C4光合作用植物。仅10ppm的二氧化碳就可以维持它们的生存。我们的模型显示，直到9亿年之后，二氧化碳含量才会下降到10ppm，所以在失去树木和森林以后，接下来的4亿年里你还有草原和玉米地，在这个湖周围的大部分生物也应该都还在。C4光合作用是一种近期发生的进化适应现象，可能正是由于二氧化碳的浓度在下降，所以在这段时间里，说不定还会出现更加聪明的进化。但是一旦二氧化碳浓度低于10ppm，其大部分的温室效应就会消失，水蒸气的正反馈循环接管，温度升高，平流层变得潮湿，而地表水会全部消失。岩石中所有的二氧化碳最终都会回到大气中，但那时升高的温度已经将生物圈内所有东西都烤熟了。我不敢说我们的结果一定正确，但是我们的模型使用了更好的假设，并且使得地球上生命可能继续存在时间从一亿年延长到了十亿年。"

"所以地球上的生物圈其实已经进入了秋季，开始走向衰落了。"我催促他继续说下去。

"我认为说是夏季更准确，很多微生物可以在80或者100摄氏度的高温下生存，当地球开始失去地表水的时候差不多就是这个温度。而位于地面之下的厌氧菌和化学合成生物还可以坚持更长的时间。"卡斯廷实事求是地回答我。

"是的，好吧，更温顺的生物会接管地球。但是像人类这样富有魅力的大型生物会如何呢？"

"对于高等生物来说，或许确实已经到了秋天。让我们大方地假设人类或某种形式的智慧生命可以撑到C3植物灭绝的时候，然后我们就会遇到真正的问题。地球上有生命存在的时间是50亿年，而智慧生命存在的时间只是其中的5亿年。也就是说智慧生命存在的时间大约仅占地球生命历史的1/10，如果靠着C4光合作用继续延伸，或许可以占到1/5。寒武纪爆炸发生在大约5亿年前。这样的话，地球上复杂生命存在的总时间可能是10亿年甚至15亿年。"

卡斯廷停下脚步，静静地站着，用手指将草叶撕碎。"我想说这涉及德雷克方程中的至少一个概念，即孕育智慧生命的行星比例。"他终于开口说道，同时继续向前走去。"无论是生物学上的限制还是地球物理学上的行星环境演化，进化出复杂生命耗去了地球历史的前半段岁月。在太阳的百亿年寿命走过了一半时，智慧生命堪堪出现，并且，很难再持续存在五亿年以上的时间。因此，有充分理由认为人类的出现是宇宙中的稀有事件。人们认为我是洛夫洛克盖亚假说的反对者，因为我帮助发现了稳定气候的非生物方式，但是我其实更像是一个评论者。很显然，生命确实会改变它生存的环境，可以调节气候使其更利于生命本身。同样，生命显然也可以使得气候失去平衡。这不过是看问题的视角不同。生物使得氧气含量上升，可能导致冰川失控，这和盖亚假说相矛盾。但同时，正是由于氧气含量的上升才会孕育出我们。说这个过程是有目的地进行，可能并不正确。但是如果非要说盖亚有什么目的，那大概就是进化出人类这样的更高级的生命形式。这是因为理论上人类可以推迟这个星球的消亡，并将盖亚的范围扩张到地球之外更远的地方。事实证明，智慧和技术远比蓝藻更强大，所以你可以说我是一个技术盖亚主义者。我们恐怕无法阻止太阳亮度的增加，但我们仍然可以保护地球。太阳会在数亿年后才威胁到人类，但如果我们持续进步，在一两个世纪内，或许就可以建造出某种太阳盾，来对抗越来越亮的太阳。比如可能可以在轨道上放置大批的小镜子，阻挡部分日光到达地球。只要我们没有因为别的原因毁灭了自己或毁灭了地球，我们或许可以保护地球几十亿年。既然不想被烤熟，我们为什么不这么做？"

"你觉得，我们现在的所作所为不是在毁灭自己或毁灭地球吗？"我问道。此时我们已经抵达了湖的远岸，没有看见任何人。突然一阵轰鸣声传来，一辆白色的福特F-150皮卡车爬上旁边一条穿过湖边小山丘的有点坡度的碎石路，轮胎碾过之处碎石如铅弹一般飞溅，射入树林和灌木丛中。三只棉尾兔受到了惊吓，从遮蔽处窜出来，跳进了森林深处。

卡斯廷皱着眉头，将手上撕碎的草叶扔在地上。"人类整个物种现在的行为令我辗转难眠，不仅仅是对气候的影响，我们正在肆意挥霍地球的资源，摧毁生物多样性。毫无疑问，我们正在走向自己一手主导的又一次大规模生物灭绝的过程中。稍微令我感到安慰的是，我们可能并不会使生物走向彻底灭绝，也不会导致地球温室效应的失控。碳酸盐-硅酸盐循环将在以百万年计的时间里，消除化石燃料的冲击，然后大气中的二氧化碳又会开始长期的持续下降。如果我们更明智一些，我们会将所有的石油、煤炭和天然气都储藏起来，直到这个星球真正需要它们的那一天。我们有足够的化石燃料可以将地球的温度提高10摄氏度，正如过去一亿年或者更长的时间里的地球那么热。我们可能会让地球进入自太古宙以后温度最高的时期，这可能会导致冰盖融化，海平面上升，陆地面积减少20%左右。赤道地区可能变得几乎没有生物生存，因为现在那里生长的许多农作物已经非常接近其耐热极限。世界半数人口可能会流离失所。人口会减少，并且向极地方向迁移。数十亿人可能会丧命……但是，科学技术总是在持续进步，或许全球经济会在二三十年内复苏，或许我们可以找到合理的办法来逆转或者对抗气候变化的恶果。或许我们最终能够建造并发射一台TPF，无论它可以在宇宙中发现什么，都会让我们更加珍惜自己的星球。我想，我们还有时间。"

第八章 光线的差错

2011年7月8日早晨，佛罗里达州卡纳维拉尔角（Cape Canaveral）的天空朦胧而阴沉。对于在肯尼迪航天中心周围的海滩和沿海堤道上的大约75万人而言，只有来自海边的微风可以稍微缓解酷暑的炎热。他们在那里是为了道别，等待NASA的航天飞机亚特兰蒂斯号（Atlantis）发射进入近地轨道，走入历史。这是长达三十年的航天飞机计划的最后一次飞行任务。

随着最后的倒计时开始，航天飞机的最后一名指挥官，海军上尉克里斯·弗格森（Chris Ferguson），与本次任务的发射负责人迈克·莱因巴赫（Mike Leinbach）一起凝视着计划的终结。"当一个伟大的国家敢于大胆尝试并且决心贯彻执行时，它能够做到什么样子，可以通过航天飞机反映出来。"弗格森通过无线电波说道。他坐在18层楼高、450万磅重的航天飞机上的座椅里，轨道器的侧面安装了一个巨大的铁锈色外部燃料箱，两侧是一对白色火箭助推器。"我们的旅程并不会在今天结束，迈克，我们只是完成了这段永无止境的旅程中的一个章节而已。"

和很多前人一样，弗格森与隐世哲学家康斯坦丁·齐奥尔科夫斯基（Konstantin Tsiolkovsky）的核心思想产生了共鸣。齐奥尔科夫斯基是现代火箭科学之父，19世纪末时，在俄罗斯的某个偏远的小木屋内，他曾热切地写下了有关太空探索和恒星间人类命运的内容。大约正是在奥维尔（Orville）和威尔伯·莱特（Wilbur Wright）两兄弟率先在基蒂霍克（Kitty Hawk）开展动力飞行的同时，在地球的另一端，齐奥尔科夫斯基正在构建关于能够在轨道上运行、让人类在外太空生活和工作，甚至有一天走出太阳系的多级火箭的理论。他最知名的成就，就是构建了现在所说的"火箭方程式"，这一个公式中包含了所有影响火箭运动的关键变量。后来像德国的韦纳·冯·布劳恩（Wernher von Braun）和苏联的谢尔盖·科罗廖夫（Sergei Korolev）这样的知名人士都认为，在追求以火箭技术探索和走向太空的过程中，齐奥尔科夫斯基深刻地影响了他们。齐奥尔科夫斯基在他早期的一篇论文中提出了他的工作背后的极具远见的动力："人类整体或许永远不会灭亡，会在一个太阳熄灭以后又转移到下一个太阳系，如此往复……因此，生命、进化和人类的进步永远永不止息。人类会永远发展下去，如果真是这样，人类就一定能够永生不朽。"这种跨出地球，拥有无限未来的愿景，仍然是任何一项人类太空计划背后最为纯粹、最为崇高的目的，但由于畏惧世俗的嘲笑，我们通常不会明确地说出来，只是委婉地暗示。

"我仍然梦想着坐在我自己的机器中飞向星际。"齐奥尔科夫斯基在去世前十年时回忆道，"我们应该有可能通过某些装置进入太空，也许我们还能在地球的大气层之外建立生活设施。这或许需要几百年的时间才能实现，之后，人类就可以不再局限于地球表面，而是向整个宇宙拓展。"但是，由于齐奥尔科夫斯基的愿景与他生活的世界之间的距离看上去如此遥远，所以他认为自己基本上可以说是个失败者，在68岁的时候他写道，"我的一生碌碌无为，没有取得任何值得称道的成就。"1935年齐奥尔科夫斯基于去世时，他仍然认为人类想要征服太空还需要好几个世纪。如果不是第二次世界大战爆发，他说的或许没错。但是，在他去世以后仅仅二十年的时间，苏联人和美国人的卫星已经在围绕地球的轨道上运行，这是用于制造核弹头和弹道导弹的大量军费的产物。

弗格森在卡纳维拉尔角沉浸于齐奥尔科夫斯基的世界之后片刻，航天飞机的引擎和火箭助推器猛地升空，发出苏醒的巨响，在颤抖的金色火焰和电蓝色的马赫盘中，将亚特兰蒂斯号和她的船员推向了天空。航天飞机在雷鸣般的响声中升空，最后一次席卷周围灌木丛生的沼泽，响声随着距离的延长而减弱，因此，最远处的旁观者在幽灵般的静默中目睹了航天飞机的发射。亚特兰蒂斯号从发射台上方升起，进入一条开往国际空间站（ISS）的弧形轨道，穿过低空的云层后消失在人们的视线之外。随着航天飞机最后一次飞向天空，留下了逐渐销声匿迹的太空计划。NASA还没有准备好航天飞机舰队的替代品，并且整个机构正在逐渐缩减太空计划。在未来的数年里，NASA将不再有能力将人类直接送入太空，相关的科学任务也会被删减。

这些航天飞机是在阿波罗登月计划成功后的技术发酵过程中构思出来的。NASA更宏伟的二十年计划包括在月球建立前哨站并进一步派人探索火星，作为计划的一部分，NASA的高层推动资金的投入，用于建设可以像火箭一样发射的航天器，它可以在轨道上与无人卫星和载人空间站会合，能耐受再入大气层时的高温并回到地球，像飞机一样在世界各地的宇航中心着陆。和登月过程中用完一次就被抛弃的巨大的土星五号运载火箭不同，这个系统在理论上完全可以被重复使用，达到降低发射成本的规模效益（当时的发射成本为每千克10000美元以上）。这种航天飞机被定义为革命性的航天器，可以多次飞行，搞不好每周都可以飞一趟，使得太空旅行变得便宜、频繁和常规。广阔而奇妙的太阳系，将敞开怀抱迎接人类的好奇心和创造力。月球基地和火星探索不过是不可思议的星际之旅的开端而已。

　　然而，NASA宏伟计划所需的预计费用令理查德·尼克松（Richard Nixon）总统望而却步。为了确保NASA不会推动建立月球基地或者登陆火星的计划，他大幅削减了资金并取消了土星火箭计划。NASA的计划中唯一幸存的是航天飞机计划，或许是因为建造它的目的是让太空旅行更加经济，但是计划的规模仍然被缩减了。原本完全可重复利用的目标被降低为"半可重复利用"设计，开发成本更低，但是使用成本会更高。即便如此，被削减经费的NASA仍然无法负担航天飞机开发所需的资金，这些经费还是NASA通过响应军方发射和拦截间谍卫星的需求而争取到的。五角大楼以为NASA提供支持为交换，要求更改航天飞机的设计，要求有更宽的载物仓、更强力的隔热系统和更大的三角翼，这些改动都会进一步增加航天飞机的复杂性、制造成本和飞行风险。

　　最终建造出来的四不像飞行器外表精美、功能多样，但是有着无可挽回的致命缺陷。整个航天飞机舰队没有达成最初计划的每年50次飞行的目标，在其30年的寿命中，总共只飞行了135次。这些航天飞机将有效载荷送往轨道的成本在每千克18000~60000美元之间，甚至高于被它们替代的一次性发射装置。航天飞机计划的失败，部分原因在于许多"可重复使用"的部件需要在每次飞行后由一小批常备技术人员进行大量整修。此外，还有一部分原因是，不可避免的操作风险导致了两台轨道器及其机组人员的不幸损失。1986年，挑战者号航天飞机由于一台助推器的密封胶失效，在发射升空后不久发生了爆炸。2003年，哥伦比亚号在再入大气层时，因为被一块泡沫隔热材料刺穿了机翼而粉碎。事实证明，在航天飞机设计过程的早期因政治介入而进行的妥协是导致这两起灾难性事故的主因。

　　这个项目的总成本估计为1500亿美元，其标志性成就，大型轨道实验室——国际空间站的建立，又耗费了大约同样多的资金，但实际上绝大多数地球科学家根本不想要也无法使用国际空间站。有一段时间，航天飞机和国际空间站消耗了NASA总预算的近一半资金。然而，和耗资少得多的无人探测器相比，这两个项目的科学回报少得可怜。来自NASA航天飞机时代载人太空飞行计划的直接研究成果中，最有用的是以宇航员为研究对象进行的研究，这些研究用实验方法测量了长时间的宇宙飞行对于人类的影响。当然，如果人类没有能力造访地球之外的全新目的地并进行有意义的工作，那么这种研究的价值也会大打折扣。背负着运作航天飞机和建造国际空间站的财政压力，NASA发现，他们曾经大胆设想的人类太空未来愿景已经走上了真正意义上的绝路，宇航员在近地轨道周围漫无止境地兜圈子，等待他们的骨骼和肌肉在长期的微重力环境中被消耗掉。无论从哪个方面来说，航天飞机都是耗资巨大的累赘，未能兑现其当初最重要的承诺。

唯一的例外，可能是航天飞机计划在哈勃望远镜项目中所起的作用。哈勃是一个和校车差不多大小的自动轨道天文台，在1990年由"发现者号（Discovery）"航天飞机送入近地轨道。哈勃望远镜最早由美国天文学家莱曼·斯皮策（Lyman Spitzer）于20世纪40年代提出之后，差不多和航天飞机计划相同的时间，开始进行设计并获得投资，花费了数十年时间，耗资20多亿美元来建造和发射。哈勃望远镜能够被严丝合缝地放入航天飞机的货舱里并不是巧合，而是因为它的外形设计正是源自于已经被建造好的一些将由航天飞机运载的间谍卫星。它并不是第一台太空望远镜，却是当时最大的一台。它的主镜直径2.4米，由超低膨胀玻璃构成，表面镀铝并精密抛光，相当于在天空上安置了一只大约8英尺（2.4米）宽的眼睛。大气层中闪烁的气体湍流层会使得天体光线变得混乱和扭曲，而哈勃望远镜被设置于地球的大气层之上，因此它的大眼睛不会受到干扰。人们寄希望于能够通过它出人意料的高敏感度和高清晰度的观测，引发天文学整体的革命性进展。

　　但是，被发射进入轨道后，哈勃望远镜一开始发送回来的图像却十分模糊。它的主镜经过非常精确的抛光，但是形状上一点点微不足道的偏差，导致它偏离理想曲率约2微米，这个长度还不到人体红细胞宽度的三分之一。主镜的抛光是一个历时两年的辛苦过程，无法轻易在轨道上重复，也没有办法更换一个新的主镜。就这样在地球上空超过550千米（342英里）的轨道上运行的哈勃望远镜，将会成为一个价值数十亿美元的废品。但是，后来它却成为了最著名、成果最为丰硕的轨道天文台，这要归功于航空飞机的独特能力，以及在古往今来所有太空望远镜中哈勃所享有的独一无二的好运——在设计它的过程中就考虑到了如何在太空中进行升级和维修。

　　1993年12月，由NASA哈勃团队设计的解决方案随着"奋进号（Endeavour）"航天飞机发射。一组更小的镜片被安装在哈勃望远镜上，将那些从略有缺陷的主镜上弹开的星光重新聚焦，就像给近视眼配了一副眼镜一样。这是有史以来第一次进行此类维修任务，一支由7名宇航员组成的精锐团队穿着笨重的太空服，在10天的时间里，他们耗费了整整35个小时来安装矫正镜片，并对哈勃进行了一些额外的升级。这场马拉松式的壮举，就像是带着焊工头盔和隔热手套来进行精细的眼科手术，并且外部环境非常危险，一点轻微的设备故障就可能导致他们瞬间丧命。几周以后，哈勃太空望远镜就开始传输任何地面天文台都无可匹敌的清晰图像。在哈勃望远镜的职业生涯中，航天飞机至少四次将新的仪器和设备运送到哈勃，它的每一次造访都使得哈勃的功能变得更加强大。NASA载人太空飞行计划的批评者指出，每次航天飞机维修任务的估计费用，都足够再建一台新的哈勃望远镜，并通过一次性运载火箭将其发射到位，而且这种方式还不用拿人的生命去冒险。尽管如此，就连他们也无法对通过航天飞机的升级所带来的革命性的新前景表示不满。

在我们的太阳系中，哈勃望远镜的视力敏锐到足以辨别火星上的天气变化、木星上的爆炸性彗星撞击以及土星上的神秘极光。对准冥王星时，哈勃清晰地观测到了新的卫星，并粗略地绘制了这颗遥远星球的表面形态。当凝视着附近的恒星形成区域时，哈勃观测到年轻的恒星周围环绕着气体和尘埃构成的旋转的圆盘，那是正在形成过程中的行星。哈勃对离我们最近的漩涡星系——仙女座星系的运动进行了测量，最终确定它会在大约40亿年后与我们的银河系发生碰撞和融合。观察周围众多的星系，它发现几乎所有星系的中心都有着超大质量黑洞（Supermassive Black Holes），每一个都相当于将数亿个太阳的质量压缩到比太阳系的范围还小的空间里。事实上，哈勃几乎对观测的所有位置都拍摄了华丽的影像，这些照片不仅吸引了公众的注意力，也使得很多重大发现成为可能。2012年9月，天文学家发布了一幅酝酿了10年，由哈勃望远镜两百万秒的观测所产生的"深空视场（Deep Field）"图像。他们时不时地将哈勃的镜头对准一片似乎没有任何天体存在的虚无天空。这块天空不大，比在地上透过一根吸管观察天空所看到的视野还要小。哈勃细致的观测发现，在那看似虚空的地方，成千上万个遥远的星系像宝石一样散落，有黄色椭圆形的，蓝色螺旋形的，也有颜色混杂、形状扭曲不规则的。其中最古老和最遥远的星系，看上去就像是一小粒红宝石，我们对它们的结构一无所知。在宇宙大爆炸（The Big Bang）后仅仅五亿年，它们的恒星所发射的光线就开始朝着我们流动，而在我们的太阳系诞生之前，这些恒星就已经燃烧殆尽。当这些来自远古的光子终于到达哈勃望远镜的镜片时，其亮度大概只有人眼所能观测到的亮度的一百亿分之一。

在哈勃望远镜发射和不断维护之后的几年里，NASA又建造了另外三个大型轨道天文台（Great Observatories），进一步在太空望远镜方面取得成功。每个天文台各自观测不同波长的光线，平均每台耗资约10亿美元。康普顿（Compton）望远镜监测宇宙边缘发生的大爆炸所释放的伽马射线；钱德拉（Chandra）望远镜则主要获取X线，观测大质量恒星（Massive Stars）爆炸成为超新星和超大质量黑洞吞食分子气体云；史匹哲（Spitzer）望远镜则观测红外线，以捕捉恒星的诞生，以及测量发生凌星现象的系外大质量热行星的大气层。这几台太空望远镜中，只有一台不是通过航天飞机发射的，随后每台太空望远镜都取得了一系列的突破性成就，因此科学家们很快开始将这个时代称为天文学的"黄金时代"。NASA除了拥有这四台"旗舰"太空望远镜以外，还建造并发射了一群体积稍小、功能更专一的天文台，每个耗资几亿美元。

旗舰天文望远镜及与之相伴的一群小型望远镜，其耗资如此之高，最主要还是由抵达轨道所需的惊人成本造成的，航天飞机并不能降低这部分费用。每千克运载物的发射要耗费上万美元，这进一步增加了每台天文望远镜的设计、建造和测试的成本，因为必须将它们制作得轻巧坚固，并且在技术允许范围内尽可能可靠。在当时，这部分开支并没有太令人忧虑，因为20世纪90年代中期，冷战结束后的美国成为了一个超级大国，失业率低，生产率高，联邦政府的盈余达数万亿美元，GDP（国内生产总值，Gross Domestic Product）和股票市场欣欣向荣。随着计划的推进，NASA的领导人认为他们看到了一个光明的未来，NASA的财政预算将会逐年稳步增多，因此可以建造耗资更大的太空望远镜，可以从火星取回样本，并且最终重新启动近地轨道以外的载人太空探索。哈勃望远镜在21世纪的第一个或第二个十年时将会结束其使命，它将脱离轨道坠入太平洋，一个更具革命性的全新轨道天文台将取而代之。1996年NASA宣布了哈勃的继任者，"新一代太空望远镜（Next Generation Space Telescope）"，2002年它被更名为詹姆斯·韦伯太空望远镜（James Webb Space Telescope, JWST），以纪念在阿波罗计划的辉煌岁月中领导NASA的局长。它的任务是完全揭开那些宇宙最初诞生的星系的神秘面纱，在哈勃的深空视场图上，这些星系看上去只是一些微小的红色斑点。JWST只是一个开始，美国天文学界迅速制订了计划，追求更多更富有雄心的大型太空望远镜，就像一个饥肠辘辘的食客拿到了菜单，赶紧点了一大堆撑破肚皮的主菜。

就在NASA将精力倾注在JWST上时，系外行星学领域开始迅速崛起。天文学家第一次可以理性地讨论寻找其他类地行星的可能性，这引起了公众极大的兴趣和赞誉。根据行星猎人们的计算，如果跨越恒星际距离观察我们的行星，在一张哈勃深空视场图上，地球会比典型的星系要略微暗淡一些。从理论上来讲，这是JWST是可以观察的，实际上JWST也确实在对远离恒星的年轻高温气态巨行星的成像方面表现出色。但在实践中，宜居行星往往和比它们亮得多的主星过于接近，计划建造中的望远镜并不具备能够满足行星猎人和他们突然出现的大批粉丝所需的高动态范围。例如，在可见光范围内，我们地球的亮度只有太阳的百亿分之一，也就是说，地球每将一个光子反射入太空，太阳就会喷发出一百亿个以上的光子。红外线波段的亮度对比会小一些，在红外线波段，太阳的亮度只是地球的一千万倍。天文学家喜欢将"拍摄在类日恒星周围环绕的类地行星"类比成"从数千英里以外的地方拍摄聚光灯附近徘徊的一只萤火虫"，但是，越是简单的事实越是有力。要对恒星周围的岩质行星进行拍摄，意味着要在一个热核火球的附近捕捉一粒黯淡的微尘，正如要在一颗爆炸的氢弹附近拍到一根没有被点燃的火柴。要做到这一点，就必须采用某种手段，阻挡数百万或数十亿的热核光子，这样才能发现从行星上反射回来的那一个光子。对于天空中几乎所有的恒星而言，地球大气层的干扰使得我们无法从地面进行精确测量，只有位于太空中的轨道天文台才能够捕捉到来自其他恒星周围轨道上可能宜居的行星的光线。

1996年初，美国天文学会（American Astronomical Society）在德克萨斯州圣安东尼奥（San Antonio, Texas）举行的会议上，杰夫·马西（Geoff Marcy）宣布他的团队首次发现了热木星后，时任NASA局长的丹·戈尔丁（Dan Goldin）立刻登台展示了诱人的前景：继JWST之后，NASA将会立即启动哪些工作来帮助寻找其他有生命的行星。戈尔丁打算对NASA与天体生物学相关的整体科学计划进行重构，其引人注目的核心是建造新的用于探测地外生命的太空望远镜。"大约十年以后，"他解释说，NASA将准备好发射"行星搜索者（Planet Finder）"，这个轨道天文台不仅可以定位可能宜居的行星，还可以通过各种技术抑制恒星光线的干扰，从而拍摄行星的低分辨影像。它可以在每一小团行星像素的光谱中寻找大气层的生物印记。这是NASA最早公开提及这个任务的几次之一，日后成为了"类地行星搜索者（Terrestrial Planet Finder, TPF）"的任务概念。戈尔丁对入迷的观众说，如果TPF找到了附近恒星周围可能有生命存在的世界，那么"可能在25年内"就会有更加强大的望远镜被建造出来，用于对这些行星成像，"其分辨率达到可以看到海洋、云层、大陆和山脉"。戈尔丁勾勒一个并不遥远的未来，在这个未来里，得益于美国的财富和创造力，世界各地学校教室的墙上将会装饰着外星地球的地图。他接着说道，在21世纪的某个时候，那些被发现的有生命的星球可能就会成为无人星际探测器的首要探索目标。根据戈尔丁的乐观估计，TPF最早在2006年就可以发射升空，然后在21世纪20年代早期，会由新登场的另一个天文台接班，开始在某个附近的类地系外行星上开展兰德·麦克纳利（Rand McNally）地图绘制。

不幸的是，JWST的开发远远比计划要困难。为了对宇宙中最早的恒星和星系进行成像，JWST需要一个比哈勃望远镜大得多的主镜，并且需要针对红外线波段进行优化，因为分子云、巨行星和早期的星系发出的红外线最强。还需要对它进行低温冷却，以防其内部的热量冲掉来自宇宙黎明的微弱光线。最后，它不能在近地轨道上运行，因为我们的地球在红外线波段会形成灯泡样的光晕，使得精密的观测受到干扰。经过数年的反复修改才定下了最终设计：JWST将配备6.5米口径的主镜，聚光区域面积将近哈勃的7倍，它将被设置在地球和太阳之间的一个稳定点，距离地球大约100万英里（161万千米），比月亮到地球的距离还要远四倍。JWST的方方面面几乎都需要使用大规模的新技术。一面与波音737喷气机差不多大小的多层"遮阳板"，将会保护望远镜以及为其量身定制的最先进的仪器和探测器套件。整个组件对于任何现有的运载火箭来说都太大了，因此天文台会像折纸一样折叠起来以便发射，就像是蛹中的蝴蝶，然后在太空深处展开。为了能够折叠，JWST的镜片将被分为18个可调节的镀金六边形，每个六边形都是由重量极轻的剧毒金属铍打造而成。

各种各样的国际合作伙伴与NASA签署合约，建造相关仪器或提供运载火箭，但NASA需要承担主要成本，早期估计为15亿美元左右。发射时间暂定为2010年前后。随着这个项目的高度复杂性和巨大规模逐渐显现，成本预算不断走高，但是相应的资金来源不见踪影。相反，NASA不得不挪用其他太空科学计划的钱来支持JWST。最终，仅仅技术开发就需要20多亿美元。JWST的建造日程开始减缓，项目的总成本进一步膨胀，将越来越多的主要支出转移到未来。到2012年，JWST的建设、测试、发布和前五年的运营估计耗资近90亿美元，发射日期推迟到了2018年或更晚（至2019年本译作出版时，JWST仍然没有被发射升空，NASA再次宣布将JWST的发射日程推迟到了2021年——译者注）。

一再发生的国家和全球的经济危机，最终导致了2008年开始的经济大萧条，美国政府只好花费数万亿美元救市，防止其主要银行和其他金融机构的彻底崩溃，这些事件进一步加剧了JWST的难产。

NASA曾经预估会逐年稳步增长的财政预算，现在光是要保持不下降就算幸运了，即使如此，仍然跟不上通货膨胀的速度。20世纪90年代总统比尔·克林顿所积累的数万亿美元联邦政府盈余，在他的继任者乔治·沃克·布什（George W. Bush）总统的减税政策和失控支出下，在21世纪初转变成了数万亿美元的赤字。在哥伦比亚号航天飞机发生事故后，小布什向NASA提出了一项大胆的新任务，回到了NASA最初的后阿波罗时代计划上：制造新的重型运载火箭，然后用它们再次登上月球并将人类运送到火星。这项任务日后被称为"星座（Constellation）计划"。但是，小布什并没有为这个计划提供足够的资金或者来自国会的大力支持，并且在最初宣布了这个计划后几乎再也没有提起过它。正如小布什执政期间开始的许多政府项目的情况，星座计划唯一的作用似乎就是将数十亿美元的公共资金和政府资金转移到关系很硬的私人承包商的金库中，并且往往回报甚微。

2006年，NASA选择从其科学预算中挪出数十亿美元，以支持小布什这个失败的计划，这使得JWST的研发陷入了混乱，迅速建造和发射TPF的计划也变得无望，官方的说法是"无限期推迟"。并不是每个人都为这些损失难过，许多不是研究系外行星的天文学家已经开始认为，TPF的狭隘目标和预计成本对他们自己那些同样需要太空望远镜但不够吸引人的子领域是一种威胁。实际上，已经有人在高影响力的研究团体和计划委员会中积极游说反对TPF。

星座计划进行的数年间只有一些不痛不痒的成果，但是却耗费了超过100亿美元的资金，在2010年，巴拉克·奥巴马（Barack Obama）总统取消了星座计划，但是NASA科学计划所受的重创已经无可挽回。为了给JWST提供充分的资金，NASA不得不将其他所有主要的下一代天体物理学和行星科学任务缩减、推迟甚至取消。JWST要取得成功，只能以取消NASA大部分太空科学计划的巨大代价作为交换。随着上一代的旧太空望远镜逐渐磨损并一台接一台地破损，无论JWST最终在何时发射，届时在美国其他大型天文台皆已消失的宇宙中，JWST可能成为唯一的一台太空望远镜，孤独地凝视着宇宙的边缘和时间的起点。在缺乏资金和强大的机构支持的情况下，TPF似乎和那些远处的恒星一样，如此地遥不可及。由于JWST的建造计划不断延迟和超支，国会一再威胁要停止资金支持，这位哈勃的继任者将很有可能再也不会升上天空。即使它被成功发射，太空望远镜的使用寿命也只有十年，十年之后，它的燃料就会耗竭，部件也会老化。天文学家们开始暗暗猜测，由哈勃开启的黄金时代可能会随着JWST走向终结。

这个想法让约翰·格伦斯菲尔德（John Grunsfeld）心情沉重。格伦斯菲尔德是一位开朗的、留着一脸大胡子的天体物理学家，同时也是NASA的宇航员，参与过五次航天飞机任务，其中三次是造访哈勃望远镜。格伦斯菲尔德在三次哈勃整修任务中，共进行了创纪录的58.5小时的太空行走，他穿着太空服展现的精湛技术，为哈勃望远镜的成功做出了不小的贡献。媒体将格伦斯菲尔德奉为英雄，并称他为"哈勃医生"。乘坐航天飞机进入轨道，维修有史以来成果最为丰硕的太空望远镜，然后使用这台望远镜研究脉冲双星和其他奇异的天体现象，格伦斯菲尔德亲身体验了NASA的载人航天计划和科学太空计划之间的强大的协同效益。他对国际空间站和航天飞机上花费的上千亿美元，以及维持太空望远镜黄金时代所需的相对较少的资金进行了深思。他想知道，怎样才能让NASA宏伟的载人探索计划再一次与该机构纯粹的科学分部之间建立强大的伙伴关系，就像航天飞机和大型轨道天文台一样，实现互惠互利。在2003年至2004年期间，他曾担任NASA的首席科学家，协助开发了小布什总统提出的星座计划的科学应用。事实证明，大型火箭不仅可以将宇航员送往月球，在发射超大型望远镜方面也同样有用。例如，这样的火箭可以在不分割和折叠主镜的情况下发射JWST，避免了麻烦，也节省了成本。同样，我们相信大型火箭也能够使更大的TPF式天文台变得更便宜。但是，当星座计划的巨大耗资使得NASA的科学预算蒙上阴影，上述计划最终事与愿违。

2010年初，在完成了最后一次哈勃维修任务后，格伦斯菲尔德离开了NASA，前往马里兰州巴尔的摩（Baltimore, Maryland）太空望远镜科学研究所（Space Telescope Science Institute）担任副所长，该研究所负责哈勃望远镜乃至未来的JWST的协调运作。近两年多的时间里，他与该研究所的主任，天文学家马特·芒廷（Matt Mountain）密切合作，为有朝一日可能归属该研究所管理的TPF式望远镜奠定了基础。他们将自家最为得意的设计巧妙地命名为ATLAST，源自"先进技术大孔径太空望远镜（Advanced Technology Large-Aperture Space Telescope）"的首字母缩写，其预期角色是一台除了其他功能以外，还可以提供可能宜居的系外行星的影像的天文学主力仪器。哈勃医生变成了TPF医生，或者ATLAST医生。

格伦斯菲尔德摆脱了作为一名备受瞩目的NASA公务员的角色束缚后，在新的岗位上，他经常会饱含热情、不由自主地大谈特谈建造新的天文台以寻找其他行星和地外的生命的重要性和价值。2011年底的某一天，格伦斯菲尔德接到了一名在NASA工作的朋友的电话。NASA希望他回去担任科学任务理事会（Science Mission Directorate）的副主任，这一角色会让格伦斯菲尔德掌握世界上最大额的纯科学预算，尽管这笔预算过去未能达成无数的预期任务。他接受了这一任命，并且在回归NASA后不再竭力呼吁建设探测地外生命的太空望远镜，而是成为了一个形象更加谨慎的公众人物，强调NASA所有的科学计划之间需要保持平衡。NASA没有再宣布投入新的资金寻找外星地球，但是格伦斯菲尔德的密友和故交没有忘记他之前对于这件事的狂热。为了撰写本书，我曾经试图采访副主任格伦斯菲尔德，但和NASA的新闻团队通过电子邮件沟通了近一年的时间也徒劳无功。我更加对之前采访身为研究所副主任的格伦斯菲尔德时他的畅所欲言感到欣慰。

"哈勃和韦伯望远镜可能无法确切地告诉我们宇宙的其他地方是否有生命存在，"他说，"在下一代大型太空望远镜的建造中，我们所需要的，以及我们能够实现的，是观察距离地球最近的1000颗恒星周围，每个可能宜居的行星的大气层和表面特征。我们终有一天会知道人类并不是宇宙中唯一孤独的存在，终有一天会找到其他可以居住的世界，并且原则上来说可以造访其中任何一个。这就是大的蓝景，我希望能够说服公众、国会和未来的政府，这绝对是值得投资的下一步。"显然，格伦斯菲尔德也读过齐奥尔科夫斯基的书。

2012年初的一个寒冷而多雾的早晨，我参观了太空望远镜科学研究所，当时格伦斯费尔德刚离开研究所返回NASA接手科学任务不到一个月。研究所位于约翰霍普金斯大学校园内，占据了一座有着彩窗和暗褐色砖墙的平平无奇的建筑，雇佣了近五百位科学家、工程师和后勤人员。所长的办公室里，在五彩缤纷的恒星孕育场的海报、众多的太空望远镜的微缩模型以及由航天飞机从轨道上带回来的哈勃望远镜的纪念物中，马特·芒廷按照良好的英式礼仪，热情地和我握手并给我倒了茶。芒廷正值中年，面容精明而犀利，带着一点揶揄，顶着一头沙色卷发，目光中带着探寻的意味。他过去身材强壮，但被"一位无情的医生"毁掉了，这使得他的标准制服——一件精致的西装——看起来有些松松垮垮。他在2005年成为研究所的所长，此前，他曾经担任了几年JWST的望远镜科学家，并在很长一段时间里成功主持了一对8米口径的双子远红外望远镜的开发、建造和运作。他说话的节奏非常轻快又平和，熟谙如何向没有耐心的政治家和技术专家进行电梯游说，也就是在很短的时间内将复杂而昂贵的项目介绍清楚，因为这些人的日程满满当当，不会给你太多的时间和注意力。谈话一开始，他就展开了一段妙语连珠的前言。

"在21世纪，在其他恒星的周围找到生命的存在，对于人类而言可能与20世纪尼尔·阿姆斯特朗（Neil Armstrong）跨出的一小步有着同等重要的意义。"芒廷用饱含热情的语气说道，"如果能够找到在宇宙另一个地方独立形成的生命体，无论其进化程度如何，是否拥有智慧，就像是把哥白尼和达尔文放在一个瓶子里并且充分摇晃，会发生什么呢？你往瓶子里看看，或许会发现自己带来了世界性的革命。我想，对于NASA而言这是一个合理的前进方向。"

他从办公桌上拿起了一台iPad，并且调出图像以配合他的说明。"你知道，到2020年，宜居带内和地球相似质量的行星将会变得很无聊。因为除非有光谱，否则我们对它们根本毫无头绪。"他展示了一张图片，上面有六个框，每个框里有一段截然不同的弯曲线条。这些线分别代表了地质学历史上六个不同时间点地球大气光谱的模拟，从无生命阶段由二氧化碳和氮气构成的大气，到太古宙充满生物合成甲烷的大气，再到氧气浓度的逐渐升高。"在地球的历史上，只有很小的一段时间呈现这样的动态，"他说道，点击了一下包含目前地球大气层光谱波形的框，"我们对邻近恒星的了解其实很多，例如它们的位置，它们的年龄。它们中的大多数实际上比太阳年轻，所以它们的地球可能会正如我们的地球早期的样子。但要确定的话，我们需要得到光谱。但是一旦承认这一点，那就麻烦了，因为这意味着你需要在宇宙中设置一个巨大的光圈，也就是说一架有着巨大镜片的望远镜。"

"这么说可能会让大家感到沮丧，但是将恒星光线抑制到百亿分之一不过是技术问题，"他继续道，"假设我们已经聪明地解决了这个问题。那么我们还需要足够高的角分辨率，来将行星和它的恒星在空间位置上区分开。另外我们还有一个问题，这些类地行星的光线实在是太暗了，比哈勃深空视场里的星系更为黯淡。有多黯淡呢，到达镜片的光子数量用手指就能数得过来。建立行星的光谱需要花费很多时间，但是在任何一项合理的科学任务中，我们都不能耗费一百万秒以上的时间盯着其中一个类地行星，因为其他的研究同样需要使用太空望远镜，并且，我们可能需要搜索许多个恒星的周围才能找到我们想找的东西。"

"这样的恒星有多少个？"我问道。

"啊！"芒廷感叹了一声，点了一下他的iPad，屏幕变黑了，然后一团看上去像由闪闪发光的红宝石、黄玉和蓝宝石构成的，缓慢旋转着的云朵状的东西进入了视野。

"这是距离太阳200光年以内的所有恒星。"他说道，再次点了一下屏幕，红宝石和蓝宝石消失了，只留下橙色、黄色和白色的球体。"这些是所有与太阳相似的恒星，我们认为它们周围最可能有宜居行星的存在。在计算机上，我们可以将地球放在每一个恒星周围的宜居带内，然后计算'用给定口径的望远镜，我们可以看到多少？'望远镜的分辨率与其直径成正比，其聚光能力和聚光面积则和其直径的平方成正比。我们要找的那些星球体积小、光芒微弱，将这些因素放到一起，可能观测到的星球数量会和望远镜直径的立方成正比。用4米口径的望远镜，会得到……"他点了下屏幕，上面几乎所有的恒星都消失了，只留下屏幕中心太阳周围大约二十个，"就这么几个。"

芒廷又接连点了几次屏幕，告诉我8米口径的望远镜可以观测到数百个恒星。以太阳这个小小的核心为中心，在周围形成了一个不断扩散的恒星壳。"16米口径的望远镜，就可以看到数千个恒星了，"他最后一次点击iPad，此时我之前看到的大部分恒星都回到了屏幕上，旋转的恒星群闪闪发光。

"请记住，我们假设的是附近每颗恒星周围的宜居带内都有一个地球一样的行星。但是，从目前开普勒望远镜的观测结果来看，这种假设可能过于乐观了，大概只有十分之一到十分之三的恒星周围可能有一颗宜居行星的存在。当然，我们还不知道这些可能的宜居行星上有生命萌芽的概率。那么我想问你，你觉得自己运气好吗？如果你非常幸运，你使用一个4米口径望远镜就可以侥幸得手，因为在你观察的屈指可数的几颗恒星中可能有一颗周围有你想要的结果。但是如果你不够幸运呢？如果在最近的十颗恒星周围什么也没有找到，你还是无法得到任何确定的结论，因为那或许只是你手气不好。但如果你搜索了附近的上千颗恒星仍然一无所获，那么从实际的角度上来说，我们可能确实是宇宙里唯一孤独的存在。为了有合理的机会得到答案，您应该搜寻附近的数百颗恒星，从物理条件上来说，你需要的实际上是8米到16米口径的望远镜。"

我点点头，想象着一个巨大的银色圆盘在深空中的目标之间回转和倾斜，慢慢地从累积的光子涓流中建立光谱。这似乎很简单，那么我们为什么不把望远镜造得大一些，就造成16米口径的就好？

然后，我通过数学计算充分了解了这件事的难度。一个直径16米，也就是超过50英尺的镜片，其面积比一个标准的单打网球场还大一点，要将其折叠后放进火箭，实在是太大了。即使它和JWST一样由轻质的铍片组成，但仅镜片及其支撑结构，还不包含仪器，其重量就会超过45000千克，也就是大约50吨，比阿波罗号航天器还要重，而后者需要政府层面的应急计划和世界上最大的火箭才能将其送入月球轨道。这些重量里的大部分其实只有一个作用，就是确保镜片那精确到微米级的外形能够承受发射过程中强烈的震动和重力加速度，以及深空中的寒冷真空和零重力状态。能够用于寻找外星地球的望远镜镜片至少需要满足以下三个条件中的一个，每一个都十分昂贵：比阿波罗计划的土星五号更大、更强力的运载火箭；像国际空间站一样，能够被分割成片状后在轨道上进行组装；或者大幅降低镜片的重量、成本以及操作误差。

"如果你现在问我一台8到16米口径的望远镜需要花多少钱，我无法给出答案。"我确实这么问了，芒廷做出了如上回答。"我不想回答这样的问题，因为我认为这并不是该问的问题。关键不在于它的成本是多少，而是使用什么样的技术才能使它的成本变得可以承受。我们要避免重蹈过去一些团体的覆辙，就像粒子物理学家，在20世纪70年代到80年代，这个领域的发展速度很缓慢，因为他们所需求的技术，是其他领域都不想要或者用不上的。他们不得不从头开始，一个组件一个组件地建造几乎所有的东西，因此非常昂贵。要达到我们的目标，我们需要关注自己领域的工业基础，并且坚持使用一些其他领域的人也需要的技术。"

在星座计划如火如荼进行的时期，NASA曾经想要建造一枚巨大的火箭，战神五号（Ares V），其大小甚至超过土星五号。芒廷在离开双子天文台，成为研究所的所长后不久，他接到了菲尔·斯塔西尔（Phil Stahl）的电话，他是NASA马歇尔太空飞行中心的一名光学物理学家。斯塔西尔正在寻找战神五号的科学应用，因此他想知道双子望远镜的8米镜片的重量。芒廷回忆说，他告诉斯塔西尔每片镜片大约重20吨。

"就这么点？"斯塔西尔问道。

"就这么点！"芒廷大吃一惊。

"马特，战神五号会非常大，我们完全可以把双子望远镜直接放进去。"斯塔西尔解释道。不久后，研究所开始计划建造ATLAST。

"当我们认识到，空间科学的一次巨大进步，可能仅仅是因为NASA造出来了新火箭的时候，不得不骂一句'什么鬼'。"芒廷回忆道，"双子望远镜的镜片很大也很坚固，在地面上可以很容易地进行测试。比起重量很轻且需要片段化的JWST，双子望远镜的系统要简单得多，一个镜片成本只需要2千万美元！你可以将它打包放到火箭里，把火一点，然后你就在宇宙中拥有了一台8米口径的望远镜！"

然而，随着星座计划不断超支并最终被取消，芒廷对"大火箭"方法的乐观情绪逐渐黯淡。星座计划刚刚灰飞烟灭，2011年国会又制订了一个几乎完全相同的火箭计划，称为"太空发射系统（Space Launch System）"，但芒廷不确定这个替代品是不是真的能够实行。NASA乐观地估计其开发成本接近200亿美元。但是在整个计划过程中，火箭的运行还需要数百亿美元，并且它很有可能每年只能发射一次。批评家们将它戏称为"参议院发射系统（Senate Launch System）"。与其前身（星座计划）一样，太空发射系统似乎还是一个政治分肥项目，主要目的是为国会中有影响力的成员所在的区域提供更多的就业机会，而不是真的为了更经济的轨道运送任务。新生火箭的命运将取决于政治，而不是科学和工程建造。

随着星座计划陷入死亡旋涡，芒廷和研究所的其他人一直在寻找一种更加便宜的途径将大型太空望远镜的镜片送入太空。也许有现成的好办法可以使大型望远镜更轻、更便宜，同时还能保留其超精密的外形。地面上的那些近期建造的天文台，早在几十年前就已经抛弃了那些厚且固定的单片镜，转而使用更薄、更灵活的分离镜片。新的镜片造价更低，但是质地较软，风力、温度和望远镜指向的变化容易使其变形。这种镜片成功的秘诀在于"主动光学系统（active optics）"，即由安装在每个镜片背面的由计算机控制的促动器阵列，进行天文学家所谓的"波前传感和控制"。这个系统可以监控穿过镜片的光波，计算机可以操纵促动器改变镜片的形状和方向，精确地抵消任何检测到的形变。JWST的铍制六边形分离镜片，其设计中在一定程度上包含了主动光学系统，允许以数天或数周为周期进行定期在轨调整。为了在目前运载火箭所能搭载的尺寸和重量限制内，制造出更大的太空望远镜镜片，任务规划者们不得不使用更轻薄的材料，即使在太空的真空中也会发生变形，因此需要复杂的主动光学系统不断对其进行校正。

在太空中放置轻巧、灵活的大型镜片，并使用主动光学系统维持其功能稳定，似乎是一个改变了游戏规则的想法，但是有一个关键细节不能忽略：它尚未被证实可行。就芒廷所知，以前还没有人将这样的系统发射到太空。对这些关键技术进行开发和飞行测试可能非常昂贵且耗时，甚至抵消了使用轻型镜片的优势。芒廷和他的同事们的热情因此降低，直到他们注意到一件有趣的事情：诺斯罗普·格鲁曼（Northrop Grumman）公司和洛克希德·马丁（Lockheed Martin）公司等主要国防承包商突然进行了大量的抢购。近年来，这些航空航天业的巨头们收购了一系列专门生产轻型镜片或主动光学系统的小公司。

"并不是只有天文学家对大型太空望远镜感兴趣，"在办公室里，芒廷随后告诉我，"我们一直在讨论NASA，但是还有另一个资金更为充足的政府机构，但他们不是想看太空，而是想从太空看地球。"他指的是保密机构美国国家侦查局（National Reconnaissance Office），简称NRO。他挑了挑眉，指出哈勃望远镜其实曾一度被NRO当成机密的"锁眼（keyhole）"系列间谍卫星的衍生物。"我没有参与国防机密的安全许可，我也不想涉足，但并不需要安全许可就可以计算，如果你想得到和哈勃相似的图像质量，以及要避免某个人通过拿出他的手表计算卫星从头顶经过的轨迹就能躲开你，需要多大口径的望远镜。"在赤道上方近22000英里（36000千米）的地球同步轨道上，卫星将以与地球自转相同的速度旋转，所以它对于地球而言，总是位于天空中的一个固定的位置。芒廷指出，要从这个高度获取有用的地球的高分辨率图像，需要大约10到20米口径的镜片。将这些镜片放置在三四个战略地理区域上空的地球同步轨道上，它们就成为了永不眨眼的哨兵，持续监测每一寸地表。

芒廷说，有这样的系统存在，一个人即使可以逃跑也无处藏身。通过主动光学系统所实现的镜片重量的减轻，正是能够用现有的火箭"把这些该死的东西发射成功的真正原因"。很可能，太空中的主动光学系统和轻型镜片建造的技术已经远比公众所知的更为成熟，一旦被撤销保密，可能对于科学和社会有着大幅助益。芒廷盛赞了这些可能的助益：除了对类地行星进行成像以外，8米或16米口径镜片的聚光能力可能会使太空天文学的其他领域也发生革命性的进步，让天体物理学家目睹超大质量黑洞的形成，并探测暗物质在宇宙中的分布。他说，从更为普遍的角度上而言，更大、更便宜的镜片也可以用于将太阳能发射到地球上的接收站，或者用于监测地球的大气层变化，其分辨率可以达到每片云层，从而提高天气预报和气候变化预测的准确性。

我和芒廷交谈的几个月后，NRO送给了NASA一份很小但是意义重大的礼物：设置在纽约州北部一个保密的洁净室中的两台没有用过的太空望远镜以及一些相关的硬件。NRO认为这些望远镜已经过时，与其把它们放在仓库里落灰，不如送给正在苦苦挣扎的民用航天机构。每台望远镜都配备了和哈勃同样大小和品质的2.4米口径主镜，适合进行大部分的天文观测，但是对于描绘可能宜居的系外行星，还是太小了，不能派上大用场。要有效地使用NRO的天文台，NASA需要额外花钱购买运载火箭和仪器，但对于资金拮据的NASA而言，如果选择使用它，还是可以节约至少数亿美元，用来发展技术，建造更大的、用于生命探测的太空望远镜。然而，NASA是否真的会做出这样的选择就不知道了。

"我们当下面对的问题之一，是NASA还没有决定它未来的方向。"在我们的讨论中，芒廷这样告诉我，"它现在的模式，仍然像是一群男孩子和他们的玩具，以及为了提供就业机会而建造大型火箭。

NASA需要一个比这更长远的愿景，但如果不与国会和美国人民协商，它就无法做出改变。最终，走出地球，无论是在其他恒星周围还是在我们太阳系的其他行星上寻找生命，这是NASA的载人太空飞行和科学部门之间建立强大的合作伙伴关系的基础。这种伙伴关系也是哈勃任务最终如此成功的原因。哈勃之所以无可媲美，正是因为我们可以不断造访它并对它进行更新。"

说着说着，芒廷的用词逐渐变得更加口语化，就像他正在和一个持怀疑态度的德克萨斯州议员一起干了杯啤酒一样。"举个例子，NASA想要去火星。好吧，他们不可能在2030年前登陆火星，对不对？那么，在此期间宇航员们还能做些别的什么呢？我们千方百计把人送上火星，绝不是只是想建造什么小东西，要建就建得大些。要在太空中打造用于商业、科学和国防应用的大型基础设施，这就是未来。也许应该让宇航员更加擅长在太空中组装大型系统，也许NASA应该投资开发机器人技术来服务这些大型设施。或许我们应该更好地利用我们在国际空间站的投资。哦，顺便说一句，我们有一个好主意让你可以做到这一切。"

由该研究所和NASA的三个研究中心共同构思了一个名为OpTIIX的计划，这个复杂的缩写来自于"国际空间站光学测试平台与集成实验（Optical Testbed and Integration on ISS eXperiment）"。OpTIIX是一个低成本的可扩展平台，用于在太空中测试轻型、灵活的分离式主镜的装配和主动校正，预计最早在2015年发射进入国际空间站。它的1.5米口径的主镜由6个可动的边长50厘米的六角形片段组成，每个六角形镜片由碳化硅薄片制成，上面涂有单层原子厚的汽化金属。收集到的恒星光将从主镜反射到较小的次镜，然后返回到一系列的三级"快速转向"和"传感"镜，这些镜片可以对振动进行补偿，将光线导向相机进行成像和波前控制。恒星跟踪器和陀螺仪将与穿过主镜的激光晶格协同工作，以保证望远镜的精确指向并维持其最佳形状。虽然OpTIIX被设置在国际空间站的外部，而国际空间站随时都可能因承载的那些嘈杂又沉重的宇航员们的碰撞而发生同频率震荡，但是得益于这些技术，OpTIIX仍然能够提供恒星和星系的清晰图像。如有必要，宇航员可以进行太空行走来修理或升级系统，但OpTIIX的设计中，其模组部件也会被送到轨道上，可以进行全自动的装配和维护。

"眼下，现有的重型运载火箭所能搭载的重量，以及通过几何的方式进行的镜片折叠都已经达到了极限。"过了一会儿，芒廷已经恢复到了学者的口吻。窗台上摆放着五张放在相框里的家庭照片，他的目光扫过那里，转向了办公室的窗外。在冬日微弱的阳光下，清晨的雾已经散去，露出了由光秃秃的树木和沉睡的草地构成的干枯景观。

"现在我们在地球上建造和测试太空望远镜，然后把它们折叠起来好装进火箭内部。所以目前，在没有更大火箭的情况下，我们就不能发射更大的太空望远镜。而OpTIIX这样的系统，可能是在流程规模不变的情况下，建造越来越大的太空望远镜的开始，因为它去掉了所有极端的限制。你可以这样想，在地面上，我们也不会在一个大地下室建造和测试一台望远镜，然后再把它运到山顶，对不对？我们当然不会这么做。我们会在山顶上把它一部分一部分地组装起来，只要我们可以将各个部件正确排列就行。像主动光学系统这样的技术概念，就可以让你在原位，也就是在太空中，对你的太空望远镜进行组装、校准和升级。想象一下，用机器人或者宇航员，或者二者一起，将部件组装起来，然后你就可以进行下一步了。如此一来，理论上这可以建造出无限大的望远镜。"

我问芒廷，在他看来这个愿景有多大的希望能够实现。他皱起眉头，用手摩挲着下巴，发出了风吹过枯叶一样的声音。

"美国人可能会选择进一步放弃太空科学。"他终于开口说道，似乎在对着窗玻璃上他自己的影子说话。"现实是我们正在使用联邦政府的资金，并且是非常大量的资金。一旦这些资金去了别处，很可能就不会再回来了。把这些钱投向其他更优先的事务，我不一定会反对。但是，可以想象资金中断会带来的改变。很多我们已经建立好的功能会很快消失。另一方面，也有观点认为，随着中国、印度、欧洲等世界其他经济体的崛起，投资科学和技术是保持这个国家向着未来持续前进的动力，太空科学也是其中的一部分。对于我来说真正的问题是，我们所处的位置，到底是自然演变的一部分，还是一次幸运的事件？"

在芒廷看来，哈勃和其他大型轨道天文台的黄金时代是一个幸运的偶发事件，既是纯技术发展和科学进步的产物，也是地缘政治和经济的产物。它形成的基础是20世纪后半期的众多大事件——婴儿潮、冷战和太空竞赛。天文学家们抓紧了这个微乎其微的机会，为自己创造了一个神话般的梦幻时代，在这个光芒四射的时代，技术能力的界限超越了地球的俗世范围，科学发现的视野达到了已知宇宙的边缘。然而现在，这一切恐怕已经走到了尽头。

"莱曼·史匹哲（Lyman Spitzer）在1947年提出了哈勃的构想，我们终于在1990年发射了哈勃望远镜。"芒廷说道，"但如果我们没有航天飞机，如果不是国防部要开发间谍卫星，那么实现哈勃望远镜的升空所需的时间，可能比现在要多几十年。我想，我们正在回到这样的时代。我们为了建造哈勃花了一大笔钱，但它本身产生了巨大驱动力，促使了康普顿、钱德拉和史匹哲太空望远镜以及其他很多全新技术的出现。它还给我们带来了JWST这个不可思议的巨大低温红外望远镜。这是反常的，是婴儿潮一代在起作用。而现在它们已经消失了，而且我们几乎已经花光了所有的钱，我们的下一世代正面临着这种根本性的转变。这真的很难……天文学家们需要认识到的是，一个项目的预算一旦达到10亿美元，就会进入一个新的处境，除了纯科学以外的许多因素也会发挥作用。科学技术就变成了必要但不充分的条件。这也正是你和我现在会在这里讨论这些的真正原因。"他从窗户转过来面对我。

"需要有人解释，理解地球运转的细节并且掌握太空技术，实际上对大家都非常有好处。需要有人告诉大家，在外星发现生命是一件会让人学会谦卑的事情，这对于人类整体是有益的。或许这可以警醒我们，人类必须充分意识到，如果我们不通力合作，那很可能会把所有事情都搞砸。当伽利略把那个小小的望远镜抬到眼前时，他并不清楚自己所做的事情的意义，但他已经掀起了一场革命。也许现在的我们正处于另一场革命的边缘。我们正开始领会到地球系统的复杂性，并面临着如何控制这种复杂性的问题。我们正在意识到生物学和天体物理学是密切相关的。这些概念难以理解，但是为了物种的存续我们必须掌握它们。否则，你知道，我们或许能够发现在外星独立产生的生命，但那对我们而言恐怕是个坏消息。设想一下，如果外星生命到处都是，但它们的知觉能力和技术却无处可寻，这或许意味着像我们这样的社会可能无法长久存在，而是会自我毁灭。如果我们掌握了这些复杂的事实，我们就不会重蹈覆辙。我们应当积极地对抗这种驱使我们向更小的方向发展的力量，对抗这种向人类自身内部的转向。"

就在研究所成功完成了OpTIIX初步设计的审核后，2012年底该项目的资金耗尽。除非再追加约1.25亿美元的投入，否则它将永远无法达到国际空间站了。

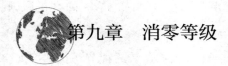

第九章　消零等级

　　1996年，时任NASA局长的丹·戈尔丁公布NASA对于未来一批用于成像类地行星的太空望远镜的计划时，他所描绘的愿景主要是基于一项研究，该研究的结果发表于一篇名为《邻近行星系统探索路线图》（*A Road Map for the Exploration of Neighboring Planetary Systems*）的论文中。戈尔丁批准这项研究的几个月后，围绕类日恒星旋转的系外行星首次被发现，这些发现被公布后，更加增添了这项研究的紧迫性。这项研究是多层次的，由三个独立的团队分头进行，并有一百多名外部专家为其提供咨询，但其总体的牵头者是查尔斯·埃拉奇（Charles Elachi），他是加利福尼亚州帕萨迪纳市加州理工学院下辖NASA喷气推进实验室（Jet Propulsion Laboratory, JPL）的行星科学家和电气工程师。埃拉奇当时管理实验室的太空和地球科学计划，之后还会升任JPL的主任。JPL是太空科学界的传奇，作为NASA的核心部门，主要负责了该机构最先进的无人探测器——先驱者号和旅行者号探测器，火星登陆器、火星巡视器和轨道器，探索木星的伽利略计划，探索土星的卡西尼计划，开普勒太空望远镜任务以及很多其他的项目都是由JPL设计、建造或管理的。随着对系外行星的探索需求越来越迫在眉睫，JPL和埃拉奇看到了进一步提高声望和发展的机会：NASA的太空望远镜是由太空望远镜研究所（Space Telescope Science Institute）来运作的，但其开发和建造可以由JPL及其附属机构进行。如果新的望远镜在附近的恒星周围发现了任何可能宜居的行星，那么JPL甚至可能建造第一个被发送到太阳系外世界的无人探测器。

　　在JPL "路线图"的多次展示中，埃拉奇与合著者常常引用一些地球的照片，例如非常有名的"蓝色弹珠（Blue Marble）"，这张照片是1972年阿波罗17号的一位宇航员在前往月球的途中从距离地球45000千米的地方拍摄的。包含了完整地球半面的图像上，可以看到被丛林、热带草原和沙漠覆盖的整个非洲大陆，还能看到干旱的阿拉伯半岛，以及大部分被冰雪覆盖的南极洲。一缕缕旋涡状的白云飘浮在深蓝色的海面之上，还可以看到印度洋上一阵旋转中的飓风。这张照片上的地球看上去像是宇宙中一片孤独而脆弱的绿洲，因此，"蓝色弹珠"在20世纪70年代助力了当时社会上环保主义的热潮，并且成为人类历史上传播最广的照片之一。"路线图"的团队想知道，如果要拍摄一张类似蓝色弹珠的照片，揭示围绕另一颗恒星运转的行星的细节，到底需要什么样的太空望远镜？他们的计算结果发人深省：如果要拍摄一颗绕着离太阳最近的恒星运行的类地行星，得到一张类似蓝色弹珠的可见光波段内的图像，至少需要一个直径约为3000英里（5000千米）的单片镜（连续孔径镜片）。这个镜片的面积和美国大陆的面积差不多。除非人类的技术能力突然突飞猛进，能够用某种手段把某个大型小行星抛光成高度光滑的镜片，否则如此巨大的连续孔径镜片显然永远也无法被造出来。即使可以制造出如此大的镜片，还有一个亟待解决的技术难题——如何将恒星光强抑制到百亿分之一。

　　幸运的是，物理定律为这两个问题提供了唯一的解决方案。当光从恒星表面发射出来，被行星的大气层所反射，或者被探测器的材料所吸收时，它的运动类似于粒子。但是，当它穿过星际空间或者望远镜的镜片时，它的行为更类似于波。想象一下连续的光波前（Wavefront/波前，或称为波阵面，指波的传播过程中，振动相位相同的质点所组成的面——译者注）同时撞击并传播到镜头的每一平方厘米上，而不是一个个的光子像雨滴落在镜头上。光所具有的波的本质，衍生出了天文学家们称为"干涉测量法（Interferometry）"的奇妙技巧：一个精通物理的天文学家，并不用真的建造一个直径10米的镜片，而是简单地将两个直径一米的镜片放在相距10米的"基线（Baseline）"上，将来自两个镜片的光线结合起来，所产生的图像的分辨率就会相当于一个10米口径的镜片。由于量子的这种神奇的行为特性，无论距离多远，光的波前能够以某种方式使得相互关联的小镜片互相识别和呼应，产生和一个大口径单片镜一样的效果。如果在纽约和洛杉矶各放置一个直径一米的镜片，然后通过计算机控制的光束合成仪使二者联系并同步，就得到了一个基线5000千米的干涉测量阵列，分辨率相当于一个面积等同于大陆的镜片。但是，其聚光能力仍然和那两面直径一米的镜片一样，并且阵列的同步会受到地球的曲度和旋转的影响，以及受到地球上空大气层的阻碍，所以完全不能收集到足够的光子来构建出系外行星的高分辨率图像。但是在深空中，干涉测量仪会被放置在大气层之上，可以不分昼夜、不受干扰地进行观测。由于不会受到重力和地球曲率的影响，理论上干涉测量仪的大小也不再受到限制，可以随意增加镜片的个数以提高敏感度，也可以随意延长基线以提高分辨率。

此外，当天文学家将来自每个镜片的独立光波进行重新组合的时候，可以通过调整其排列，使得一束光的波谷与另一束光的波峰精确重合，相互碰撞并抵消，就像池面上不同相位的涟漪之间互相抵消一样。这种抵消式的干涉将会在得到的图像里形成数条阴影带。事实上，阴影的暗度足够消除恒星的亮光，从而使得其周围行星的微弱闪烁变得可见。除了太阳本身作为引力透镜之外，要获得系外行星的"蓝色弹珠"图像，干涉测量阵列是最有可能的方法。

　　埃拉奇和论文的共同作者在TPF上应用了干涉仪的概念，并设计了一个针对红外观测进行优化的任务，因为恒星和行星在可见光波段的对比度为100亿比1，但在红外波段对比度仅为1000万比1。4个1.5米口径的低温冷却镜片，装在直线杆上组成一个75米的基线，设置在木星轨道之外运行，在那里太阳系形成过程中所残留的尘埃较少，这些尘埃会散射和吸收掉来自附近恒星的微弱光线。如果这项任务在靠近地球的地方进行，那么每面镜片的尺寸需要翻倍成3米，因为距离太阳更近的地方原始尘埃的密度也更高。这个任务概念被称为TPF-I，它无法给类地行星拍摄"蓝色弹珠"式的图像，但是它可以给最近的1000颗恒星周围的行星系统拍摄一张"全家福"，每颗行星在TPF-I的探测器中显示为一个像素点。测量像素点的颜色可以提示我们这个星球是岩质的、被海洋覆盖的还是被厚厚的气体层包裹的。将来自行星的光线分解成光谱后，则可以进一步检测大气中的二氧化碳、水蒸气，以及可能存在的生物印记——甲烷和氧气。经年累月地追踪记录像素的亮度波动，可以反映行星的整体地理特征，包括大陆、海洋和冰盖的位置以及季节的变化。"路线图"计划干涉测量任务的成功，将会为未来更大型的干涉测量阵列铺平道路，这些干涉测量阵列可以使用编队飞行和激光通信来设置长达数千千米的基线，可以给其他恒星周围的宜居行星拍出类似阿波罗计划 "蓝色弹珠"的照片。为了保证TPF-I本身的建造，一项被称为"太空干涉测量任务（Space Interferometry Mission, SIM）"的前期项目将被启动。按照最初的设想，SIM会将7个小镜片串在一个大型吊杆上，以提供长达10米的干涉基线，足以探索附近一百多颗恒星，以便检测其宜居带内任何和地球质量相似的行星在天体测量学上的摆动。

在戈尔丁的热情和克林顿政府默许支持的推动下，NASA很快批准了SIM，并且召集了工作组来进一步巩固TPF-I计划。然而，这两个项目最终都遇到了极大的困难。凭借开始的一波强力资助，SIM按期甚至提前完成了开发指标，但是到了2000年代中期，由于JWST不断膨胀的造价和小布什政府新提出的星座计划，SIM的资金被大幅削减。大多数天文学家对此漠不关心，SIM的应用范围太过专业化，似乎对大部分的团体都没有什么用处。甚至很多行星猎人也认为它是多余的，希望能够跳过它，建造一个更有用的TPF。SIM任务一次又一次被降级，其发射日程不断被推迟，空耗着研究经费，在消耗了超过5亿美元之后，2010年，SIM被悄然取消，已经几近完成的飞行硬件被废弃或者改作他用。

TPF-I则面临着另一个问题，随着工作组深入研究了相关的技术难题，他们意识到一开始对于任务成本和发射日期的估计实在是过于乐观了。对每个镜头进行低温冷却不仅昂贵而且困难。而让镜片可以在长杠上进行旋转和定向的反作用轮会导致整个组件的震动，足以毁掉整个观测结果。新的设计应运而生，其中一项设计直接来自欧洲航天局自己的TPF-I项目"达尔文（Darwin）"计划。在达尔文计划及其相关概念的设计中，为了消除振动抛弃了长杆的设计，取而代之的是让镜片组合成阵列进行自由飞行，这些镜片会聚集光线并将其引导到一个位于中央的光束合成器上。因此，该项目需要不止一艘低温冷却的航天器，可能需要五六艘，每一艘都需要在深空中以厘米级的精度进行列队飞行，极大地增加了任务的复杂性和所需的推进燃料量。如果说复杂的低温冷却望远镜JWST的成本增长失控给了我们什么提示的话，那就是TPF-I一开始预估的15亿美元成本也会膨胀，使得它变得相比上一代产品更加贵得离谱。到2001年，JPL估计的TPF-I的发射日期已经推迟到了2014年以后，任务规划者正在寻找更便宜的替代品，最理想的是一台非低温望远镜。

　　传统观点认为，光线的光滑波状特性使得干涉测量成为可能，但也会导致任何单一的连续孔径望远镜无法对系外类地行星进行成像。在可见光范围内，为了捕捉到百亿个光子中那唯一一个来自外星地球的光子，必须对光线进行严格的控制以去掉恒星发出的压倒性的炫目光芒。然而，当星光照射在单片镜上时，它会扩散为液体状的微波，只要镜片表面有丁点微小的缺陷，星光就会在其周围汇集和凝聚成固定的涟漪和闪烁的斑点。即使数学上堪称完美的镜片——尽管这样的镜片只存在于计算机模拟和理论家的白日梦——也不能幸免，因为来自遥远恒星的光照射到理想的圆形镜面上，仍然会从镜面的边缘衍射出来，形成中央高亮度的光斑，周围环绕着一系列的同心圆。大量的圆盘、涟漪、环和光斑往往恰好出现在恒星图像上那些人们原本期望可以找到可能的宜居行星的位置。每一点偏差通常只有目标恒星亮度的大约百分之一，但仍然比任何恒星周围岩质行星的微弱光芒要强大约8个数量级，使得探测行星的可能性变得很低，甚至完全不可能。这是21世纪初任何一本最新光学教科书上都会有科学共识，但它其实是完全错误的。

　　采用单一镜片的TPF，其解决方案的关键是一种被称为"日冕仪"的设备，理论上它可以清除恒星的衍射盘和衍射环。1930年，法国天文学家伯纳德·李奥（Bernard Lyot）发明了日冕仪，用来观察太阳周围炽热的云雾状日冕。日冕仪可以是放置在望远镜镜头前的任意遮挡物，以阻挡来自目标恒星的多余光线。要想看日冕仪是如何工作的，可以自己动手做一个。只需要伸出右手大拇指，遮住天空中的太阳，使大部分太阳的炫目光线无法达到你的眼睛，这和日冕仪的原理是一样的。然而你可能会注意到，即使将太阳整个挡住，仍然会有少量的光线从拇指的边缘衍射出来。你可以将左手的拇指放在右手拇指后方不远处，作为视线中阻挡太阳的一道额外屏障，这样就可以将大部分衍射的多余光线也消除掉。李奥的日冕仪采用了类似的原理，他制作了一系列装置，包括作为"瞳孔"的透镜，半透明的"遮挡盘（Mask）"和圆盘状不透明的"光阑（Stop）"，从而逐步消除了从最初设置的遮挡物边缘散射出来的残留光线。日冕的亮度是太阳本身的一百万分之一，很适合用李奥的仪器来成像。但是，要将恒星光抑制到百亿分之一，以在可见光范围内成像系外行星，经日冕仪后进入望远镜光学系统的杂散光线还是太多了。

2001年，哈佛–史密松森天体物理中心（Harvard–Smithsonian Center for Astrophysics）的两位天文学家韦斯利·特劳布（Wesley Traub）和马克·库切纳（Marc Kuchner）在思考TPF-I的越来越多的麻烦时，突然构想出了一类新的日冕仪，这种日冕仪会更加明确地依赖干涉测量原理来抑制恒星光。特劳布和库切纳发现，通过在一个日冕仪的遮挡盘上叠加螺旋状或条纹状的干涉测量消零图案，并仔细调整日冕仪光阑的形状，可以将恒星光抑制的总体比例提高到99.999999999％，同时可以将剩余的星光引导至较薄的外部区域，远离日冕的中央暗影。由于恒星的光线大部分被遮挡和抑制，剩余部分也被扫到探测器的边缘，因此，附近行星的微弱光线就可以畅通无阻地通过望远镜，在阴影中形成行星的图像。在严格控制的实验室条件下，这个方案可以几乎完美地运行。特劳布和库切纳改造的日冕仪很容易制造，但是每个遮挡盘只对一小段波长范围内的光线特别有效，而无法覆盖整个恒星的光谱。在特劳布和库切纳研究他们的日冕仪的同时，另一位天文学家——普林斯顿大学的大卫·斯伯格（David Spergel）独立设计了一种日冕仪，其遮挡盘和透镜采取了完全不同的形状，同样实现了高度的恒星光抑制。

JPL和NASA关注到了这些进展后，开始资助研究一种带日冕仪的TPF——TPF-C，这是一种在可见光而非红外光范围内工作的行星搜索望远镜。TPF-C的大致结构很快就产生了：使用一台大型的8米口径单片镜，与一个或者多个设置在望远镜内的抑制恒星光的特制日冕仪结合。单片主镜被设计成椭圆形而非正圆形，以便装入火箭载荷整流罩；像JWST这样的分体式可折叠镜片会产生过多的波前像差，无法与高敏感度的日冕仪兼容。特劳布、库切纳和斯伯格在日冕仪的改进上取得突破以后，越来越多不同的日冕仪设计不断涌现。我们有了多种多样的手段来抑制恒星光，例如使用错综复杂的凹槽将其削弱，在螺旋涡流的网络之中将其扭曲，或者在遮挡盘和透镜的迷宫中使其逐渐分散消失。但是，所有这些方法仍然会使一部分不需要的光线漏过来。望远镜中每种设计能够将光子喷射到其他部位的程度称为"消零等级（The Order Of The Null）"

要提高消零等级，需要让进入并通过日冕仪的光线具有完美对称的光波前。在望远镜的指向上，微乎其微的引导误差就会导致准直的恒星光束不知不觉地"走失"到新的路径上，在镜片不同形式的瑕疵处徘徊，减弱消零等级。因此，TPF-C的指向准确度要比哈勃望远镜高五倍才行。在望远镜反射表面的任何地方，比单个硅原子的直径还小的表面偏差，就会在光学系统中向下发送不完美的波前，从而削弱消零等级。因此，TPF-C的镜片需要比哈勃的光滑几百倍。要产生和维持如此精确的指向和形状，需要在振动控制、主动光学和镜头生产工艺方面耗费巨大投资，取得重大突破，尽管如此，所有这些任务似乎还是比任何一项可以想到的TPF-I任务更便宜一些。与TPF-I相比，TPF-C的探测能力和灵敏度较低，而且可以探索周围是否有宜居行星的恒星数量更少，但它因为更低的成本赢得了NASA和JPL预算规划者的支持。于是，TPF-C的优先度逐年升高，而TPF-I的命运逐渐沉寂。

2005年，感受到风向变化的JPL为特劳布提供了一份工作，在担任TPF-C的项目科学家的同时，兼任监督NASA系外行星科学项目的首席科学家。他将领导一支由大约50人组成的团队，每年的预算为5000万美元，尽一切可能让TPF能够如期升空。对特劳布来说，接受这份工作意味着他需要离开马萨诸塞州，搬到美国的另一端去。他已经年近70，他知道如果离开家乡就会是和所有旧友的离别。尽管如此，特劳布还是很快决定接受JPL的职位。他认为这个新的机会值得他做出这些牺牲，如果一切按照计划发展，那么或许在10年之内，他和他带领的TPF团队就可以观察来自另一个遥远的可居住星球的光线。在所有过去、现在、未来的人类中，特劳布或许会成为少数的幸运儿之一，因为他可能第一个发现在地球以外，甚至整个太阳系以外存在的生命。这可能是自从火的发现以来人类历史上最为重要的进步，而他或许会在其中发挥关键作用。特劳布很快抵达了阳光明媚的帕萨迪纳，入住了一间小型的出租公寓。

随着TPF-C和TPF-I的命运发生分歧，又出现了第三种抑制恒星光的方法，这种方法主要是基于斯伯格、他在普林斯顿的同事杰里米·卡斯汀（Jeremy Kasdin）和科罗拉多大学的韦伯斯特·卡什（Webster Cash）的工作。这三位研究者都十分担忧TPF-C的镜片的极低容忍度。他们提出，将日冕仪放在望远镜内部会引入那些干扰性、污染性的恒星光，与其这样，不如将日冕仪放在望远镜外面，作为一个独立存在的可以自由飞行的航天器，从而防止任何杂散的恒星光进入光学系统。他们将这种可以自由飞行的日冕仪称为"遮星板（Starshade）"，通过对其作用的模拟，他们发现能够衍射和消除恒星光的最理想的形状非常接近于向日葵的多重花瓣。TPF-I和TPF-C的恒星光抑制技术需要大量的特制组件，并且只能在有限的波长范围内工作，而遮星板与它们不同，它通过简单地在任意望远镜上投下深阴影，使其能够在更宽的光谱范围内工作，从而扩大对生物印记的搜寻。带有遮星板的望远镜，不需要像TPF-I那样进行低温冷却，也不需要TPF-C的超光滑单片镜，任何一个太空天文台，只要有足够大的通用望远镜，就可以使用遮星板技术，包括NASA计划建造的JWST。

但建造和运作遮星板也并非易事——许多TPF-C望远镜相关的极低容忍度在遮星板中同样存在。很多设计中都设想的是直径在50米到100米之间的遮星板，薄如蝉翼，边缘锋利，表面包裹深色的防反射涂层，飘浮在太空望远镜前方5万到15万千米之间的某个位置。相比之下，地球和月亮之间的平均距离也只是38万千米。因此，要将遮星板的阴影精准地投射到望远镜上，需要非常精确的轨道控制。遮星板需要在太空中自动撑开，其巨大的外形要保持亚毫米级的精度，同时使用小型的高脉冲推进器使其能够在目标上停留或在目标之间摆动。TPF-C是高度敏捷的，可以在几秒钟或几分钟内切换目标，而遮星板要更换目标则需要数天或者数周的时间。使用遮星板能够调查的恒星数量比TPF-C要少，但是其成本也可能更低一些。遮星板后来被命名为TPF-O（"O"代表"遮光器Occulter"），但是它真正被纳入认真考虑的时间相对较晚，所以多年以来在NASA的任务规划者心中一直处于落后地位。

经过近十年繁重的研究之后，NASA、JPL以及其他相关机构终于确定了TPF-I，TPF-C和TPF-O三项可以广泛应用的技术，其中每一项都可以生成围绕其他恒星运行的宜居行星的影像。所欠缺的只是NASA政治上的任务主管进行授权并投入资金，然后就可以选择一个技术向前发展。乔治·W.布什总统在2004年发布了对NASA的新愿景，催生了准备送宇航员重返月球并且继续朝火星前进的"星座计划"。令人欣喜的是，埋在众多支持文件中的一份单独的声明授权了TPF的建造。

在TPF早期的希望被冻结为冰封梦想的很久以后，2012年夏天，我和特劳布谈话时，他惆怅地回忆起了那一刻的心情。特劳布是一个高大沉静的男人，温和的蓝眼珠和随着年龄的增长逐渐花白的金发和山羊胡须形成对比。他当时正要搬往在JPL的新办公室，同时他仍然兼任NASA的系外行星探索计划的领导者。他的桌子被蓝色的文件箱所包围，里面装满特劳布半个世纪的科学生涯中积累的书籍、文章和通信，摞起来能有285英尺高（86.9米）。这些东西是他在JPL任职的七年间积累起来的，其中大部分都与TPF有关。他正在试图将资料减少到140英尺（42.7米），把大部分近期关于用太空望远镜寻找外星生命的相关资料都扔进了垃圾箱。他从一个文件箱里拿出一张折叠好的纸片，透过高高的鼻梁上的金边眼镜端详它。这是加州理工学院的天文学家查尔斯·贝奇曼（Charles Beichman）的一份备忘录，他曾对埃拉奇"路线图"项目有过关键贡献，并且在过去几年里曾担任TPF计划的项目科学家。

"这是在2004年4月的时候写下的，那是我来这里的一年零两个月之前，"特劳布说道，"考虑到是查尔斯所写，这是一封异常激动的信。他将这封信送给了TPF科学工作组的成员，我当时也是其中之一。"他清了清嗓子，开始念道。"我想通知各位关于TPF的令人激动的新进展。作为总统对NASA的新展望的一部分，NASA将在总统的指挥下，以下转述：建造先进的望远镜，在其他恒星的周围搜索类地行星和可居住环境，转述结束。"特劳布轻叹一口气，将信放在了桌上。"八年来，我们一直靠总统提出的对NASA的展望中的这份声明支撑着。"

由于受到小布什旗帜鲜明的支持，NASA和JPL做出了一个大胆的决定：不在红外线的TPF-I和可见光的TPF-C之间做出选择，而是同时并且迅速地对二者进行开发。NASA和JPL计划最早在2014年建成和发射TPF-C，然后和欧洲航天局合作，在2020年之前共同开发和发射TPF-I。从科学角度来看，让TPF-C和TPF-I协同工作有坚实的理论基础：在可见光和红外光范围内同时进行光谱观测，对行星宜居性和是否存在生物圈的判断，可靠程度会大大增加。贝奇曼在2004年写下的这份备忘录，可以作为一个非官方的公告，解释了这是一个"将TPF作为NASA新愿景的一部分向前推进的机会"，以及"按照对NASA总部和这个项目的估计，科学、技术、政治意愿和预算资源都已到位，准备支持本计划。"

行星猎人和公众都为此欣喜若狂，但许多其他天文学家却忿忿不平。NASA选择建造两台而非一台昂贵的太空望远镜，并且它们几乎只能用于系外行星探索。许多高级别的委员会和研究小组都试图干涉国家的太空科学计划，而NASA的这项决定并没有正式地征求他们的意见。批评者们强调，如果同时建造两个TPF，将没有资金再去进行其他很多本该更优先进行的项目，例如弄清暗能量的本质，探测引力波以及通过高能X射线观测活跃的星系核（Galactic Nuclei）。在公开场合，反对的声音很微弱，但私下里却沸沸扬扬。到2005年，特劳布来到JPL时，尖利的反对声已经开始将实验室的雄心壮志拉回现实。

"对古典天文学家而言，研究行星能得到的乐趣很少，"特劳布轻描淡写地说道，"系外行星就更不用说了。天文学家们只关心恒星和星系，似乎基本上都不喜欢研究行星。很多人的态度都是，研究天体物理学、宇宙大爆炸、星系的演化和恒星周围尘埃盘的演变就够了，不要问尘埃盘里有没有行星诞生，也不要去想行星上会不会出现会跳会爬的东西。思考那些和生物学或者生命这样复杂主题相关的玩意是有失身份的。"

当特劳布来到JPL时，他不得不艰难地接受，要赢得足够的学界支持来执行TPF任务的其中一项就绝非易事，更不用说两项了。"我当时有种感觉，我们显然无法同时进行这两项任务，也不会像这封信里所说的那么快就开始。"他解释道，"但没有关系，我们要做的只是努力工作，写好科学界定报告，敲定技术研究，并且让每个人都各司其职。不过是再多花上几年时间，仅此而已。回顾往事，我才惊恐地意识到，科学并不是全部，事实上科学可能是最不棘手的部分。人们并不会支持那些对科学发展最有好处的事情，他们支持的是能够让他们直接获益的事情。而现如今，天文学界追求的是让天文学家拥有充足的就业机会。"

随着人们越来越清楚，建造两台TPF很容易成为耗资数十亿美元的大工程，在美国天文学界，公开支持的声音越来越小。NASA必须努力在载人太空飞行的预算负担与天文学家和天体物理学家不一致的要求之间寻找平衡点，于是它的选择变得很简单。2006年2月，NASA从其科学预算中调用了约30亿美元，以支持航天飞机的几次飞行和小布什的星座计划。对生命探索太空望远镜的快速推进实际上已经宣告结束，正式降级为NASA众多无限延期的技术开发项目之一，换句话说，被打入了让宏伟愿景走向死亡的预算冷宫。如果没有政策或资金方面的重大转变，那么最少到21世纪30年代中期，NASA似乎决定推迟任何有资格被命名为TPF的行星成像望远镜的开发。与此同时，越来越多可能像地球一样的世界还将陆续被发现。这个让特劳布为之放弃了自己原本的生活、可能使他的一生发生转变的项目，在他来到JPL后不到一年的时间里就已经分崩离析。当我询问特劳布，在他有生之年TPF的前景如何时，他带着毫不掩饰的忧郁告诉我，保持乐观已经成为了他工作职责的一部分。

"从专业角度来说，我不能气馁，否则我的工作会变成一项非常、非常令人沮丧的事情。"他说，"但是当你开始建造一座大教堂时，你并不需要在自己死前将它完全建设好，因为这种工程通常都要花几百年的时间。但是，我们并不是在建造中世纪的大教堂。我认为我们的任务更简单一些，我相信如果从2004年开始，一切就按照那封信里所计划的一样进行，如果我们有足够的资金继续前进，那么我们多多少少可以按照一开始的日程表发射太空望远镜。TPF-C现在应该已经准备好发射，而TPF-I可能会在21世纪10年代结束时建造好。从2004年到现在，就我所知基本上没有出现什么全新的东西会让我改变上述观点。从技术上来说，任何一个TPF的建造都不简单，比我一生中所做过的其他任何事情都要难，其他为TPF工作的人应该也会这么说。但是现在，我们已经有了五六种方法可以接收来自可能的宜居行星的光线，并且在实验室里证实了它们的可行性。我们不用再创造什么新发明，而只需要花一些时间保证正确的工程实施。其实要做的很简单，就是造一个大镜片，在它的焦点平面上放置一块小玻璃，然后把它们放进一艘大火箭里，再在后方放一些可变形的镜片就可以了。"

我提出，如果要做的事情这么简单，那么NASA可能并不是唯一的出路。或许可以依靠私人资金而非政府赞助来解决。

特劳布摇了摇头。"私营部门里没有人会愿意在这种规模的项目上花费资金，"他说，"有钱人几乎不可能拨出资金来投资给这样长期计划，所以只能政府部门来做。人类登月计划并不是由NASA决定的，是肯尼迪总统决定的。是立法者和政府官员告诉NASA他们应该做什么，所以我们需要的是国会中的某个人或者总统宝座上的某个人，对此产生强烈的意愿，并且意识到如果在太阳系之外首次发现生命的存在，那将是一件前所未有的壮举。我们难道想成为丢失球权，搞砸比赛，让一切无法继续进展的人吗？我们所需要的，只是政治领导人认为这件事对于NASA、对于我们的国家而言是很重要的。我可以保证，一旦得到批准，我们完全知道该如何进行下去。这就是我对这件事最终的想法。"

我第一次遇到特劳布是在一年前，2011年5月底，在剑桥麻省理工学院的校园里举行的一次小型会议上。会议地点在著名的媒体实验室（Media Lab）顶层的玻璃房中。这次会议由麻省理工学院的天体物理学家和行星科学家莎拉·西格尔（Sara Seager）发起，名为"系外行星的未来40年（The Next 40 Years of Exoplanets）"，旨在对该领域近期的困境进行反思，并考虑未来可能的补救措施，例如通过TPF或者其他一些尚未被想到的形式进行补救。西格尔邀请了特劳布来探讨开普勒望远镜得到的结果，以及为JPL在TPF的兴衰中所扮演的角色进行辩护。她还邀请了许多杰出人物。马特·芒廷在会上介绍了穷人版的TPF-O的案例，解释了遮星板是如何用不到JWST观测时间十分之一的时长，来传输少数附近恒星周围的小型岩质行星的光谱。他估计，一个JWST遮星板耗资大约7亿美元，但是，在将这台日渐式微的太空科学旗舰机发送至轨道这件事上，除了已经花掉的那些经费外，NASA不想再多花一分钱。约翰·格伦斯菲尔德也参加了这次会议，他似乎已经在准备回到NASA，暗示着美国的宇航员们正在期待挑战性的任务，例如在远离地球的深空中组装和维修行星探测望远镜。他内心的齐奥尔科夫斯基浮现出来，声称任何困于单一星球的物种最终会面临灭绝，并且乐观地预测，2025年7月21日，NASA的太空望远镜将提供有关第一颗被发现的可居住系外行星的确切证据，这一天是人类首次踏上月球的56周年纪念日。

西格尔在这次会议中扮演了理想的催化剂角色。她即将迎来40岁的生日，相对而言还很年轻，拥有足够的热情和寿命，让她在接下来的40年里仍然保持在系外行星研究的最前沿。尽管年龄不大，但她已经成为了该领域最受尊敬和最有建树的研究者之一。她最初开启天体物理学的职业生涯时，是希望能够深入研究宇宙学，揭示宇宙形成的早期过程。当系外行星研究领域的浪潮来临，她快速更换了研究方向。20世纪90年代中期，西格尔还是哈佛大学的天文学家迪米特·萨塞洛夫（Dimitar Sasselov）手下的研究生时，她首次对热木星大气结构和演变过程进行了详细的理论建模。当时，许多天文学家仍然认为热木星只是恒星的变体，不过是一厢情愿的推测所得出的虚幻产物，有些人觉得西格尔和萨塞洛夫的工作是愚蠢又冒险的。然而到了1999年，她从哈佛大学得到了博士学位，此时广泛的天文学界终于难为情地跟上了她的思路：几乎所有人最终认同热木星是真实存在的，而西格尔建立的模型为观测研究设立了金标准。作为回应，西格尔再次取得了进展，她描述了不必首先建造类似于TPF的设备，就可以调查凌星（Transiting）的热木星大气层的方法。在西格尔与萨塞洛夫共同撰写的方案中，她指出恒星光穿过行星的上层大气后会将行星的光谱信息传向地球，天文学家可以利用现有的地基和天基望远镜进行识别。她建议特别注意搜寻钠元素存在的迹象，根据她的计算，钠元素会在可见光范围内产生清晰的光谱特征。当时，还没有凌星的行星被发现。几年后，一个团队尝试使用了西格尔提议的方法，使用哈勃太空望远镜观测了一颗新发现的凌星热木星。和预测一致，他们发现了钠的光谱线，这是首次探测到系外行星的大气层。多年来，西格尔的工作重点越来越多地转向探寻系外行星上的生命，在此期间，她在如何描述潜在宜居行星的环境方面进行了开创性的工作。她毫不掩饰自己希望领导任何一个能够在她有生之年升空的TPF任务。

西格尔组织这次会议主要着眼于未来，她精心确保了会议过程被录制下来并且再保存在网络上。当她起身向在座的科学家、工程师和记者作开场致辞时，给人以苗条动人的印象。她穿着肃穆的黑色A字连衣裙和西装外套，配上她及膝长靴和齐肩黑发，勾勒出严肃的面容，脖子上戴着一条红色的围巾。她的语调和往常一样轻快而强硬，她的一些同事对这种语调很反感，尽管这并不是因为她与社会脱节或者缺乏同情心。西格尔的思维似乎总是处于超负荷状态，处理信息的速度和敏锐程度超过了她的大多数人类同胞所能理解的程度。她那算法般精确的互动方式，突如其来的诚挚宣言，经过精心计算的魅力，都直白地反映出了这一点。她一边演讲，一边目光扫过观众席上拥挤的人群，但在讲到自己最热切的观点时，她往往会暂停一下，将淡褐色的眼睛转向摄影机的镜头，锐利的目光望向未来世代不知名的听众。

她说，在美国政府的预算危机和系外行星发现热潮看上去已经在逐渐消退的情况下，召集这次会议是为了筹划如何继续推进该领域的发现浪潮。"我们中大多数人都从事系外行星的相关工作，我们在此思考的问题是，从现在开始数百或数千年后，当后人回顾我们这一代时，他们会记住我们是第一批发现类地行星的人，我指的并不是和地球相似大小或相似质量的行星，而是真正和地球相似的行星。"40岁生日前夕，西格尔已经走过了生命旅程的一半，她说她不再认为这些发现是注定会实现的事情。"所以我召集了在座的各位，通过录像记录这次会议，因为我们想造成一些影响，我们希望实现这个目标。我们即将成为首次发现类地行星的人，不是我们中的某一个，而是我们大家一起，将会因为开启了类地行星的未来而被铭记。这就是我们在这里的原因。"

人们很快发现，即使大家都同意该领域的持续发展需要依靠对附近恒星周围可能的宜居行星或者有生命存在的行星的搜寻，但是对于应该如何进行搜索还存在很大的分歧，制订未来几年的统一路线还会是一场斗争。西格尔的老朋友大卫·夏邦诺（David Charbonneau），一位正在从事行星狩猎工作的哈佛大学教授，从人群中站起身，反对进行TPF这样的任务。正是夏邦诺带领的团队应用西格尔的技术检测出了第一颗系外行星的大气层。他身着一件亮黄色的T恤，上面印着一条标语，"比TrES-4更大"，TrES-4是2007年他帮助发现的一颗凌星行星，这颗行星非常轻盈蓬松，可以像一块轻木一样漂浮在水面上。

夏邦诺研究专长之一是奇异的行星凌星现象，2000年他与人合作发现了第一颗凌星行星——一颗绕着类日恒星HD 209458运动的热木星，从而在这个领域声名远扬。自从2009年以来，他大部分的时间都花在MEarth（音"Mirth"）计划上，这个计划利用0.4米口径小型望远镜构成的地基望远镜阵列，在附近的红矮星（Red Dwarf Stars，也称作M矮星/M-Dwarfs）周围寻找凌星的超级地球。超级地球比我们的地球体积更大，而M矮星比我们的太阳体积更小，因此总的来说，相比之下超级地球和M矮星的组合可能是潜在的宜居行星系统中容易被观察到的，也可能是鉴定起来花钱最少的。夏邦诺表示，对于透射光谱学来说，凌星现象是特别好的目标，并且正如西格尔等人此前概述的那样，所有这些观测都不需要建造像TPF那样耗费数十亿美元的设备。

这样大质量的行星可能和地球是截然不同的，由于其引力场比地球更强，可能会形成超厚的大气层和扁平的地形。由于没有实际数据可参考，关于超级地球是否和我们自己的地球一样有某种形式的可以稳定气候的板块构造，还存在激烈的争论。为了保存其表面的液态水，M矮星的超级地球需要冒险接近它小而黯淡的恒星，近到恒星产生的潮汐力会消耗行星自转的能量，导致许多行星总是固定的一面朝向恒星，就像月球始终以固定面朝向地球。在这样的行星上，接受恒星光的半球将会持续地被来自恒星的电离辐射烧灼，而另一面则隐藏于无尽的黑夜，二者之间细细的交界带则处于永恒的黄昏时刻。根据组成成分的不同，被潮汐力锁定面向的行星的大气层，可能完全被冻结在黑暗的半球一侧；另一种情况是，如果大气层能够存留下来，则会在一冷一热的两个半球之间产生稳定的强风。这种M矮星周围的超级地球，即使有可能可以居住，也绝不会在类地系外行星不动产的名单上名列前茅。

对于夏邦诺而言，这些环境上的缺陷和不确定性并不重要，因为凌星研究只能揭示附近的系外行星中的一小部分。真正重要的是，凌行M矮星的超级地球，相对而言可以比较快速地被发现和被研究，并且花费不高，而不用等到下一世代或者更久以后。他的论点其实反映了系外行星研究领域的一些人中日益增长的信念，那就是在类日恒星的宜居带直接拍摄地球大小的行星是一项非常困难的任务，甚至可以说是毫无希望。为了替代TPF，出现了一系列地面上或太空中的任务提案，相比TPF规模更小且不那么雄心勃勃，探索能力也没有TPF那么强，支撑着天文学家们利用匮乏的预算继续艰苦奋斗。正如夏邦诺的MEarth任务一样，大多数项目灵感都是来自非常成功的开普勒任务，并围绕寻找邻近恒星上的凌星现象进行。两年后，NASA会为其中一项合适的提案拨出2亿美元的资金，于2017年将TESS（Transiting Exoplanet Survey Satellite，凌星系外行星勘测卫星）发射升空。TESS将成为NASA开普勒任务的继任者，在距离地球几百光年内的恒星周围进行全天空搜索，寻找有行星凌日的恒星。

夏邦诺在他的演讲中强调，在距离我们的太阳系30光年的距离内，只有20颗类日恒星，但是有近250颗M矮星。开普勒的观测结果提示，体积更小、温度更低的恒星近旁会有大量低质量行星，据此推测，夏邦诺表示在距离太阳最多20光年内的地方，"我们确信一定有（可能宜居的）行星存在，就在那些M矮星周围正确的位置"，并且能够从地球上观测它们的凌星现象。他认为，推动TPF任务是一个错误，不仅仅因为资金的短缺，还因为"考虑到其有所发现的概率极低，将20年的生命奉献给一个视野过于狭窄的项目是愚蠢的"，在夏邦诺看来，年轻的天文学家不愿意也不应该愿意对无法确定回报的事情进行如此长线的投资。像TPF和ATLAST这样的任务，注定会在未来几十年里，凋亡和枯死在藤蔓上，无法帮助我们了解任何真正和地球相似的行星。

短暂的休息之后，美国行星猎人中的元老级人物杰夫·马西大步走上台，他严肃地批评了夏邦诺对具挑战性的大型太空望远镜的否定，他认为这是具有误导性的观点，可能会适得其反。他双手深深地插在口袋里开始了他的讲话，一反常态地凝视着地板，不断将重心从一只脚换到另一只脚。他说，对于开普勒的观测结果他感到欢欣鼓舞，但是对于这个领域过去十年里进展的缺乏和未来十年渺茫的前景感到愤怒。他指出，开普勒获得的观测结果使TPF变得"格外引人注目"，因为它表明在附近的恒星周围存在着大量可能的宜居行星；它们因不发生凌星现象，原本可能无法得到详细调查。尤其是TPF-I，它仅使用非连续孔径望远镜就有望获得高分辨率的图像，是"天体物理学唯一合理的未来"，但"不知为何NASA却犹豫不决"。他的愤怒在房间里弥漫开来，不仅指责了NASA，也指责了如同附庸一般的整个太空科学界严重缺乏领导力。在他的描述中，就好像是NASA和JPL扮演了干涉仪的角色，将系外行星的研究者们分成了相互对抗冲突的波前，在自我湮灭式的不一致中相互抵消。结果，建立TPF的集体梦想被打入太空天文学的黑暗边缘，在可预见的未来中，该领域都被蒙上了深深的阴影。

"对这段历史，我有着切肤之痛。"他回想起了1999年时在刚建立的TPF科学界定团队就职的时光，"2000年，NASA总部的官员用颤抖的手指指着我们，告诫我们必需建造出TPF-I，另外我们都应该去上上天体生物学和分子生物学课程……然后，在2002年左右，NASA又说我们应该建造一个日冕仪而非干涉测量仪，因为没有钱同时制造这两样，所以只能选日冕仪！然后，请注意，2004年NASA总部又宣布我们两个都要搞！用于可见光范围的日冕仪，和用于红外线范围的干涉测量仪。"他摇着头愤怒地说道，"我不知道为什么突然又出现了足够的资金建造两种TPF。我们被NASA牵着鼻子团团转。数年来，日冕仪和干涉仪这两个方案打来打去……我想那几年是相当糟糕的一段日子……再之后，遮光器出现了，并且它的出现给整个领域投下了阴影！"观众爆发出一阵笑声，但并不是针对这个小玩笑，而是为了打破这些令人不适的真相所带来的紧张气氛。

在演讲的最后，马西明确表示，由于TPF计划的失败，他对NASA的信心极大地动摇了。现在他甚至怀疑NASA为什么不把部分过于庞杂的职务完全外包给更为灵活的私营部门。除了TPF之外，他确实还梦想过NASA能够在接下来的半个世纪里进行另一项伟大而有价值的任务，他直接向奥巴马总统提出了这个齐奥尔科夫斯基式的诉求。"请您站出来，发表如下声明，"马西恳求，"告诉大家，我们会在本世纪结束之前，向半人马座α（Alpha Centauri）的三星系统（Triple Star System）发送探测器，并尽快把其行星、彗星和小行星的图片传输回来。尽管我们需要数百年甚至上千年的时间才能抵达那里……但是走向半人马座α星会是一项伟大的任务。它会吸引美国从幼儿园到中学的孩子们，吸引社会和国会的每个部门。如果我们足够走运，它还会让NASA重获新生……并且，这样的任务当然会是国际性的，日本、中国、印度和欧洲都会参与其中……探索半人马座α星的任务，会如我们所愿，带来世界外交的和谐以及科学的进步。"

少数听众再次笑了起来，笑声中带着些冷嘲热讽的意味。政治上来说，美国是一个高度分化的国家，财政上更是深陷债务困境。认为美国会有政治家，更不用说总统，会选择在如此强大的阻力下耗费一大笔政治资本去追求星际航行，完全是一厢情愿。此前，正是这样的一厢情愿导致了TPF计划的灾难。

片刻之后，西格尔再度起身面对人群。她原本计划进行一个已经准备好的演讲，但由于夏邦诺和马西的言论引发了辩论，她放弃了大部分演讲内容。

"我们希望走出地球，定位那些离我们最近的恒星，"西格尔重申这一点，建立所有人都同意的基本观点。"从今往后的数千年，当人类开始星际旅行的时候，回顾历史，他们会记住我们这群在附近的恒星周围发现类地行星的人……我想说，我热爱NASA，它给了我的职业生涯极大的帮助。但我也看到，NASA可能无法在接下来的40年时间里完成TPF。对我而言这一点越来越清晰。在场的每一个人都知道，对于任何探索类地行星的任务，我都是最大且最狂热的支持者之一。这就是我想做的事情，我希望在我有生之年能够有一台TPF被建造出来……到现在为止，我并没有真正担心过这件事不能实现。"一瞬间，她的目光和声音流露出一丝突如其来的悲伤。

西格尔指出，麻省理工学院的终身教授身份给了她很大的保障，使她有机会——或者也可以说是有义务——去从事高风险、高回报的研究。随着NASA能够在她有生之年完成TPF任务的希望逐渐落空，她不得不考虑其他的途径，寻求新的发展方向。其中一个看起来很有希望，那就是近期登上舞台的新一代商业化太空飞行提供商，这群高科技初创企业正在建造火箭和太空港，并着眼于最终解决高昂发射成本这个固定障碍。包括太空探索技术公司（SpaceX），蓝色起源（Blue Origin）和XCOR等公司，这些公司的首席执行官（CEO）们靠着PayPal，亚马逊（Amazon）和英特尔（Intel）等公司获得了数百万身家。西格尔认为这些新的公司可能最终能够完成NASA没能完成的事情，即人类向着太空的可盈利、可持续性扩张。他们可能是能够实现这个遥远目标的一个强有力手段，开启天文学家们所需要的下一波协同合作，降低TPF式太空望远镜的开发成本并加速其发射，将外星生物世界的光带到这个房间里，带到她聚集的这些人的生命和事业中。她召集她的朋友和同事参加这次会议，不仅要讨论该领域的未来，还要做一个暂时的告别。她会继续系外行星相关的工作，但可能会与她另一项新的工作重点之间有所冲突——即协助自我可持续的商业化太空飞行产业的形成。这个突然的声明引发了人群的窃窃私语。

"这就是我接下来要做的事情，"西格尔意志坚决地解释道，"最近，大部分人可能都没有在会议上见到我，之后可能也不会经常见到我，因为我正专注于这件事。如果你发现我在研究小行星或者火星，你会知道我其实对它们并没有那么感兴趣。我有兴趣的是尽可能地帮助商业化太空飞行的圈子。"她引用了发射成本的估算：搭乘NASA的一艘航天飞机到达轨道的费用大约为1亿美元，而乘坐简单得多的俄罗斯联盟号（Soyuz）火箭则只需要花费1000万美元。商业化的供应商可能可以将发射成本再降低一个数量级。"我们不可能花百亿美元的代价去建造TPF，因此想建造TPF必须依靠商业太空飞行的成功。如果我们通过帮助商业太空飞行来压低TPF的成本，那么就可以达到目标。"

西格尔的演讲结束后，观众从礼堂蜂拥而出，在走廊聚成一个个小圈子，喝着咖啡进行讨论。我听见一位生化学家向一位天体物理学家解释说，对生命探测太空望远镜的追求与20世纪90年代人类基因组测序竞赛的相似之处。"有许多不同的团队都有技术完成测序，但他们只是互相倾轧诋毁对方。"生化学家说道，"然后是政府部门、学术机构和制药企业都决定要为了各自的目的进行测序。国家和商业的混合竞争共同驱使每个人向着这个目标前进……你们应该想办法让中国决定找到第一批宜居行星并且用中文为它们命名。"

在摆着咖啡和茶的桌子旁，一位工程师告诉一位科学家，以十分之一光速向半人马座α星发射自动探测器是很简单的，他认为只需要将一艘弗吉尼亚级（Virginia-Class）潜艇上的核反应堆，连接在一个高频脉冲的电力推进系统上就可以了。"以我们目前的技术就可以做到！"工程师感叹。"我们甚至可以活到看见它发送回来的照片！"科学家唯一的反应是礼貌地点了点头，工程师在脑海中计算的时候似乎忘记考虑一些重要的变量。

那天晚上，会议正式结束以后，少数参会者从媒体实验室转移到西格尔的办公室，位于麻省理工学院54号楼，也是剑桥市最高的建筑——格林大楼（The Green Building）的17层。在西格尔的邀请下，我们中的一些人爬上了布满天线和白色雷达圆顶的屋顶，凝视着波士顿天际闪烁的灯火和在查尔斯河平静水面上航行的帆船。芒廷、西格尔和格伦斯菲尔德一边欣赏风景，一边小声交谈。特劳布静静地站了一会儿，望着落日。玛西爬上来，在巨大的雷达圆顶下摆好姿势拍了几张照片，然后下了楼。大多数时候他只是闲聊，但是当有人追问时，他会再次深入讨论NASA的困境。

"NASA遇到了大麻烦，"他后来告诉我，"尽管NASA有着良好的基础设施和专业能力，看起来它还是比不过私营部门。它无法摆脱作为官僚机构的本质。NASA怎么能放弃TPF呢？我不想责怪NASA，或许这并不是它自己的错。或许只是当我们试图组织起来做一些伟大的事情时总是会遇到挑战，就像罗马的陷落。人都是不完美的，我们犯了令人难以置信的可悲错误……这似乎是我们的本性。"他举起了空着的一只手，用拇指和食指摆出用筷子夹住一粒米的动作。"我们和蚂蚁相比，也就高明这么一点点，我是这么认为的。我们的某些行为模式类似蜂群，这是人的天性。但是，你知道，有一种叫作蜂群崩溃综合症（Colony Collapse Disorder，CCD）的现象。"

回到格林大楼内部，讨论还在继续，就像一个暂时的蜂巢，人们围绕着女王蜂西格尔交谈。站在人群边缘，我再次无意中听到她对星际旅行的设想。"我不知道我们是否有一天会离开太阳系，"她说，"我所知道的是，拥有这个选项总是很好的。"

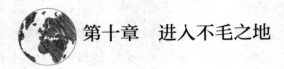# 第十章　进入不毛之地

以太阳为源头，一个不断扩大的光壳环绕着我们的太阳系。这个光壳并不是完美的球形，而是像沙漏的中部那样逐渐变细，在那里，一道道厚厚的抑光气体和尘埃带使得一些光线消逝在银河系螺旋状的星系平面内。在银河平面的上方和下方，相对没有尘埃遮挡的地方，太阳的光子壳以光速膨胀，向外延伸成双叶状。尽管光壳的边界以每秒30万千米的速度远离我们，但是这个扩散速度相较于星际之间的巨大虚空还是太缓慢了，因此其位置可以被定在46亿光年之外。光壳的边缘由宣告太阳诞生的热核点火的闪光中率先被喷发出来的光子组成。随后发生的我们的太阳系历史所展开的每个瞬间，都被编码在被行星反射、折射和阻挡的恒星光线中。这个光子传播的过程很可能会在大约60亿年后趋于结束，届时我们的太阳早已膨胀为了一颗脉动的红巨星，将储存的最后的氢和氦燃烧殆尽，留下被烧焦的行星，逐渐消逝的电离气体星云，以及恒星残余物———一团由碳和氧构成的白热灰烬。经过亿万年的逐渐冷却以后，残余的微弱光线也会最终消失，变成完全的黑色，就像用剪刀剪断了线一样，完全切断太阳能的传输，只留下远古的光线在永恒之中回响。

借着光子，原始时代和前寒武纪时代的回声———行星的形成，地

球上生命的萌芽，地球大气层的氧化以及陆地的入侵——都已经在很早以前离开了银河系，冲刷过了附近的星系、星系团和超星系团。在离我们最近的螺旋星系——仙女座（Andromeda）的万亿颗恒星中某个地方的观测者，今日看到的正是250万年前的地球，那时智人（Homo Sapiens）的先驱正在撒哈拉以南的非洲，改良原石工具的制作方法。大麦哲伦云（Large Magellanic Cloud）是一个在银河系附近起伏环绕的矮星系，从大麦哲伦云看望地球，我们的世界被定格在公元前16万年的冰川前进时期，我们的祖先正在准备随着冰原的后退迁出非洲。在我们自己的银河系中，光子的回声更靠近我们的家园。在6500到1万光年以外的某处，在船底座星云（Carina Nebula）的疏散星团和蓝色特超巨星（Hypergiant Stars）之间观察，地球看上去正处在农业文明和青铜文明在美索不达米亚平原、埃及和印度河流域崛起的时代。来自泰勒斯和德谟克利特等古希腊人所居住地球的光线，在仅仅2500光年以外的地方，正掠过圣诞树星团（Christmas Tree Cluster）里炽热的新生恒星和闪闪发光的分子云。在类日恒星HR 8799周围环绕的巨行星上，从它们的天空看到的地球刚刚出现无线电传输，正在改善内燃机技术。20世纪30年代的第一次电视信号传输，现在正滚过冰蓝色的轩辕十四（Regulus，也称为狮子座α星），1969年阿波罗11号登月的消息刚刚到达五车二（Capella，也称为御夫座α星）衰老的黄色太阳。我们还无法确定，在那些地方到底是不是真的有观众看到了上述一切画面。就我们所知，来自地球的生动广播，在可观测宇宙中可能是独一无二的存在。

如果在离我们最近的恒星附近观察太阳系的诞生和演化，用延时摄影技术将其压缩成一部短片，将会呈现出奇异的景象。从分子氢构成的巨大黑云中，首先形成了一颗恒星，然后是绕着它旋转的行星。一旦它们的轨道固定下来，靠外侧的巨行星将维持相对惰性的状态，旋转的气体构成的旋涡和条带下保持数十亿年的平静。靠内侧的水星在其岩浆海洋冷却和结壳之后，所发生的变化则更少。另外三个靠内侧的行星都是由云、海洋和陆地构成的蓝绿色宝石一般的世界，但一瞬间，金星就在一团蒸汽的笼罩下被烤焦，火星则枯萎冻结。在这部影片放映的大部分时间里，地球都是整个太阳系中最变化多端的世界，仿若一个由漂移的大陆、脉动的冰川、喷发的山脉、汹涌的潮汐和茂密的植物构成的万花筒。在延时摄影的时间轴走到今日前的最后一秒，地球上的夜晚被一格格电灯照亮，人造卫星的光晕闪闪发光。这个焕然一新的行星朝着整个太阳系喷出几个孢子一样的金属颗粒，其中五个接近木星以后，以太阳逃逸速度（译者注：即第三宇宙速度）向外飞行，飞往更为广阔的星系和宇宙中的未知之处。它们是人类制造的刚刚起步的星际探测器，都是由NASA发射的，包括先驱者10号和11号，旅行者1号和2号，以及前往冥王星的新视野号（New Horizons）。

1990年2月14日，这些探测器中，走得最远、速度最快的旅行者1号，在距离地球超过60亿千米，超出了冥王星轨道且高于太阳系黄道平面的地方，最后一次将它的照相机转回地球的方向。在卡尔·萨根（Carl Sagan）和其他旅行者任务工作人员的坚持下，航天器试图重现了阿波罗号曾经拍摄的"蓝色弹珠"图像，但是它所在的位置比当时的拍摄点要远十万倍。从如此遥远的距离拍摄，整个地球几乎都消失在衍射的太阳光芒中，但是仔细检查的话，可以看到一个孤立的蔚蓝光点，那就是我们的地球，在旅行者1号传回的图像中被压缩得比一个像素点还要小。

萨根把这个地球影像称为"黯淡蓝点（Pale Blue Dot）"，后来，他的畅销书之一也沿用了这个短语作为标题。自从绿岸会议后的几十年里，他已经登上了实践和普及太空科学的顶峰，在行星大气层的研究方面开展了至关重要的工作，并且制作了广受欢迎的电视迷你剧"宇宙（Cosmos）"。在弗兰克·德雷克和其他合作者的帮助下，萨根设计并策划了一张长篇留声机唱片，与旅行者号一起被送往太空。由铜、铝和金制成的唱片拷贝，被固定在每艘航天器的侧面，随时可以播放，并配有磁拾音头、唱针和图示使用说明。在星际空间的虚空之中，每张唱片都会撑过亘古岁月，甚至超过太阳和地球的寿命。它们可能最终都不会与另一个行星系统相遇——如果真的被发现，那最有可能是被一些在星际间旅行的高度发达的文明所找到。足够幸运的话，也可能会被我们很久以后的后代捡到。旅行者号上的唱片记录的是一个虚荣的乌托邦，没有提及诸如犯罪、战争、饥荒、疾病和死亡之类文明倒退的失败。每张唱片里都包含了美国总统吉米·卡特（Jimmy Carter）和联合国外交官的录音留言，54种语言的问候，以及118张关于地球生命的美好照片。还包含有风雨声、心跳声和笑声、亲吻和火箭发射的声音、脑电图以及鲸鱼的歌声。另外，每一张还可以演奏巴赫、贝多芬、莫扎特和斯特拉文斯基的音乐，秘鲁的排笛，爪哇的加美兰（Gamelans），以及查克·贝里（Chuck Berry）用他的电吉他演奏的"Johnny B. Goode"。每张唱片都是来自遥远地球的低语，都是关于地球生物的珍贵记忆，而那时它们中的一些可能已经进化成了某种未知的未来形态，一些可能因为缺陷而衰落消失。

对于许多卑微世俗的灵魂而言，他们生活的宇宙年复一年地显露出它的冷漠疏离，而旅行者号在宇宙中所看到的远方的地球，以及它所携带的给其他星球的信息，成为了希望、毅力和智慧的烽火，是对人的天性之美好的纯粹高贵的表达。在一篇文章中，萨根在提到黯淡蓝点时，诗意地称之为"悬浮在阳光中的尘埃"。地球是"我们全部的喜悦和痛苦的总和"，"你爱的每个人，你认识的每个人，你听说过的每个人，曾经存在过的每个人"都在地球上"度过他们的一生。"对萨根而言，这张图片提醒着我们人类纷争和地缘政治冲突有多么愚蠢。"在如此广袤无垠的世界中，我们显得如此默默无闻，没有任何迹象表明来自别处的援手能够拯救我们免于自食恶果。"他写道，"地球是迄今为止我们所知的唯一有生命的行星。至少在不远的将来，人类无法迁移到其他任何地方……地球是我们的立足之地。"

在这篇文章更靠前的部分，萨根谈到了寻找未来人类可能可以定居的行星的困难所在。他认为，如果一艘星际飞船通过漫长的星际旅行到达附近，它所看到的地球就会类似于"黯淡蓝点"。他没有提到的是，通过第一代TPF式太空望远镜观察到的地球影像也是类似的，尽管这个想法可能曾经在他脑海里闪过。萨根写道，我们可以根据经验了解到，地球之所以呈现黯淡的蓝色，是因为孕育生命的海水和水蒸气形成的云，但是他很怀疑一个外星观测者是否可以从旅行者号拍摄的一张无光谱的照片中猜到这么多，他可能需要更多更细节的观察。

1990年12月8日，旅行者1号拍下那张历史性的照片的10个月以后，从太空观测地球的机会来临了，萨根策划了一套利用伽利略号航天器进行的地球观测，当时伽利略号正在绕行木星的航程中经过地球。萨根和伽利略团队将地球当成一个新发现的外星世界进行检查，成功地确定了地球的宜居性，然后检测了地球的生物圈和技术水平，所有过程都在深空中进行并依照第一性原理（First Principles）。他们用红外光谱检测了地球的温度，并证实了地球的极地冰盖、海洋和云层都是由水构成的。他们发现大气层中有大量氧气和少量甲烷的存在，处于严重的热力学失衡状态，这都提示了地球上有生命存在。另外被植被覆盖的大陆上，光合作用中叶绿素对光的吸收形成了特征性的光谱并反射入宇宙，也是生命存在的证据。行星表面强力的窄谱调频无线电波脉冲，暗示着科技文明的存在。所有这些证据指向一个毫无争议的结论：地球上大部分地区都有生命存在，并且上面的某些生物有着足够的智慧，可以建立起一个全球的电信网络。之后，萨根和他的团队又将伽利略号的仪器转向地球的卫星——月球，观测结果不出意料，月球和我们充满生机的世界不同，是一块荒凉的、毫无生气的岩石。尽管萨根的伽利略观测结果乍一看平淡无奇，但他们构建了一个有力的参考试验，无论是通过近距离飞行的探测器，还是通过望远镜收集穿越星际空间的光线来对任何行星进行研究，都能以此为标准收集证据。

审视萨根后期涉猎广泛的工作，很容易得出结论——他正在进行有条不紊的准备，这样，在有生之年遇上一颗可能宜居的系外行星时，他可以对其进行充分的观测实验。但是，我们永远无法去确证这件事了。在与骨髓疾病进行了长达两年的斗争后，萨根于1996年12月溘然辞世，享年62岁。就在几个月前，NASA的局长丹·戈尔丁刚刚宣布了建造TPF的计划。据说直到最后，萨根仍然和他科学生涯的前几十年时光一样，保持着思维的敏锐灵活。如果TPF能够按照戈尔丁一开始的计划那样在2006年发射，当TPF开始在附近的恒星周围发现任何"黯淡蓝点"时，萨根也已经72岁了。如果他能活得更久一点，他会成为一位年长而权威的政治家，指导和推动人类对于宇宙的理解的下一次巨大飞跃。现实却与之相反，随着萨根的过世，以及TPF计划最终被抛进了NASA技术发展的垃圾箱，萨根利用旅行者号和伽利略号对地球进行的观测，很可能是在未来好几代人的时间里，天文学家距离调查有生命的外星世界最近的一次。

1990年，当萨根从远处仔细审视地球时，莎拉·西格尔正在多伦多大学开始念大一，快速通过了数学和科学方面的入门课程。她的父亲是一位医生，但是已经离开医学界，去经营小规模的植发生意。她告诉父亲自己会继续攻读医学预科，她的父亲建议她选择既可以赚钱，可靠又相对没什么压力的专业，例如皮肤科。然而，令她父亲失望的是，她很快将兴趣转移到了物理和天文学上。从她还是个小女孩的时候开始，她就对夜空充满了好奇，当一家人晚上开车出门的时候，她总是很纳闷为什么无论走到哪里，月亮好像总跟在他们的头顶。不久之后，西格尔的父亲带她去了一个"星空派对"，一位业余的天文学家向她解释了月球的轨道，并且让她通过望远镜进行了观察。十岁的时候，她去加拿大的偏远森林里露营，当晚上走出帐篷，在突然没有了城市灯光的清朗夜空下，西格尔的世界观被大大扩展。她抬头望着数不尽的星星，第一次感觉到从她脚下的地球开始延伸到上方无尽天空的一体感。十六岁时，她在参加某个大学开放日的过程中，才了解到一群特别的人正是以研究恒星、行星以及一切地球以外的事物为生的。

"那是我人生中最激动的日子之一，"西格尔后来向我回忆道，"原来可以把这件事当成工作？我冲回家里告诉了父亲。他那时对我非常严厉，用有生以来最苛刻的言辞来打消我的念头。他说'你确实有些这方面的天赋，但是你需要首先能够养活自己，而不是依赖其他任何人！'他希望我能够独立，并且他认为天文学并不是一个很好的职业选择。"西格尔的父亲非常务实，但是他也一次又一次地告诉她，要胸怀大志、制定目标，并且想象自己达成目标的场景，否则就不要期待自己能获得成功。

尽管得到了父亲这样的建议，但西格尔常常形容自己天文学之路的早期完全是毫无重点的"随机漫步"，就像是一个光子在恒星沸腾的核心周围乱跳。为了安抚父亲，她一开始专注于物理学，因为这可能可以增加她在学术界内外的就业机会。但是她学得越多，越发现自己对此不感兴趣。"我相信可以用等式完美地描述一切事物，"她说，"但接下来我又发现近似值无处不在。我已经如此努力地工作了三四年，为什么我要忍受痛苦，为那些无法让我感到愉快的事情辛苦工作一辈子？"

临近毕业时，她冒险赌了一把，申请了研究生院的天文学课程。她决定追求更远大的目标，于是在1994年秋天向哈佛大学递交了入学申请，那时她22岁。令她惊讶的是，哈佛大学在1995年2月回复了她，为她提供了一个读研究生的机会以及少量奖学金。西格尔收到消息时，正和朋友在安大略省越野滑雪。她接受了哈佛的邀请，开始计划秋天离开多伦多前往哈佛。那个夏天，除了等待之外她几乎没什么可做的。她决定去北方旅行和露营，但是她并不想独自踏上旅途。西格尔找了她偶尔一起划独木舟的伙伴迈克·维弗里克（Mike Wevrick），他是个30岁的壮小伙，十分热爱汽车和户外活动。维弗里克看起来很像一个灰头发的海军陆战队员，有着一对蓝眼睛和宽厚的肩膀，双腿修长健壮，肱二头肌差不多和西格尔的大腿一样粗。他留着平头，瘦削的脸颊上总是留着长了几天的胡茬，性格出了名的安静、聪明又善良。在西格尔接到哈佛通知的那天，他们在安大略省滑雪时相识。因为这两件事，西格尔后来一直说这一天是她生命中最幸运的一天。

维弗里克和西格尔一起设计了一趟大胆的独木舟之旅，深入加拿大的西北地区，进入"不毛之地"巴伦兰德斯（Barren Lands），那是在比树木生长极限更靠北的一片危险的苔原。这片无人踏足的荒野，因为太过荒凉遥远，直到第二次世界大战之后才在地图上被标绘出来。他们从多伦多出发，先开四天半的车到达萨斯喀彻温省（Saskatchewan）北部的北方森林（Boreal Forest），往北的公路终止在那里的湖泊处。从那里开始，他们划独木舟沿着一系列河流继续北上，直到最终抵达卡斯巴湖小屋（Kasba Lake Lodeg），这是一个带有小型简易机场的前哨站，他们可以在这里补充物资。从卡斯巴湖出发，他们将继续划独木舟向北，越过林木线，进入巴伦兰德斯后再返回，往返共需要40天。他们计划在这40天的旅程结束时回到卡斯巴湖，然后坐飞机返回南方。维弗里克是专业的湍流划艇员，他会引导他们划过河流和湖泊。西格尔则会帮助搬运行李，主要是在可航行水道之间的陆地上拖运补给物资和维弗里克那艘红色的奥尔德顿（Old Town）牌"旅行者（Tripper）"独木舟。6月24日他们离开了多伦多，此时夏季解冻已经结束，他们计划在8月下旬，也就是北方的秋天来临时返回。

旅程的前几周天气都很干燥，几乎没有下雨。离开多伦多后，他们乐观地认为天气会一直如此，那样就可以减少在泥泞中跋涉和弄湿行李的麻烦。但是，缺乏降雨也增加了闪电引发森林和草原火灾的风险。在到达公路尽头的时候，他们发现湖泊和周围的森林笼罩在浓密的烟雾之中。他们划进了昏暗之中，穿过河口，停下来将打湿的T恤系在脸上，通过了冒着浓烟的湖岸线。他们制定了一套固定流程，在独木舟里用餐，然后在亚北极圈的夏日太阳提供的长达20个小时的日照中，保持大部分时间在划桨前行。如果顺风而行，他们就休息一下，用塑料布制作一个临时的风帆。为了绕开布满巨石的激流或者悬垂的瀑布，他们时常需要停下来经陆路行走，最多的一天有15次。当他们冒险踏上陆地时，成群的会咬人的黑蝇和蚊子从灌木丛里飞出来攻击他们。当白昼退去，他们就扎营休息，在帐篷里陷入疲惫无梦的睡眠。

安静的谈话，四周的荒野那严酷又狂放的美丽，都让西格尔和维弗里克感到舒适。他们在加拿大地盾（Canadian Shield）那些前寒武纪、太古宙和元古宙的岩石上漫步，这是地球最为古老的外露岩层。在最后一次冰川前进中，这片土地在前进冰原的重压下被挤压和刮净，他们搬着行李走过历经40亿年的风化从高山变成的平缓小丘脚下。被沉积物阻塞的融水溪流和河流，在冰原之下如同静脉一般流淌。当冰川退去后，留下了蛇形丘（Eskers）——沿着冰川下的水流干涸后的曲折路径形成的粉色的花岗岩砂砾形成的沙岭。蛇形丘在锅形湖周边或者之间蜿蜒而行，这些湖都是在很久以前冰川撤退的过程中崩解下来的巨大冰块造成的奇异水坑。这片土地仍然在缓慢地上升，以每年一厘米的速度，从数万年前才解除的冰川重压中缓慢回弹。在各个方向的地平线上，都可以看到远处连绵不断的大火产生的烟柱。在他们向卡斯巴湖跋涉的20天里，他们看到了各种各样的野生动物，但是除了彼此以外没有再见到其他人类。

7月中旬，西格尔和维弗里克到达了卡斯巴湖小屋，它位于一片一望无际的广阔水域的最西端，水域中无数的岛屿星罗棋布。他们进行了物资的补给，和小屋的看护人员相谈甚欢，然后继续向北，穿过湖泊进入了巴伦兰德斯。日复一日地跋涉，走过了一英里又一英里，树木逐渐变得稀疏，然后变得十分矮小，最后完全消失，取而代之的是苔地、耐寒草地和鲜艳的地衣。在林木线的北边，他们发现了第一只驯鹿，它凝视着他们，仿佛看着来自外星的游客。因为没有了树木遮挡，持续不断的风自由地吹过蜿蜒的山丘，穿过山谷的河流和湖泊。风减慢了独木舟的前进速度，经常让他们中午时分就不得不靠岸休息。有时候，西格尔会在风吹过的岸边，从背包里拿出一本天体物理学教科书。在林木线以下很远处的另一个世界，哈佛正在等待她的到来。有时候她也会和维弗里克促膝长谈，仿佛世上只剩下他们两人，居住在一个专为他们建造的宇宙之中。

当他们到达旅途的最北端时，头顶的天空变得模糊。尽管他们现在已经身处距离林木线最北端200多千米的地方，但火灾肆虐的南方森林的烟雾，仍然随着不合季节的怪风飘了过来。在一座没有树木的小山顶上，他们偶然发现了五座石冢。这是古代因纽特人（Inuit）的坟墓，也是西格尔和维弗里克离开卡斯巴湖以后第一次见到人类活动的迹象。部分石块已经被食腐动物或者强盗扔到了一边，露出了木制和已经生锈的金属制古器物，以及一个小小的被阳光晒得褪色的人类头骨。西格尔拍了一张照片，她很好奇这个人生前是长什么样子的，这些人是怎么死的，以及为什么他们会选择生活在距离她所知的世界如此遥远的地方。她目光从头骨上移开，看向周围的山丘，看到苍白的草地和夏日的野花绵延不绝至视野之外。只有风荡漾过地平线时的窸窣声偶尔打破宁静。无数湖泊清澈冰冷的湖水中，倒映着银色和蓝色的圆形天空。在那一刻，她理解了为什么有人能够留在这种永恒的孤独之中。

在向南返程跨过林木线之后，他们进入了被西格尔称为"蛇形丘地带（Esker Territory）"的地方，这是一片看上去无边无际的粉色沙丘，三三两两地盘旋成复杂的山脊系统，山谷间分布着小湖泊和树林。这是一个美丽的地方，但是很难从中穿过。在这里日夜模糊不清，地形的变化就像孤独的高速公路上均匀间隔的震动带。全部是蛇形丘，然后是湖泊、森林、蛇形丘、湖泊、布满巨石的河床、蛇形丘、最后又是湖泊。他们平稳、安静地跋山涉水了好几个小时，已经逐渐习惯了这片很久以前在古老冰川的潮起潮落中形成的土地的韵律。无需任何言语，他们就能心意相通，仿佛可以阅读对方的想法一样。在遥远北方的最后一晚，西格尔独自站在一个云杉覆盖的山脊上，太阳逐渐低沉，她注视着蓝色的湖泊和粉红色的蛇形丘。他们所在的是一个完全不同的世界，因为远离明亮而凶险的城市和总是行色匆匆的人群而显得这一切格外真实。也许有一天，城市和人群也会扩张到这里，被淹没的海岸线推向极地方向，但至少现在这里还是空无一人的。一个多月里他们没有遇到过其他人，但是并未觉得孤单。他们饿了就吃，困了就睡，过着简单的生活，并不奢求更多的东西。"我们变得只要有彼此的陪伴就心满意足，对于'外界'的任何人或事物，不再有心理上或者情感上的渴求。"她后来这样写道，"那趟旅途成为了我们想要的完美生活。"

8月28日，他们的飞机从卡斯巴湖的简易机场起飞，西格尔俯瞰下方风拂过的湖面，在草原和针叶林之间漫无目的地蜿蜒而过的小河，思绪万千。"在这60天的旅程中，'真实的'生活变得如此暗淡，某些部分变得虚幻，甚至很大程度上让人无法忍受"，她回忆道，"那种孤独感，广阔的荒野，自由而迷人的生活方式，变化万千的地形，以及我优秀的同伴，这一切是真正无与伦比的组合。"她意识到自己不仅爱上了遥远的荒野，也爱上了维弗里克。回来后不久，西格尔邀请他搬去剑桥和她一起住，维弗里克毫不犹豫地同意了。

在哈佛期间，西格尔一开始专注于宇宙学，特别是"重组（Recombination）"背后的基本物理学原理，这是在宇宙大爆炸后不到100万年时发生的事件。那时候，我们的宇宙还只是一个膨胀中的高温等离子体，一团由电子和质子构成的不透明雾状结构，没有原子，没有分子，也没有恒星和星系。几十万年的时间里，等离子体逐渐冷却和膨胀，直到温度降低到关键的临界值，电子和原子核发生"重组"，共同形成了原子。在极短暂的时间内，原子从初始的等离子体中冷却出来，将不断膨胀的雾状等离子体转变成了氢气和氦气组成的透明云，释放出大量的光线，这些光线直到现在仍然在宇宙中折射回荡。我们检测到的这些光线，是全方位、全天空的微波辐射，温度只比绝对零度高不到三度。当西格尔开始研究重组时，首度发现热木星的消息陆续传来。她与导师迪米塔·萨瑟罗夫（Dimitar Sasselov）商量，想找些办法让自己能深入研究系外行星，她认为这是一个更有趣的话题。萨瑟罗夫指导她向热木星大气层建模方向发展，因为和"重组"时代类似，相关的计算也会部分涉及高温氢气和氦气的力学。西格尔后来取得的博士学位和决定她职业生涯方向的早期工作都是从这里萌芽，这些工作后来促使了人类对系外行星大气层的首次探测。

与此同时，维弗里克的事业也有声有色，他自己撰写并编辑了高中的科学和数学教科书。西格尔在哈佛学习期间，他们一有机会就逃离城市去乡村生活。他们在1998年结婚，同年西格尔完成了她的博士论文。第二年，他们搬到了新泽西州，西格尔在位于新泽西的普林斯顿高等研究院（Princeton Institute for Advanced Study）获得了为期五年的研究员职位，这里也是爱因斯坦在生命中的最后几年工作的机构。在另一位导师，已故天体物理学家约翰·巴考尔（John Bahcall）的鼓励下，西格尔开始与附近的普林斯顿大学的几位以系外行星为研究方向的学者会面，发展利用NASA即将推出的TPF望远镜来描绘系外行星大气层和表面情况的概念和技术。

　　在一次会面之后，普林斯顿大学的大卫·斯伯格（David Spergel）受到了启发，提出了日冕仪遮挡器的构想，并最终成为了TPF-C的核心技术。还有一次，西格尔和两位普林斯顿天文学家埃里克·福特（Eric Ford）和埃德温·特纳（Edwin Turner）设计了一种精巧的方法，仅仅利用通过星际间距离所观察到的黯淡蓝点的亮度波动，就可以获取类地系外行星的信息。他们首先构建了一个模型，用它计算任一给定行星朝着远处的观察者发出的散射恒星光线的量，并且基于地球观测卫星的数据对模型进行了试运行。在模型的审视下，虚拟的黯淡蓝点（地球）以多种观测角度进行转动，随着时间的推移，研究团队发现，尽管地球已经被缩小到一个无法辨别的星形小点，他们仍然可以仅从行星的亮度就能辨别出正在观察的是地球的那个区域。

　　例如，俯瞰赤道的话，每一天都是很规律的，相对明亮的南美和北美大陆将旋转着进入视野，两边被长长的黑暗带夹着，分别是太平洋和大西洋。这个过程重复出现几次以后，模型便计算出了地球日的长度。确定了旋转速度以后，西格尔、福特和特纳就可以尝试更加精细的制图，试图辨别出大部分的海洋和陆地，以及森林、草原、沙漠和冰川等更细微的特征。他们原本担心明亮云层的反射会干扰观测，但是后来发现云的出现和消散通常是可预测的——在陆地和海洋的交界处更常见，而比较少见于辽阔的海洋和干燥的内陆。他们学会了如何通过高温的沙子在近红外波段的强烈光线，准确辨认出无云的撒哈拉沙漠，以及通过持续存在的云层辨别出植被茂盛的亚马逊盆地。冰原、湖泊和海洋的光滑表面会像镜子一样将阳光反射回太空中，因此偶尔出现的亮度暴增可以帮助辨别它们。如果有足够的时间，他们怀疑甚至可以通过不同的反射率，看出天气、季节和气候变化所带来的植被、云层和冰盖的改变。所有这些结果都完全来自一个闪烁的光点，并不需要在太空中先用8米到16米口径的镜片来获得行星的光谱。当然，他们有一个优势是，他们已经知道自己在观测的是什么（地球），而从一个实际存在的、遥远的系外类地行星的未知环境中获取这些特征会难得多。但这项技术提供了一些希望，即使是使用一个相对较小的2到4米口径的太空望远镜，也能够粗略地对最近的几颗恒星周围任何的类地行星进行绘制。西格尔继续推进，写出了一系列论文，概述了对凌星现象的高精度测量是如何揭示系外行星的旋转和大气结构等特性的。

在研究员任期到了一半的时候,西格尔开始寻找下一个目标。尽管在快速发展的系外行星研究领域，她已经处于领导地位，但是很多潜在的雇主还是礼貌地拒绝了她的求职，他们似乎坚信西格尔对于找到其他类地行星的乐观愿景永远也无法实现。最终唯一的例外是卡内基研究所（Carnegie Institution），2002年它为西格尔提供了一份工作。她带着巴考尔的祝福离开了普林斯顿高等研究院，和维弗里克一起搬到了华盛顿特区。在卡内基研究所，她更深入地参与了NASA的TPF计划，并且第一次感受到了地球物理学的严谨。西格尔开始探索，如何让对行星的理论研究和观察不仅限于行星的表面情况和大气层，还要进一步涉及它的内部，例如它的总体成分，它发生火山活动和板块运动的可能性。凌星现象是关键，因为它让天文学家能够测量行星的半径和大小。再结合视向速度测量得出的行星质量的估计值，就可以得到行星的密度。西格尔等人计算了由各种不同成分组成的行星的质量-半径关系，这样行星猎人们就能够区分，打个比方，一个完全由水构成的地球大小的行星，和一个主要由碳或者铁组成的行星。随着越来越多中等尺寸的行星被发现，这项工作的重要性逐渐凸显。当行星发生凌星现象，其密度就会被计算出来，天文学家过去发现的许多"超级地球"，被证实其实只是"迷你海王星"，也就是由氢气和水蒸气组成的厚层不透明大气所包裹的气态行星，而不是带有薄层半透明大气的岩石行星。

作为系外行星学这个新兴领域冉冉升起的领军人物，西格尔开始经常受邀在高规格的研讨会、集会和座谈会上发言，她能够和维弗里克一起去荒野的机会越来越稀少。2003年，她的出差和休闲旅行都大幅减少，因为西格尔怀孕了，生下了他们俩的第一个孩子，是个男孩，他们给他起名叫马克斯（Max）。两年后，第二个男孩亚历克斯（Alex）也出生了。

到2006年秋天时，虽然NASA终止了TPF任务导致该领域的资金大大减少，但是西格尔的事业仍在持续上升中。麻省理工学院（Massachusetts Institute Of Technology, MIT）想从卡内基研究所挖走她，准备立即给她提供终身教授职位——对于任何一位学者来说，这就相当于一张终身的金票，对于一个如此年轻并刚刚成立了家庭的研究者来说，其价值更是无可估量。西格尔和维弗里克在马萨诸塞州康科德（Concord, Massachusetts）抵押贷款购买了一座宏伟的老房子，这是距离瓦尔登湖（Walden Pond）不远的一座待整修房。她将在新年的一月开始在MIT担任教授，西格尔对于这项进展很满意，在某次回家时将这个消息告诉了父亲。她的父亲最近被诊断了末期癌症，虽然还在努力抗争，但他们都知道他的身体在迅速衰竭。她说，她将一生赌在天文学上是正确的。这一年她才35岁，就已经在世界顶级研究机构之一拥有了终身职位，她告诉父亲她已经做到了自己能做到的"最好"。西格尔希望父亲能为她骄傲。但相反，他只是冷冷地凝视着她，用冰冷如铁的声音慢慢回答："我永远不想听你说你已经做到了'最好'。我不希望你被自己的消极思想所限制。我知道肯定有比这更好的工作，而且我也知道总有一天你会得到那份工作。"这次谈话后不久，她的父亲就去世了。直到最后，他仍然在督促西格尔不要停止追求更伟大的目标。

在MIT，她展开了比过去任何时候都更加远大的思考，组建了几个研究小组，推行了多个不同的方案，旨在将她的专业从理论扩张到观测、工程建设和项目管理。为了未来有机会成为TPF的掌舵人，她需要在四个领域都积累经验。无论是在个人生活角度还是专业角度，她的注意力都更多地放在未来——孩子们一天天长大，在她的眼中越来越像他们的父亲。维弗里克教马克斯和亚历克斯如何划独木舟、制作钓饵和生火。西格尔也会教导他们，她对睁大眼睛的男孩们讲述关于太阳和月亮的起源，地球及太阳系其他行星的历史，以及那些新发现的、在如沙一般数不清的恒星周围环绕的行星。马克斯喜欢逻辑和数学，或许他会成为一名数学家。亚历克斯则喜欢谜题和游戏，并且和父母一样，总是被户外活动吸引，他或许会成为一名艺术家、发明家或者一名林务官。她想，或许在他们长大成人的时候，NASA会再次准备建造发射TPF。到那时她已经准备妥当，在这段时间里她已经养育了家庭，并且学习了新的技能。她和维弗里克共同编织的生活，会比她原本期望或者计划的更为充实。

2009年的9月底，维弗里克注意到下腹有些钝痛，有时还会出现急剧的痉挛。疼痛似乎没有什么规律，和他当时正在做什么没有相关性。起初他并不怎么担心，毕竟他经常锻炼，饮食健康，并且不抽烟。但是持续几周的不适之后，他开始在医疗网站上咨询，没有得到明确的结果。到了11月中旬，疼痛进一步加剧，他忧虑地向朋友寻求建议。他的朋友们提出了一个又一个可能的疾病：阑尾炎、胆囊炎、肠易激综合征、消化道溃疡、憩室炎、疝气、克罗恩病，但并没有一种病与他顽固而且弥漫全腹的症状完全符合。西格尔说服他去看医生，通过简单的触诊按压后，没有发现严重疾病的迹象。接下来的两个月里，他又发生了几次腹痛和呕吐，他以为是食物中毒引起的。2010年1月中旬，他经历了又一次剧痛，并且比之前更加严重了，最终他被送去了急诊。通过CT扫描、结肠镜检查和活检得出了残酷的结果：大部分的小肠被一个大肿块阻塞，并且这个肿块看上去很可能是癌细胞构成的。他确实患有克罗恩病，由于长年没有症状所以没有被诊断出来，但是长期的慢性炎症最终导致了癌症。

2月初他接受了手术，癌肿和周围组织被切掉，然后维弗里克开始了连续几轮的积极化疗。他坦然地接受了这一切，展现出了过去在远离家乡的荒野中面对危及生命的情况时他所依赖的那种镇定。7月的时候，他甚至觉得自己已经恢复到可以去爱达荷州的激流中划独木舟了。但是到了10月，癌症复发了，并随着毒性的恢复发生了转移，又开始快速生长。西格尔拼命检索医学文献，并且咨询了一些美国小肠癌症方面的顶尖专家。她想，或许在美国之外的地方有一些新的实验性治疗方法正在进行研究，或许他们可以搬到欧洲去参加一些高风险的临床试验。专家们温和地打消了她的这种想法，希望太渺茫了。西格尔告诉维弗里克，他们可以放弃一切，趁着还有机会去环游世界，去做任何他想做的事情。只要他同意，他们就可以启程。他回答说，现在他不想造成太多麻烦，在家里的感觉很好。他以为自己还有时间。

与此同时，西格尔还需要继续工作，她不允许自己因为悲伤而崩溃。她请了保姆照顾孩子，找来护士为维弗里克提供缓和医疗。因为曾经目睹父亲被癌症打败，她知道这不过是暴风雨前的平静。某些晚上，她会走到附近的瓦尔登湖，走向一个多世纪以前超验主义者拉尔夫·沃尔多·爱默生（Ralph Waldo Emerson）和亨利·梭罗（Henry Thoreau）所钟爱的平静水面以及橡木和山核桃的甜香。她向自己保证，总有一天，她会和自己的两个儿子或者未来某个孙子一起，站在瓦尔登湖的夜空下，指着一个夜空中明亮的光点，告诉他们这颗恒星拥有一颗和地球非常相似的行星。"每当你抬头望向它时，"她会说，"那里的某个人也在回望着你。"这个想法给了她安慰，在一瞬间体会到了人类的伟大与渺小。她不会放弃，她会忍受一切苦难，并且变得更加强大。她会帮助标记邻近的恒星，她会继续寻找其他的地球。在那些时刻，围绕着她的死亡和失去会变得渺小，在超越所有边界的浩瀚愿景中变得微不足道。

"人们总是对我说，'我想你在那里一定觉得很寂寞，想和人群更接近一点吧，尤其是在下雨和下雪的日日夜夜，'"在他1854年出版的经典散文集《瓦尔登湖》里，在瓦尔登湖畔独自生活了两年的梭罗这样写道，"我很想这样回答他们，我们所居住的整个地球也不过是宇宙中的一个点。而别的星球，我们用天文仪器都无法测量它的大小，你觉得在那上面两个相距最远的居民之间的距离又能有多远呢？我为什么要感到孤独？我们的行星不是在银河系中吗？在我看来，你们提出的不过是一个无关紧要的问题。一个人和人群要被怎样的空间分开才会让他感到寂寞呢？"

到2011年3月时，维弗里克感觉自己的时间不多了。他井然有序地列出了三页实用的清单：房子和汽车的维修注意事项，亲朋好友的联系方式，以及他们的人寿保险代理。他最后能够行走、坐起、说话和移动的时间如同一座座残酷的里程碑自后视镜中一闪而过，就像生命的开端一样。这条路上的每一步，他都以他独特的力量奋力搏斗，但是死亡并不会等待。家庭护士带来了越来越多的医疗设备，包括长长的管子和哔哔作响的监视器，就像医院的病床一样。就在西格尔策划举办的"系外行星的未来四十年"会议（她将在这场会上宣布自己的事业将转向追寻TPF）的前几天，最后的一段守夜开始了。她回忆说，每到夜里，她总会爬上床，蜷缩在维弗里克身边，对着意识在迷雾中浮沉的维弗里克说话。她低声说她爱他，他让她的一生变得更加美好，一切都会好起来的，他可以放手了。她告诉他，是他激励了她为了实现自己的梦想并且改变世界而去冒险。维弗里克露出了一个苍白的微笑。"不，"他摇着头说，"无论有没有我，你都能做到。"这是他们最后几次交谈中的一段。

西格尔40岁生日的两天之后，迈克·维弗里克在家中去世了，西格尔陪在他身边。他们共同走过的漫长路途抵达了终点。

7个月后，我站在西格尔位于17层的办公室里，俯瞰查尔斯河。她坐在我对面一张放着厚垫子的红色椅子上，在透过大窗户照进来的一大片明亮的晨光中，她看起来容光焕发。她的身后有一块从地板延伸到天花板、覆盖连续两面墙的黑板，上面写满了晦涩的符号和图表。西格尔正在进行一项极具野心的新项目：对那些可能存在的，各种各样的神秘宜居行星上可能表现出的各种生物印记进行量化。她看上去挺好，十分放松，带着从容的微笑。我这样告诉她。

"谢谢，"她的笑容渐渐消失，说道，"我其实感觉很不好，还有些沮丧。"

西格尔说，维弗里克去世后那一个月的记忆变得模糊。她在康科德找到了一个丧偶女性的互助小组，她们偶尔会见面交流，分享彼此的故事。她策划了一系列的旅行，与马科斯和亚历克斯一起度过重新振作的时光，他们去佛罗里达观看了两次NASA的火箭发射，去新罕布什尔州和夏威夷徒步旅行，去美国西南部野营，去华盛顿特区参观了美国国立博物馆，并且游遍了整个欧洲。她也打起精神，全心投入工作——她发现自己别无选择。

除了她的孩子以外，西格尔的梦想、目标和动力还寄托在TPF上。"有三条路可以走，"她专注地看着我说，"一个是NASA，通过政府来做这件事，我把自己放在合适的位置，未来就可以成为首席研究员。第二种是通过一些私人项目来实现。第三种，我可以想办法赚这么多钱，然后由我自己来给它提供资金。"

她有条不紊地为每一条路都进行了相应的准备，并且向我做了更详细的解释。西格尔计划的关键是她掌管的一项麻省理工学院和德雷帕实验室（Draper Laboratory）合作的项目，被称为"系外行星探测卫星（Exoplanet Sat）"项目。系外行星探测卫星已经处于顺利的开发阶段，它是一种"纳米卫星"，这个金色的金属制长方体，大小不超过一条面包，装有小型望远镜、可以展开的太阳能电池板以及用于精确定向和地面通信的小型航空电子设备。它被设计成专门用于持续监测一颗附近的类日恒星，以寻找凌星现象的蛛丝马迹，并且，它具有很高的灵敏度，能够侦测到体积比地球稍大的行星。第一个系外行星探测卫星的开发和发射成本约为500万美元，但随后的复制品每个只需要50万美元就能够在装配线上生产出来——对于预定进入轨道的硬件而言，这个价格实在是太便宜了。每个系外行星探测卫星都将在近地轨道上运行至少一到两年的时间。这些纳米卫星的体积非常小，所以通常都不需要专用的运载火箭，相反，它们只需要装载在那些有着更大有效载荷的火箭上即可。西格尔设想，可以发射一大批低成本的系外行星探测卫星，来监视距离地球最近、亮度最高的所有恒星，以发现可能宜居行星的凌星现象。作为NASA纳米卫星支持项目的一部分，第一个原型卫星预定将于2013年升空。

如果系外行星探测卫星能够成功，西格尔将从中得到很多工程学和管理学方面的实战经验，这会帮助她成为未来参与NASA任务的更合适的人选，并且为她自己开发更具雄心的航天器的计划奠定基础。她的第二条路是通过私营机构筹集资金来建造和发射一个缩小尺寸和简化结构的TPF，可以调查最近的一百颗类日恒星以寻找系外行星。西格尔说，这样的望远镜，其大小和复杂程度不足以收集宜居行星的光谱，但是它可能可以通过她早年开创的光度测量技术来获取这些行星的特征。对于第二条道路，她已经找到了一个强大的合作伙伴——斯考特·盖里尔（Scot Galliher），一位五十多岁的技术专家，他在几十年前和别人共同创办了高盛金融机构技术集团（Goldman Sachs's Financial Institutions Technology Group）。最近他们一起成立了非营利性的奈斯特拉基金会（Nexterra Foundation），旨在追求私人的行星探测太空望远镜，但目前他们还在研究相关细节。

"奈斯特拉的目标是对最近的类日恒星进行测绘，不多也不少，"西格尔告诉我，"或许它只能找到一些黯淡蓝点，但下一世代或许就能得到行星的光谱，甚至找到去往那里的方法。这是非同寻常的事情，但也是有可能的……我的观点是不需要没完没了对不同技术进行权衡。自从TPF被提出以来，星光抑制的技术持续在进展，我们只需要选择其中一种，无论哪种都可以，然后全力进行研究，如果失败了，我们就闪人。必须愿意冒这个险才行。我知道你和太空望远镜科学研究所的人谈过话，他们是我的朋友，他们也支持这种做法，但是这显然不是他们选择的那条路。你不能在联邦政府资助的太空科学研究中冒这么大的险，但结果就是打造巨型复杂设备的模式并不是非常有效率。但如果你是私人企业，那就可以按照自己的方式来做，自由分配时间和金钱，但也要自己承担风险。这样要做的事情规模会更小、更专注并且比较能负担得起。"

"那么第三条路又如何？"我这样问道，"西格尔有什么我不知道的快速致富的计划吗？"

她笑了。"这个方法听起来像是个玩笑，但实际上我是认真的，那就是开采小行星。如果三四十年后真的可以这么做，那时我或许已经太老了，不能再操纵TPF，但是我至少有了足够的钱可以自己让它实现。"西格尔已经签约成为了一家新的公司——"行星资源（Planetary Resources）"公司的科学顾问，在我们这次谈话的两个月后，行星资源公司正式公开亮相。这家公司由新兴的私人太空飞行产业的两位知名企业家埃里克·安德森（Eric Anderson）和彼得·戴曼迪斯（Peter Diamandis）共同创立。其投资者包括谷歌的埃里克·施密特（Eric Schmidt）和拉里·佩奇（Larry Page），以及身价数十亿的太空旅行者和软件开发商查尔斯·西蒙尼（Charles Simonyi）。除了西格尔之外，这家公司的顾问还包括好莱坞电影导演和深海探险家詹姆斯·卡梅隆（James Cameron）以及前美国空军参谋长提德·迈克尔·莫斯利（T. Michael Moseley）上将。该公司的商业计划核心非常简单：从靠近地球的小行星中寻找并开采有价值的资源，这些小行星中很多都被认为含有铂和其他稀有金属的矿床，基于目前的市场价格价值数万亿美元。尽管困难重重，但如果这项风险投资最终被证明是成功的，那么其核心团队将获得数十亿美元的利润。

行星资源公司计划首先建造和发射小型太空望远镜，既可以远程"眺望"小行星，也可以收费让大众或者私人团体进行观测。接下来的步骤包括，建立一个低成本的行星间通信网络，并发送一队敏捷灵活的自动航天器，以便和最有希望的小行星会合，近距离对其进行观测，最终获取其丰富的资源。小行星上的水和其他挥发物质可以被加工成火箭的燃料，从而可以建立起轨道燃料库，作为太空加油站为付费用户服务。铂类的金属将被送往地球，用于大大扩展计算机设备和可再生能源的消费市场。行星间通信网络和建造低成本行星间航天器的技术都可以授权给第三方，还可以获得额外的收入。西格尔通过纳米卫星的相关工作所获得的知识，她和麻省理工学院研究人员群体的交往，以及她在远程光度测定和光谱观测方面的知识，都可以让她为建设小型望远镜和轨道通信提供专业意见。她把这次冒险看作是帮助地球经济圈扩展到太阳系其他地方的宏大战略的一部分，甚至有一天还会超出太阳系以外。

"人们忘了，在当下，太空科学还被认为是一个奢侈的领域。"她说，"不像消灭贫困，治疗艾滋病或癌症，或者应对全球变暖一样被视为一种义务。我们真的不能一味地指望政府为我们做什么，很可能只能靠我们自己，而拥有一个强大的商业化太空产业是唯一可能的途径。"

然后，她向我介绍了她的计划中更为具体、但同样具有未来感的部分：她指导、管理和监督的各种麻省理工学院高级研究小组的众多年轻成员。其中一些人已经被视为各自的分支领域冉冉升起的新星，他们从欧洲、亚洲和南美洲来到美国和西格尔一起工作，例如戴安娜·瓦伦西亚（Diana Valencia）、胡伦宇（Renyu Hu）、布莱斯·得莫利（Brice Demory）、弗拉达·斯坦蒙科维奇（Vlada Stamenkovic）等人。还有一些麻省理工学院本院的研究生或本科生，例如贝砌·詹森-克莱姆（Becky Jensen-Clem）、克里斯托弗·庞（Christopher Pong）、玛丽·克纳普（Mary Knapp）、马特·史密斯（Matt Smith）等人，刚刚踏上他们迈向卓越荣耀的轨道。他们中的每一个人都在西格尔研究系外行星或建造航天器的努力中发挥了至关重要的作用。"他们就像是我的一个大家庭，"在我和她的年轻弟子们会面后，西格尔说道，"他们是我的遗产的另一部分。他们会逐渐成长并且离开，他们会将系外行星大气层和行星内部结构方面下一个世代的伟大工作带到全世界……如果我没有找到外星的生物印记，他们中的某些人可能会找到。"

晚上，我们坐火车从剑桥回到了西格尔在康科德的家。她家是一座宽敞的三层楼的房子，带有舒适的封闭式门廊和树木环绕的大后院。走进屋里，马克思和亚历克斯趴在起居室的地板上和我们打了个招呼，他们俩有着棕色的头发，光着脚丫，一边组装乐高积木，一边在色彩书上涂涂画画。他们的保姆收拾好了自己的东西并向我们道了晚安。西格尔从附近的一堆文件里抽出了一张硬纸板和一些索引卡片。这是她和孩子们一起制作的游戏。硬纸板上用大写字母手写着"外星大富翁（ALIENOPOLY）"，下面画着一个像鼻涕虫一样，眼睛长在触角上的微笑着的外星人。在这个游戏里，玩家可以购买的不是滨海路（Boardwalk）或者公园广场（Park Place）（指《大富翁》游戏里价格最高的土地——译者注），而是格利泽581星系或者半人马座 α 星的行星。掷完骰子以后，你可能会走进一个虫洞，这会允许你传送到硬纸板上的任何位置，或者可能会被外星人绑架，被囚禁在UFO上作为惩罚。西格尔离开了一会儿，在铺设着矢车菊蓝瓷砖的厨房里准备了晚饭，有烤鸡肉、杂烩饭和洋蓟心，留下我和孩子们玩耍，他们看上去对讨论母亲的工作或者玩外星大富翁都没有什么兴趣。

"你喜欢星球大战（Star Wars）吗？"他们异口同声地问道。我点了点头，他们交换了一个意味深长的目光。亚历克斯跑到附近的沙发上，从靠垫之间拿出了三把玩具光剑，然后走回来将一把光剑塞到我的手中。"保卫自己，达斯·维德（Darth Vader）！"马克思喊道，举起了武器。在晚餐前后两次长达45分钟的大屠杀中，尽管我接受了西斯的训练，还是多次丧命于年轻的绝地武士之手，在两双小手和荧光塑料胡乱挥动的旋风中一次又一次被开肠破肚、四分五裂或者身首异处。最后，过了他们俩该上床睡觉的时间，马克思和亚历克斯不情愿地走上楼梯，爬到了他们的床上。西格尔在楼下一边洗衣服，一边和我就着几杯红酒聊天。

她似乎很不解，为什么她的儿子们钟情于这种虚张声势的太空歌剧，却对她和她的同事们每天都在发现的令人惊叹的现实毫无兴趣。过了一会儿，她问我："你知道他们为什么这么痴迷星球大战吗？"

实话说，我也不太明白，于是我嘟囔了一些关于民俗学中的文化原型和约瑟夫·坎贝尔（Joseph Campbell）的"英雄之旅"，这些关于边境和生物的无穷幻想，尽管充满了异域情调，但仍然带有一些令人安慰的熟悉的相似感。

"或许吧，"她说，看上去还是满腹狐疑，"我真的不知道星球大战是什么，也不知道那些人为什么这么做。"一时间我有些语塞。我想起了西格尔曾经告诉我的故事，马克斯有一次假装自己是一个从外星来到地球的访客，而亚历克斯宣称他将成为一名宇航员，去探索他母亲发现的那些类似地球的世界。我想起了自己的童年，那时我也总是想象着有一天我可能会造访一颗彗星，或者突然被一艘UFO卷上天空，被带去另一个星系。每个孩子都生活在具有无限可能的王国里，梦想着其他的世界和其他的生物，这个王国对每个孩子来说都是唯一而且特别的，他们可以通过某种方式到达那里并且在那里生活。到底是那些没有实现的可能性还是严峻的现实让这些梦想最终随着童年的结束而消失，我也说不准。

"我知道在我有生之年已经无法看到人类前往系外行星，"西格尔说，"但我仍然能够绘制地图。之后会发生什么，已经不是我能够评论的。一个文明如果有意愿，是否能够调动资源去往最邻近的恒星？我想这还是在我们力所能及的范围内的。"她离开了一会儿，换了一批待洗的衣服。片刻之后回来，开始谈论她在生物印记方面进行的新工作。

西格尔与她的合作者，一位英国的生物化学家威廉·贝恩斯（William Bains）一起创作了与地球大不相同的外星世界可能的样子，他们试图量化这些世界可能拥有的各种生物圈，以及哪种生物印记气体可以在其大气层中积累。即使类地行星可能是很罕见的，但行星生命或许并不是，基于这种观点，她和贝恩斯想建立一个可能的系外行星种类和景象的目录。

她讲到了一个缺氧的"黏液行星"，海洋上覆盖着巨大的垫子，大量的生物释放出甲烷或者硫化氢；还有表面被气体包裹的温室行星，距离恒星很远，生物不是从水的裂解中获得能量，而是从氢和氮结合生成氨的过程中获能。还有被厚厚大气层包裹的温暖海洋行星，她想象着在天空和海洋的交界处，液体湍流产生的起泡气溶胶的深处中有生命存在，在这些暮蓝色的小世界里，空气和水以完全相同的密度混合，生物体可以在其间毫不费力地自由游动和飞行。要弄清楚这些星球在未来的TPF式望远镜的镜头中看上去会是什么样子，需要模拟不止一种行星表面和大气层，而是数百万种，每一种都有一组不同的热力学上合理的假设，这些假设会影响生物印记的产生及其可见性。该领域的一些批评家似乎认为西格尔的新研究和她过去的工作一样，太好高骛远，在当下没有实际用途——为什么要竭尽全力去弄清楚那些可能根本不存在的系外行星环境的生物印记，何况即使它存在，或许我们永远也造不出来能够观察它的望远镜。

"所有这些工作纯粹是让我们能够做好准备，以最终能解释那些不明的观测结果。"她回避了这个话题，小口啜着红酒说道，"其中一些已经离我们不远了。首先，我们要观察附近的一些沉默的M-矮星周围凌星的超级地球，其蓬松且广大的大气层能够被JWST甚至地面上的望远镜探测到。但在那之后，我们并不会有无限的机会去寻找地球的孪生行星。在我们有生之年中所发射的东西，可能都只能观测到离我们最近的大约一百颗左右的恒星，这就是全部可能性了。因此，如果在那片太空中并没有地球的孪生行星供我们研究，我们要如何识别任何生物印记的气体？事实上，或许我们无法识别，除非我们进行广泛的第一原则分析。当我们看到超级地球的大气层的第一眼时，我们一定会非常感动。"

我注意到，她的职业生涯已经走在了潮流的前面，她比她的同道们要看得更远。她认为未来会是什么样子？随着建设TPF的梦想被推迟，在过渡阶段如何维持系外行星领域的热度？我提出，也许在经过了20年的急速扩张以后，这个领域正处于类似于当年互联网泡沫破裂时的崩溃边缘。

西格尔喝了一大口酒，在手指间把玩着玻璃杯脚，陷入了思考。"在'系外行星的未来40年'这场会议里，这一点对我而言变得非常明确，"她开口说道，"这个领域是由非常有魄力的先驱者建立起来的，所以会存在选择偏倚——如果你不是一个坚强好战，甘冒奇险并且有着很高标准的人，你就不会进入这个领域。但是随着领域人数的增多，质量控制也在下降。很多人都在做着差不多的事情，却没多少人愿意干一点不一样的。大家都认为我们应该测绘近处的恒星，但是对于用什么方法最好并没有达成统一。"她叹息道，草率的理论工作越来越多，但是这个领域的观测结果并没有增加多少。"我们还需要观测多少凌星的热木星？"她对此感到怀疑，"或许还需要更多，也许其实不需要，我不是做出判断的最佳人选。"

"但是，缺乏一致性还是有一些好处的，"她继续道，"系外行星领域的确有一点类似互联网的泡沫，尽管如此，它也是一个可以持续很长时间的百年泡沫。在天文学界有一个不变的事实，无论何时，只要有新技术和新望远镜出现，就能开辟新的领域。高精度光谱仪的出现和视向速度的发现都带来了新的进展，开普勒望远镜的发明和凌星现象的发现也是如此。我觉得这就像海浪一样。你拥有了径向速度的浪头，尽管现在它还只能起到支持性作用，但是如果大部分恒星都拥有自己的地球，那么以后它可能会再度发挥作用。目前，开普勒望远镜进行的凌星现象观测是另一个浪头。以后还会有其他的浪头出现，例如直接成像技术，TPF望远镜等。这些波浪之间相互重叠，但是由于它们开始的时间不同，因此它们具有不同的相位……因为我们并非同时拥有所有这些技术和设备，所以泡沫可以持续存在下去。如果我们有数十亿美元，立即完成上述所有事情，这个泡沫可能会破碎。但正因为这一切是渐次发生的，所以泡沫可以继续下去。即使有一天，我们发现了一个可能的类地行星并且对其进行了直接成像，人们还会希望不断获得其大气层和表面的更高分辨率的图像。但是这个泡沫不会永远存在，这是事实。"

她喝完了杯中的酒，看了下时间。已经过了晚上11点，我需要赶火车回到剑桥去。但是，在我离开之前，她说她还有东西想给我看。我们走上楼，经过了睡在床上的马克思和亚历克斯身边，然后进入了一个放着书架和沙发的小书房。她打开了旁边的柜子，取出几张放在相框里的泛黄照片，将它们放在沙发上展示给我看。大部分都是维弗里克的照片，在湍急的水流中划独木舟，站在巨大的蛇形丘顶的一块巨石上，经过一整天的徒步旅行后有些憔悴却魅力依旧的样子。他就在那里，在婚礼上互相拥抱时，深深地凝视着西格尔的眼睛。他穿着黑色西装外套，打着领带，她一身纯白，头发上戴着淡色的花朵。还有一些照片上，可以看到起伏的黑烟抹过湖岸边烧焦的死树上方的蓝天，阳光照射在湍急的水流上，驱散了雾气。

"我以前真的很喜欢摄影，"西格尔轻声说道，"一起旅行的时候，迈克负责做饭，我负责拍照……我试图不去想我丈夫的死亡，但是，你知道，他的去世给了我很大打击，并且产生了一连串的连锁反应。

现在，我努力让自己更有目标地活着。为了我的孩子，后辈和学生们。我比以前更加努力地鼓励别人，包括我自己，去穿过纷乱，实现梦想。

第二天早上，我在西格尔的办公室和她见面，陪她一起参加了好几个会议，接了很多电话，还上了几堂课，一直到傍晚。每个小时，她大脑的不同部分都要转向一系列新问题，从给博士后提供关于他们的系外行星研究项目的建议，流畅地转到与她的研究生团队讨论卫星热学控制的细节，以及为工程学的本科生们提供项目管理的建议。到了晚上，我已经筋疲力尽，但是西格尔似乎不知疲倦。我们分开了几个小时，由于对通信卫星很感兴趣，她去参加了一个业余无线电执照的资格考试。随后，我们在学校的餐厅吃了寿司作为晚餐。在离开之前，我们回到了夜色中的格林大楼，搭乘电梯去了她位于17层的办公室，去取她忘在那儿的包。房间里没有开灯，透过窗户，城市的灯光在黑暗中荡起涟漪的河上闪闪发光，有那么一瞬间，我们似乎飘浮在深空，俯视星系中无数闪耀的恒星。她从桌旁抬起头来，突然停了下来，包拿在手里，望着窗外的景色出神。

"我很喜欢天际线。"她背对着我说，"它总是能够吸引我。河流、天空、光线，这些景象和它们的变化，实际上是我生活里很重要的一部分。夜色降临多么美啊。我从窗户向外看，思考着整个人类，整个世界是如何相互适应的，思考着光的连续变化。白天渐渐变为夜晚，夜晚又渐渐变成白天。大自然设定好了路线，但是我们也拥有一些控制权。我们是数百万年进化的产物，但是我们没有时间可以浪费了。这就是我从死亡中所学到的东西。"她的声音变得断续而颤抖，然而眼泪流下来后，她又重新获得了力量。"死亡让我认识到，大多数事情其实都是无足轻重的，对不对？除它之外的一切都是没有意义的，或者说它会取代一切。我不再忍受那些没有意义的事情，我没有时间浪费在这上面。你明白我的意思吗?"

在黑暗中，我突然不由自主地想起了她前一天晚上给我看的一张放在相框里的照片。这是一张很难得的，由维弗里克从高处拍摄的抓拍照片。一望无际的黄色草地和矮小的树木卷向一个不知名的湖泊的岸边，湖泊一直延伸到没有树木生长的蛇形丘的地平线。在前景中，一个孤独的、小点状的人影在红色的天穹下弯着腰，在擦过地平线的太阳下拉出长长的影子。那是西格尔，她在过渡地带的荒凉大地上，坚定地拖着沉重的独木舟。这张照片的分辨率不够高，没有传达出这次艰苦的拖运是已经接近尾声还是刚刚开始。远处，巴伦兰德斯的荒地无止境地蔓延。

 # 致 谢

　　本书的写作花了很长时间，过程中得到了很多人的帮助。感谢考特尼·杨（Courtney Young）对我的信心，感谢艾米丽·安吉尔（Emily Angell）和安妮·戈特利布（Annie Gottlieb）提供了专业的编辑意见来打磨我的文字。我的经纪人彼得·塔拉克（Peter Tallack）从头至尾都为我提供了重要的支持，在此表示特别感谢。

　　感谢我的家人在精神和物质上的支持。如果不是我的父母迈克·比灵斯（Mike Billings）和帕姆·比灵斯（Pam Billings）以及我的祖父母布鲁斯·汉纳福德（Bruce Hannaford）和乔·汉纳福德（Jo Hannaford）慷慨解囊，我将无法完成本书。在一些研究旅行中，我的妹妹卡罗琳和她的丈夫马特·塔皮为我提供了畅谈和栖身之处。最重要的是，我要感谢我的妻子梅丽莎·莱特森·比林斯（Melissa Lherisson Billings），感谢她给予我坚定的支持、耐心和爱。

　　感谢亚当·布莱（Adam Bly）和种子媒体集团（Seed Media Group）的编辑团队，他们帮助我能够在早期接触到一些关键资源。

　　另外，加州大学伯克利分校的米勒基础科学研究所几度邀请我参加年度研讨会，事实证明，这对于本书的诞生有着无可估量的宝贵价值。特别感谢凯瑟琳·戴伊（Kathryn Day），雷蒙德·让罗斯

（Raymond Jeanloz）和迈克尔·曼加（Michael Manga）我到访时的友好接待。Boingboing.net的科学编辑玛吉·科尔斯-贝克（Maggie Koerth-Baker）也在本书的筹划和起步阶段提供了莫大的帮助。非常感谢纳蒂亚·德雷克（Nadia Drake）安排了我和她父亲的会面。

感谢以下各位的友谊、建议和鼓励：Evan Lerner，TJ Kelleher，Paul Gilster，Joshua Roebke，Eric Weinstein，Jon Bardin，Ken Chang，Andrew Fullerton，Christopher Xu，Josh Chambers，George Musser，Carl Zimmer，和来自内华达州的E.J.。

多年以来，许多人慷慨地回答了我的提问，直接或者间接地影响了本书。尽管如此，我本人对本书中的所有谬误负责。非常感谢下述诸位的宝贵时间和专业知识：Roger Angel, Guillem Anglada-Escudé, Mike Arthur, William Bains, Natalie Batalha, Charles Beichman, David Bennett, Michael Bolte, Xavier Bonfls, Alan Boss, John Casani, Webster Cash, Phil Chang, John Chambers, David Charbonneau, Nick Cowan, Paul Davies, Drake Deming, Frank Drake, Alan Dressler, Michael Endl, Debra Fischer, Kathryn Flanagan, Eric Ford, Colin Goldblatt, Mark Goughan, Jeff Greason, John Grunsfeld, Javiera Guedes, Olivier Guyon, Robin Hanson, Tori Hoehler, Andrew Howard, Jeremy Kasdin, Jim and Sharon Kasting, Heather Knutson, Antoine Labeyrie, David Latham, Greg Laughlin, Doug Lin, Jonathan Lunine, Claudio Maccone, Bruce Macintosh, Geoff Marcy, John Mather, Greg Matloff, Michel Mayor, Kevin McCartney, Vikki Meadows, Jon Morse, Matt Mountain, Phil Nutzman, Ben Oppenheimer, Bob Owen, Ron Polidan, Marc Postman, Sean Raymond, Dimitar Sasselov, Jean Schneider, Sara Seager, Michael Shao, Seth Shostak, Rudy Slingerland, Chris Smith, Rémi Soummer, David Spergel, Alan Stern, Peter Stockman, Jill Tarter, Philippe Th é bault, Wes Traub, Michael Turner, Stéphane Udry, Steve Vogt, Jim Walker, Bernie Walp, Andrew Youdin, Kevin Zahnle.